北京理工大学"双一流"建设精品出版工程

Precision Guidance and
Control Principle and Design Method of Missile

导弹精确制导控制原理与设计方法

温求遒　刘大卫 ◎ 著

北京理工大学出版社
BEIJING INSTITUTE OF TECHNOLOGY PRESS

内 容 简 介

随着控制学科和制导武器技术的发展，导弹大机动飞行、多约束精确制导等对制导控制系统设计提出了新的严格的理论与工程设计要求，相应地在制导与控制领域出现了新的方法和理论，在控制上以高精度过载控制为代表，在控制设计理论、总体架构、多机动方式适应方面更加完善，在制导方法上出现了面向终端多约束要求的多种最优制导律，制导参数自适应调整也进入实际工程应用。

本书从导弹动力学建模与控制特性、典型过载驾驶仪结构及其设计方法、大机动倾斜转弯控制方法、弹道成型制导律设计、多约束最优制导律及其扩展设计、广义终端多约束最优制导律设计等方面系统阐述了飞行器精确制导与控制的基本原理、设计方法，以及当前采用的先进的设计理念与思路。书中所涉及的相关理论与方法，来源于作者多年来高校相关专业教学实践，以及实际工程应用实践，体现了作者对终端精确制导与控制技术的原创性的发展，具有较强的创新性和应用价值。

图书在版编目（CIP）数据

导弹精确制导控制原理与设计方法 / 温求道，刘大卫著. —北京：北京理工大学出版社，2021.1（2025.1重印）

ISBN 978-7-5682-9532-1

Ⅰ. ①导… Ⅱ. ①温…②刘… Ⅲ. ①导弹制导②导弹控制 Ⅳ. ①TJ765

中国版本图书馆 CIP 数据核字（2021）第 022351 号

出版发行 /	北京理工大学出版社有限责任公司
社　　址 /	北京市海淀区中关村南大街 5 号
邮　　编 /	100081
电　　话 /	（010）68914775（总编室）
	（010）82562903（教材售后服务热线）
	（010）68944723（其他图书服务热线）
网　　址 /	http://www.bitpress.com.cn
经　　销 /	全国各地新华书店
印　　刷 /	廊坊市印艺阁数字科技有限公司
开　　本 /	787 毫米×1092 毫米　1/16
印　　张 /	13.75
字　　数 /	320 千字
版　　次 /	2021 年 1 月第 1 版　2025 年 1 月第 4 次印刷
定　　价 /	52.00 元

责任编辑 / 张海丽
文案编辑 / 张海丽
责任校对 / 周瑞红
责任印制 / 李志强

导弹自 20 世纪 40 年代问世以来便对现代战争产生了重大影响。近年来，随着网络信息为支撑的精确制导技术的迅猛发展，以导弹为代表的精确制导武器已经成为军事强国精确打击体系的核心力量和重要手段。

导弹区别于制导弹药的显著特点是其飞行过程中由先进制导系统导引并控制飞行轨迹，从而精确命中目标。导弹精确制导控制是较为复杂的工程问题，一般可将其分为制导系统和控制系统，前者根据弹上制导部件和制导律产生制导指令，确保弹目交汇；后者则利用弹上导航制导与控制部件和控制算法实现弹体姿态控制并跟踪制导指令，两者共同完成导弹飞行控制与精确打击。

导弹精确制导控制原理与设计方法是在导弹飞行力学、导弹制导控制原理等专业课程基础上，密切结合当前先进导弹制导控制最新设计理念与工程研究方法，从精确制导控制系统设计角度出发全面总结而成。相对于现有导弹制导与控制类教材和著作，其特点有以下几个方面：一是建立导弹精确制导控制先进理论，系统介绍精确制导控制的基本原理、建模方法和研究方法；二是密切结合工程应用，研究给出精确制导控制系统设计方法和设计范例；三是从系统设计角度阐述导弹精确制导与控制系统设计要求、设计途径和仿真验证。

本书共 8 章，可分为三大部分。第一部分（第 1 章）为绪论，概述导弹制导控制系统的概念及基本工作原理，介绍了导弹控制系统与制导系统的组成、原理、设计原则与发展现状；第二部分（第 2～4 章）为控制系统原理与设计方法，分别介绍导弹弹体动力学模型建模方法、典型过载驾驶仪设计方法和导弹倾斜转弯控制原理与设计方法；第三部分（第 5～8 章）为制导系统原理与设计方法，分别介绍了比例导引、终端多约束最优制导律、扩展型多约束最优制导律和广义终端多约束最优制导律几类弹道成型制导律和制导律原理与设计方法。

希望本书能作为一本反映当今导弹精确制导控制领域最新设计原理和方法的教材和工程设计参考书，为高等院校航空航天和制导武器类研究生及相关科研机构专业技术人员提供借鉴。

本书由北京理工大学温求遒副教授和中国兵器科学研究院刘大卫研究员共同著作，其中第 1 章由温求遒主笔，刘大卫参与；第 2～4 章由温求遒著；第 5 章由温求遒主笔，魏先利、张宏参与；第 6～8 章由刘大卫著。需要特别说明的是，本书的两位作者无论在北京理工大学攻读博士期间还是在走上科研教学工作岗位之后，一直受到共同的导师北京理工大学 祁载康 教授的精心指导和帮助。北京理工大学夏群利副教授、中国兵器科学研究院上官垠黎研究员在百忙之中审阅了本书并提出许多宝贵意见。在这里，对 祁载康 教授和其他各位专家为本书做出的贡献表示衷心感谢！向本书引用的参考文献的各位作者表示诚挚的谢意！

本书的出版得到了北京理工大学"特立"系列教材计划支持，还得到了北京理工大学出版社宋肖编辑的指导和帮助，一并表示衷心的感谢！

由于作者水平有限，书中难免存在一些问题和不足之处，敬请同行专家和广大读者批评指正。

作　者

2020 年 8 月 1 日于北京

目 录
CONTENTS

第 1 章
绪　　论

未来信息化战争的特点是"透明战场，精确打击"。一方面争夺制信息权成为战争胜负的焦点之一，以侦察卫星、预警机、无人飞机等为代表的信息获取能力大大增强，战场趋向透明；另一方面，精确制导武器的出现，具备了发现即摧毁的迅猛打击能力，特别是以导弹为代表的精确制导武器已成为未来信息化战争的主要打击手段。

导弹与普通武器的根本区别在于它具有制导与控制系统，而其性能的高低也直接决定了导弹最终可达到的作战能力。因此需要设计人员在全面掌握飞行器飞行特性的基础上，应用先进的控制理论和相关的数学方法，设计出性能优越的制导与控制系统，以满足实际工程的需要。

1.1　导弹制导控制系统概念

制导控制系统是导弹的核心部分，导弹由制导控制系统导引到目标或目标附近，使导弹与目标交会的最小距离在战斗部的杀伤范围之内。因此制导控制系统设计水平的高低，在很大程度上决定了导弹的性能，尤其是最终对目标的命中精度和杀伤概率。从控制理论的角度来说，导弹制导控制系统可以认为由两个回路构成，如图 1.1 所示。其中外回路是制导回路或称导引系统，制导回路设备可能全部在弹上，也可能是弹上设备与弹外制导站设备的组合。自动驾驶仪和导弹构成了制导控制系统的内回路，又称为导弹控制系统，其设备全部都在导

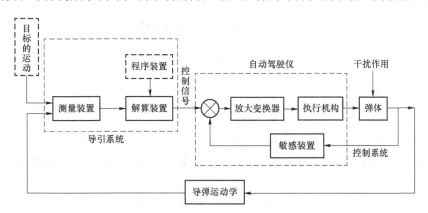

图 1.1　导弹制导控制系统组成示意图

弹弹体上。习惯上，人们也称由弹体动力学、舵机、一些必要的敏感元件及校正网络组成的控制系统回路为自动驾驶仪。

作为导弹诸多子系统中的核心部分，制导控制系统必须具备两方面的基本功能：第一，在导弹飞向目标的整个过程中，不断地测量导弹的实际飞行弹道相对于理论弹道的偏差，或者测量导弹与目标的相对位置及其偏差，按照一定导引规律（制导律），计算出导弹击中目标所必需的控制指令，以便自动地控制导弹修正偏差，准确飞向目标。这一功能由制导控制系统的外回路即制导回路实现。第二，按照导引规律所要求的控制指令，驱动执行机构，产生控制力和力矩，改变导弹的飞行姿态，保证导弹稳定地按照所需要的弹道飞行直至命中目标。这一功能由制导控制系统内回路即控制回路（自动驾驶仪）负责。两个回路彼此衔接，互相配合，确保了导弹能够完成所要求的作战使命任务。

1.2 自动驾驶仪概述与设计

1.2.1 自动驾驶仪的组成

导弹自动驾驶仪的作用是控制和稳定导弹飞行。所谓控制是指自动驾驶仪按控制指令的要求操纵舵面偏转或改变推力矢量方向，使导弹按照期望的飞行轨迹或飞行姿态飞行，这种工作状态，称为自动驾驶仪的控制工作状态。所谓稳定就是指自动驾驶仪消除干扰引起的导弹姿态变化，并使得导弹的飞行方向不受扰动的影响。这种工作状态称为自动驾驶仪的稳定工作状态。

自动驾驶仪一般是指由惯性器件、控制电路、伺服机构、控制面（和/或推力矢量元件）和弹体（即导弹飞行动力学特性）所组成的导弹稳定控制系统。其组成框图如图 1.2 所示。

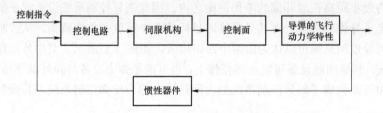

图 1.2 自动驾驶仪的组成框图

常用的惯性器件有各种自由陀螺、速率陀螺和加速度计，分别用于测量导弹的姿态角、姿态角速度和线加速度。

控制电路由数字电路和（或）各种模拟电路组成，用于实现信号的传递、变换、运算、放大、回路校正和自动驾驶仪工作状态的转换功能。

伺服机构（舵系统）一般由功率放大器、舵机、传动机构和适当的反馈电路构成。有的导弹也使用没有反馈电路的开环舵系统。它们的功能是根据控制信号去控制相应空气动力控制面的运动。

控制面指导弹的舵和副翼。舵通常有两对，彼此互相垂直，分别产生侧向力矩控制导弹沿两个侧向的运动。通常，每一对舵都由一个舵系统操纵，使其同步向同一个方向偏转。副翼用来产生导弹的滚转操纵力矩，控制导弹绕纵轴的滚转运动。副翼可能是一对彼此做反向偏转的专用空气动力控制面，也可能由一对舵面或同时由两对舵面兼起副翼作用。

导弹的飞行动力学特性，指空气动力控制面偏转与导弹动态响应之间的关系，可由数学模型描述。在自动驾驶仪的工作过程中，它们通过仿真设备的模拟或导弹的实际飞行才能体现出来。

需要特别指出的是，自动驾驶仪是一个闭环系统，它是制导控制大回路内的一个小回路，但并非所有的导弹制导控制系统中都需要自动驾驶仪。例如很多飞行高度基本保持不变、攻击慢速目标的早期反坦克导弹，其具有很高的弹体静稳定性，几乎不存在保持气动力增益不变的问题，因此没有必要设置自动驾驶仪。

1.2.2 自动驾驶仪的分类

自动驾驶仪通常可分为侧向自动驾驶仪和滚动自动驾驶仪。侧向自动驾驶仪控制导弹在俯仰和偏航平面内的运动；滚动自动驾驶仪控制导弹绕弹体纵轴的运动。对于轴对称的"十"字形导弹和"X"字形导弹来说，俯仰和偏航方向的自动驾驶仪一般是完全相同的，因为在垂直面内引入单位重力加速度的偏差信号以补偿重力的影响后，并不影响自动驾驶仪的设计。

自旋导弹的自动驾驶仪通常没有滚动通道，只用一个侧向通道控制导弹的空间运动，因而又称为单通道自动驾驶仪。这类自动驾驶仪本书将不予讨论。

在详细讨论具有典型结构的姿态、速度及过载自动驾驶仪之前，先将自动驾驶仪进行分类，按控制方式可分为以下两类。

（1）侧滑转弯（skid-to-turn，STT）自动驾驶仪。

（2）倾斜转弯（bank-to-turn，BTT）自动驾驶仪。

按滚动、俯仰、偏航三个通道的相互关系可分为以下两类。

（1）三个通道彼此独立的自动驾驶仪。

（2）通道之间存在交联耦合的自动驾驶仪。

现有的导弹，一般都是采用实行侧滑转弯控制，且三个通道彼此独立的自动驾驶仪，可以根据滚动通道和侧向通道的特点，进行详细的分类，如图 1.3 所示。

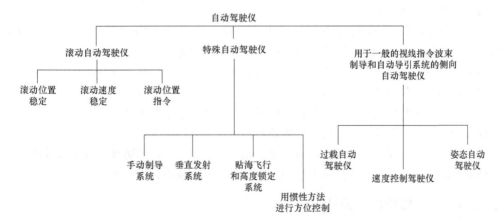

图 1.3 自动驾驶仪的类型

1.2.3 自动驾驶仪的设计要求

导弹在飞行过程中，其动力学特性随飞行高度、飞行速度、大气密度、弹体质心和压心位置等多种因素的变化而变化，考虑到导弹的动力学特性在飞行过程中可能出现的大范围、快速度和事先无法预知的变化，以及各种干扰的影响，因此，必须采用自动驾驶仪来改善其动态特性，使其具有较好的稳定性和操纵性，同时能有效地消除或减小各种干扰的影响，使制导控制系统在导弹的各种飞行条件下，均具有必要的制导精度。

自动驾驶仪的主要目的如下。

1. 稳定弹体轴在空间的角位置或角速度

控制导弹滚转角保持为零附近，要求系统能快速地衰减滚转扰动运动，并具有较高的稳态精度；限制干扰作用下弹体的滚转角速度，通常采用滚转速率陀螺或陀螺副翼来实现这一要求。

2. 提高弹体绕质心角运动的阻尼特性，改善过渡过程品质

导弹弹体通常是严重欠阻尼的，其阻尼系数一般在 0.1 左右，自动驾驶仪必须考虑改造弹体使其等效阻尼系数为 0.4~0.8 之间，通常采用速率陀螺反馈来构成阻尼回路。

3. 稳定导弹的静态传递系数及动态特性

导弹以不同高度、速度飞行，其动压、惯性矩、重心及气动导数都在变化，导弹的静态传递系数及导弹的动态特性都在较宽范围内变化，要求控制回路能确保在各种飞行条件下，使导弹的静态传递系数、动态特性保持在一定范围之内。

4. 增加抗干扰能力

如果导弹是轴对称且没有滚转角速度，在俯仰和偏航通道没有耦合；当导弹存在滚转角速度时，两个通道就会产生耦合，对于某个通道耦合项可以视为外部干扰。这就要求自动驾驶仪具备一定的抗外部干扰能力。

在设计自动驾驶仪之前，导弹的设计人员都会根据所使用的情况提出一些性能指标。在没有给出特别明确的性能指标时，自动驾驶仪通常需要满足以下要求。

（1）自动驾驶仪回路应具有足够的稳定裕度（如幅裕度＞8 dB，相裕度＞60°）和良好的阻尼特性（如主导极点阻尼系数为 0.4~0.8）。

（2）为保证制导回路的稳定裕度（一般取幅裕度＞6~8 dB，相裕度＞30°~60°），自动驾驶仪闭环频率特性曲线在制导回路增益交接频率处的相位滞后应低于某确定值。

（3）所有飞行条件下，自动驾驶仪闭环传递系数及动态特性在±20%范围以内变化。

（4）自动驾驶仪的通频带约比制导回路的通频带高一个数量级。

（5）系统的调整时间应小于要求值；应保证零位舵偏小于要求值。

（6）应具有抑制弹体振动的能力，以防止弹体遭到破坏或失控。

（7）掠海或掠地飞行时，侧向过载的动态超调要尽可能小，以防导弹触水或触地。

（8）在最大指令和最大干扰同时出现时，导弹侧向过载不大于给定值。

1.2.4 自动驾驶仪的设计方法

导弹是一个非线性时变的控制对象，其动力学特性在飞行过程中受到诸多因素的影响而持续发生变化。导弹自动驾驶仪设计中，一般采用系数冻结法，针对有代表性的特征气动点进行设计，设计好以后，按典型弹道进行全弹道仿真试验，以验证设计的合理性。导弹按照预定弹道和飞行方案飞行时，自动驾驶仪设计参数根据预定方案时变，一般能够满足控制品质要求。对于导弹飞行过程中的不确定性，一般解决问题的思路是，通过对飞行环境预测和测量组件的引入降低模型的不确定性，按照经典方法对确定的线性化模型进行设计，这是最为普遍而实用的设计方法。这样设计的自动驾驶仪，一方面要满足在各个特征点上均具有良好的动态特性，另一方面还要满足抗干扰和参数变化的要求，无法在所有的气动点都取得最佳的动态特性，只能在设计时进行折中处理，并确保系统具有一定的稳定裕度。经典设计方法主要包括时域分析法、根轨迹法和频域分析法。

时域分析法：时域分析法是一种直接在时间域中对系统进行分析的方法，它的特点就是直观而又准确，并可以直接提供系统时间响应的全部信息。控制系统性能的评价可以分为动态性能指标和稳态性能指标两类。在设计中以系统对典型信号的响应为基准，通常认为阶跃输入对系统而言是最严峻的工作状态，系统在单位阶跃输入下的响应过程反映了系统动态性能。而稳态误差则是描述系统稳态性能的主要技术指标。

根轨迹法：对线性控制系统而言，系统的性质完全取决于闭环传递函数。闭环传递函数对系统性能的影响主要由闭环极点来决定。控制系统设计与分析中，首先是在系统结构和参数已知时求解系统的闭环极点；其次是为了使得系统具有期望的控制性能考察系统结构参数变化对系统闭环极点的影响规律。根轨迹法是一种直接由系统开环传递函数确定系统闭环特征根的图解法，不过其应用限于线性系统，且对高阶的多输入多输出系统具有较大的局限性。

频域分析法：频域分析法是应用系统频率特性研究系统性能的一种经典方法，它以控制系统的频率特性作为数学模型，以伯德图或其他图表作为分析工具，来研究、分析控制系统动态性能和稳态性能。频域分析法对问题的分析明确、易于掌握，因此和时域分析法一样具有直观准确的特点。与根轨迹法不同，这种方法不仅适用于线性定常系统，还可以推广应用于某些非线性控制系统。

应当说经典设计方法是建立在某种近似或试探的基础之上的，控制对象一般局限于单输入单输出、线性定常系统。作为一种试探性的设计方法，由于缺乏对系统鲁棒性定性的全面考察，这种设计方法往往会走向两个极端：一个是为了追求稳定性而丧失了必要的快速性，另一个则是追求响应速度而缺乏稳定性。

在经典控制方法导弹自动驾驶仪的设计中，由于控制对象具有较大的不确定性，一般通过引入稳定裕度的概念解决系统鲁棒性问题。然而，经典控制方法中的稳定裕度设计是以系统模型不确定性和干扰较小为前提的，当模型不确定性和干扰超过一定的范围，采用经典控制方法设计的自动驾驶仪则会因为鲁棒性较差而难以保证控制系统的设计指标。这种对系统鲁棒性设计的需求则为现代控制理论的引入提供了必要的环境，现代控制理论数学模型一般为状态方程，以状态空间分析为基础，这使得它可以反映系统的全部动态。以此为基础，新型控制理论在飞行控制系统设计中不断应用。不过，在工程应用领域中，工程师一般是期望用最简单而经济的方法解决设计中遇到的问题。新型控制理论的应用总是以解决特定的设计问题为目标。例如，导弹跟踪机动目标进行大机动飞行，攻角加大时，气动增益与攻角的增加不再是线性关系，用于经典设计方法中的线性化假设不再成立；飞行器再入阶段（包括导弹飞行高度和飞行速度变化较大时），动压会有很大变化，气动参数变化剧烈（有时气动增益的变化可以超过 100 倍）；再有，某些特殊气动外形，通道间存在强耦合，模型具有很大的不确定性。除了这种由于环境和条件引起的不确定性外，通常还存在系统数学建模中所忽略的因素，因而不确定系统的鲁棒性设计就显得尤为值得关注。

1.3 导弹制导系统概述与发展

1.3.1 制导回路基本原理

制导系统的目的是确保导弹在飞行末端命中目标。为达到此目的，导弹在飞行过程中采用导航与制导装置探测目标和自身的运动信息，并采用制导策略即制导律，使其能根据当前相对于目标运动的信息决定如何改变当前的速度和方向，并最终命中目标[1]。

由于导弹速度矢量变化率 $\dot{\theta}$ 与导弹法向过载 a 有如下关系：

$$\dot{\theta} = \frac{a}{V}$$

故由制导律生成的改变速度矢量方向的指令一般是指导弹的方向过载指令 a_c。制导律是生成导弹制导指令的算法，制导指令通过控制系统响应驱动导弹改变运动速度和方向。因此，相对于稳定和控制导弹自身运动姿态的控制回路，通常将闭合弹目运动关系的控制过程称为制导回路，如图 1.4 所示。

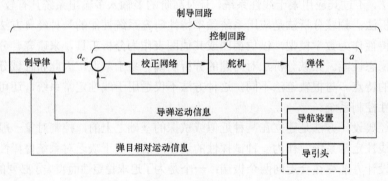

图 1.4 制导回路

导弹制导过程中所需要的导弹位置、速度信息依靠惯导或组合导航装置获得，弹目相对运动信息一般通过导引头探测获取，打击固定目标时，也可通过采用具有卫星导航功能的组合导航系统获取。

制导回路如果按照制导体制来划分，现役和研制中的战术导弹主要制导体制有雷达制导（含主动和被动）、激光半主动制导、电视制导、红外制导、复合制导等，随着卫星制导精度的不断提升，部分制导武器也全程采用组合导航体制实现精确打击，如图 1.5 所示。这些制导技术的广泛应用，大幅提升了导弹命中精度[1]。

导弹制导体制的选择与作战任务、目标特性、打击精度需求等因素密切相关。制导体制设计是导弹总体方案设计的重要组成部分，直接决定导弹使用方式和命中目标的精度。

1.3.2　寻的制导律分类

战术导弹的制导系统有两种基本类型：遥控制导和寻的制导。

其中遥控制导测量目标参数和发出指令都是由导弹外的制导站（指挥站）完成，导弹只装接收指令和执行指令的装置，但制导站离导弹较远时，精度不高。遥控制导导弹的制导方法是三点法，三点法制导是指导弹在攻击目标的制导过程中，始终处于制导站与目标的连线上。

寻的制导从测量目标方位、发出指令到执行指令都由设在导弹内的制导系统来完

图 1.5　制导体制的分类

成。寻的制导的特点是比较机动灵活，接近目标时精度高，作用距离也较短。由于寻的制导导弹是根据导弹相对于目标的关系来进行导引的，因此，通常需要建立导弹对目标的相对运动方程。

根据导弹速度矢量与目标视线所要求的相对方向不同，寻的制导律可以分为追踪法、比例导引（PN）法。追踪法是自寻的制导的导弹上常用的导引方法之一，这种导引方法实现起来简单，而且成本低，但是制导精度相对较差。根据目标探测器所固联的位置不同，追踪法又可分为速度追踪法和弹体追踪法。比例导引法要求导弹飞行过程中，保持速度矢量的转动角速度与目标视线的转动角速度呈给定的比例关系。由于比例导引法无论从对快速机动目标的响应能力还是制导精度上看都具有明显的优势，而且实现不困难，因此，比例导引法在工程实践中得到了广泛的应用。

在许多文献资料中都介绍了另外一种最理想的制导律——平行接近法，平行接近法为在整个制导过程中，弹目视线角在空间保持平行移动的一种制导方法，其物理意义为：不管目标做何种机动飞行，导弹速度矢量和目标速度矢量在垂直弹目线上的分量相等。与其他制导律相比，平行接近法的弹道最为平直，需用法向过载最小，因此从理论上讲，平行接近法是最好的制导律。但由于平行接近法在工作过程中时刻要求弹目视线的旋转角速度为零，因此在工程应用中不可能实现。

随着目标攻击精度与毁伤效能要求的不断提高，寻的制导律在发展过程中又衍生出了以攻击空中高速运动目标为主的机动目标攻击制导律，一般多应用在空空/地空导弹上和以攻击地面/海面静止或慢速移动目标为主的对地多约束制导上，其中又以终端落角约束制导律最为典型，一般多应用在空地/地地/反舰导弹上。

1.3.3　制导律设计的基本要求

寻的导弹的弹道特性与所采用的制导律有很大关系，并且决定了导弹拦截目标的制导精度。如果制导律选择得合适，就能改善导弹的飞行特性，充分发挥导弹武器系统的作战性能。因此，选择合适的制导律、深刻认识现有各种改进的制导律的优缺点或改善现有制导律存在的某些弊端并寻找新的制导律是导弹制导控制系统设计的重要任务之一。

通常在设计或选择制导律时，需要从导弹的飞行性能、作战空域、技术实施、制导精度、制导设备、战术使用等方面的要求进行综合考虑。其基本的设计要求包括以下几条。

（1）弹道需用法向过载要小，变化应均匀，特别是在与目标相遇区，需用法向过载应趋于零。需用法向过载小，一方面，可以提高制导精度、缩短导弹命中目标所需的航程和时间，进而扩大导弹作战空域；另一方面，可用法向过载可以相应减小，这对于用空气动力进行操纵的导弹来说，升力面面积可以缩小，相应地，导弹的结构重量也可以减轻。所选择的制导律至少应该考虑需用法向过载要小于可用法向过载，可用法向过载与需用法向过载之差应具有足够的富余量，且应满足以下条件：

$$n_p = n_R + \Delta n_1 + \Delta n_2 + \Delta n_3$$

式中，n_p 为导弹的可用法向过载；n_R 为导弹的弹道需用法向过载；Δn_1 为导弹为消除随机干扰所需的过载；Δn_2 为消除系统误差所需的过载；Δn_3 为补偿导弹纵向加速度所需的过载。

（2）适合于尽可能大的作战空域杀伤目标的要求。空中活动目标的高度和速度可在相当大的范围内变化。在设计制导律时，应考虑目标运动参数的可能变化范围，尽量使导弹能在较大的作战空域内攻击目标。对于空空导弹来说，所选择的制导律应使导弹具有全向攻击的能力。对于地空导弹来说，不仅能迎击，而且还能尾追或侧击目标。

（3）当目标机动时，对导弹弹道，特别是弹道末端的影响为最小，即导弹需要付出相应的机动过载最小。这将有利于提高导弹导向目标的精度。

（4）抗干扰能力强。空中目标为逃避导弹的攻击，常释放干扰来破坏导弹对目标的跟踪。因此，所选择的制导律应在目标释放干扰的情况下具有对目标进行顺利攻击的可能性。

（5）在技术实施上应简易可行。制导律所需要的参数能够用测量方法得到，需要测量的参数数目应尽量少，并且测量起来简单、可靠，以便保证技术上容易实现，系统结构简单、可靠。

1.3.4　机动目标攻击制导律的发展

早期的空空/地空导弹应用的导引规律是追踪法，即导弹的飞行速度矢量始终力求对准目标。这种规律要求导弹的速度大于目标的速度，并且导弹和目标速度之比的大小对导弹制导的性能有很大影响。此外，在制导过程中需要导弹拿出很大的法向过载，因此这种尾追导引规律在实际应用中受到限制。随后，人们改进了追踪法，形成比例导引规律。

自 20 世纪 60 年代开始，人们应用现代控制理论来研究自寻的导弹的导引规律问题，并且证明了比例导引规律是不考虑目标机动、制导系统为无动力学滞后的理想系统，在产生零脱靶量的条件下，使控制量平方积分为最小意义下线性导引问题的最优解。这个重要结果，给出了应用最优控制理论的工具分析推导导弹导引规律的可能性，由此出现了最优导引规律。最优导引规律的形式和性能取决于性能指标、控制量限制以及终端限制的选择，当然也与系统的动态方程有关。最优导引规律的性能比比例导引规律好，即脱靶量小和导弹过载需求小。

随着对空中目标机动能力和隐身水平的不断提高，比例导引律由于末端需用过载过大导致其性能已难以满足末端拦截的需求[1]。增强比例导引（advanced proportional navigation，APN）律被证明是在理想系统下对付常值机动目标的最优制导（optimal proportional navigation，OPN）律[2-3]。而真实的导弹系统存在诸多动力学环节，如舵机、导引头、自动驾驶仪等，这些动力学环节的滞后特性导致 PN 和 APN 都会有比较大的末端过载需求，并产生较大的脱靶量[4]。考虑目标常值机动的情况，并把导弹制导动力学特性简化为一阶滞后模型，可推导出最优制导律[5-6]，这个最优制导律很好地消除了导弹制导动力学特性。但事实上目标机动也存在动力学特性，假设导弹和目标动力学特性为一阶模型[7]，目标在有机动加速度初值、零指令输入时可推导得到一个最优制导律[8-9]。但更真实和严酷的情况是目标为有动力学常值加速度指令的机动[10-11]，而飞机也普遍使用这种机动摆脱导弹攻击，目前很少有制导律关注这种目标机动形式，这导致当前制导律与实际情况不匹配，未能有效减小导弹需用过载能力以实现更有效的拦截。工程中应用最优制导律时，对制导律的鲁棒性有很强的要求，必须对制导律的鲁棒性进行细致分析，以选择鲁棒性强的最优制导律供工程应用。由于导弹的执行机构一般都垂直于弹轴安装，传统中导弹只对垂直弹轴的法向加速度进行控制，而不对弹体轴向加速度进行控制[12]。导弹飞行过程中，弹体轴向加速度可能会产生较大波动，如发动机工作时，沿弹体轴向会产生较大的正向加速度，而发动机工作完后，受阻力的影响，沿弹体轴向又具有较大的负向加速度，对弹体轴向加速度的补偿也是当前制导律应用时必须关注的问题。

此外，针对在导弹拦截目标的过程中存在很多随机扰动，人们利用随机最优控制理论、最优卡尔曼滤波理论、自适应控制理论等来研究制导律，以此来增加制导系统的抗干扰能力，提高了导弹的性能。

尽管基于现代控制理论的各种制导律研究在理论上已经比较成熟，且制导性能优良，但都比较复杂，要求知道的信息多。目前除了比例导引规律及其改进形式能够以其简单、可靠而获得广泛应用外，其余的大部分难以真正走向工程实际应用。因此，对比例导引进行改进成为当今发展机动目标攻击制导律的重要方向。

1.3.5　对地多约束制导律的发展

20 世纪六七十年代，由于"潘兴Ⅱ"弹道导弹再入制导和 Apollo 系列飞船月面垂直着陆等重大战略工程型号的直接牵引，国外开始了对具有终端角度控制的多约束制导问题的相关研究。自 1973 年，Kim 和 Grider 首次在机动弹头再入制导的研究中引入终端角度约束问题以来，通过 40 多年的积累，国外在具有终端角度约束的制导问题研究方面已经比较成熟，相关领域的学者和科研人员针对不同的工程型号需求，根据不同理论方法提出了多种具有终端角度约束的制导律，如终端角度约束最优制导律、变系数比例制导律、偏置比例导引制导律、变结构制导律以及其他类型制导律。

1. 终端角度约束最优制导律

终端角度约束制导律最初发展的典型代表为基于最优控制理论推导的最优制导律，其基本思想是将具有终端角度约束的制导问题转化为含终端约束条件的最优控制问题，然后通过适当的假设和简化得到显式的制导方程，根据性能指标选取不同可以获得不同表述形式的制导律。这是迄今为止研究最为广泛的一类制导律，且其中具有角速率反馈项的最优导引律已在美国"潘兴Ⅱ"地地战术导弹上获得实际运用。

在终端角度约束最优制导律研究方面，Kim 等建立并推导了铅垂面内最优制导律模型后[13]，Song 等人利用极大值原理推导出以时间最短为性能指标的最优导引律，该导引律中包括两个待定时间常数，可由初始条件和终端位置、角度约束迭代计算予以确定[14-15]；Ryoo 等人在笛卡儿坐标下将导弹速度直接分解，建立制导方程，并将导弹的动态特性简化为一阶动态延时环节并引入制导方程，得到一种带落角控制的最优制导律[16-18]，该制导律可以减小脱靶量、避免终端加速度发散、有效控制终端弹体姿态。在此基础上，为了解决反舰导弹对命中点角度和飞行时间的多约束问题，Jeon 和 Jung 等人将航迹角规划与终端期望落角联系在一起，采用反演控制方法利用终端角度约束制导律和基于比例导引的命中时间制导律来实现导弹命中点的期望落角和飞行时间控制[19-21]。Song 等人考虑到目标机动和导弹速度时变对制导带来的影响，将最优落角约束控制问题和目标估计、滤波相结合，在笛卡儿坐标系内，基于能量最优准则，利用 Schwartz 不等式，推导出适用于反舰导弹的带落角约束的最优制导律[22]。

美国人 Ohlmeyer 在无人机载制导弹药大落角制导律研究中将剩余飞行时间引入制导性能函数，获得了泛化矢量显式制导方法[23]。该导引律的实质是将末端位置、速度偏差作为状态变量，通过调整速度方向对准最优攻击线以实现对脱靶量和终端角度的控制，调节制导参数可显著改善弹道特性。在此基础上，韩国人 Ryoo 等将控制系统动力学特性简化为一阶滞后环节引入 Ohlmeyer 等人的研究成果，获得了包含动力学滞后的泛化矢量显式制导方法[24]，实现了在已知控制系统动力学特性后对最优制导律的优化改进。面对具有飞行时间和终端约束的制导问题，Rahbar 等人将随导弹飞行时间变化的加权系数加入制导律性能指标中，推导了时变参数最优制导律。由于该导引律中含有伴随变量而涉及两点边值问题的计算，为满足制导实时性要求，他们通过离线仿真数据建立了神经网络映射模型，并将其用于迭代初值的在线预测方法，可极大地提高迭代过程的收敛速率[25]。

经过上述学者对最优制导律的推导方法和性能函数的不断改进，终端角约束最优制导律从最初的终端位置和角度约束向着具有不同需求特性的方向发展。

2. 变系数比例制导律

变系数比例制导律是根据弹目相对运动的数学规律，通过在线调整导引系数以满足终端角度约束的一类导引律，其核心在于在选取导引系数时要同时满足零化弹目视线角速度和导弹速度方向的变化要求。

Lu 等在 2005 年针对高超声速飞行器发表了一种三维空间内考虑落角和入射方位角限制的制导律。其方法是在三维空间内把终端相对运动关系分成两个正交平面上的制导律分别设计[26]，然后在传统比例导引的基础上，通过定义终端的航向角和弹道倾角，修改比例系数，使之能够根据预设入射方位角和落角要求，连续更新制导参数，满足特定终端角度的要求，该方法能够根据制导逻辑和辅助条件自适应地调节制导参数，对制导过程中存在的非线性问题具有一定的自适应性。

3. 偏置比例导引制导律

在最优制导律取得新进展的同时，一些学者还研究在经典比例导引律基础上增加偏置项处理角度约束的偏置比例导引制导律来实现角度控制，即使法向加速度指令与测得的视线角速率存在一个小的偏差项。

长期以来，该偏差项主要用于补偿目标机动和传感器测量噪声的影响，Kim 等人首次将其用于终端角度约束的制导问题研究[27]，在导弹速度不变和目标无机动的假设下，研究了具有时变偏差项的偏置比例制导律，其中偏置角速度的调整依赖于弹目相对运动状态和终端角度条件[28]。Jeong 等人进一步针对目标静止的情况，将偏置角速度设计为定常项，其值仅与导弹初始状态和终端约束条件有关，相对于具有时变偏差项的偏置比例导引，可减少所需的制导信息，降低对导航信息偏差的敏感性，且制导律形式更为简捷，便于工程实现[29]。

4. 变结构制导律

由于滑模变结构控制系统鲁棒性强且控制算法简单，近年来，变结构控制理论逐步应用于导引律设计。由于滑动模态可按需要设计且与对象参数及扰动无关，故将终端条件纳入滑动模态即可获得满足终端角度约束的变结构导引律。该类制导律的核心是如何选取滑模面的切换函数以同时满足零脱靶量和末速方向要求，以及为保证系统在有限时间内到达滑模面，如何设计系统进入滑模状态前的动态过程趋近律。滑模变结构控制对系统的参数摄动和外部干扰的不变性是以控制量的高频抖振来换取的，抖振不仅降低控制精度，而且增加能量消耗，破坏系统性能。因此，如何削弱抖振的影响就成了提高变结构导引律制导性能的关键问题。Kim 等人基于弹目视线坐标下比例导引的变形方式，设计了一种带落角限制的滑模超平面，并用 Lyapunov 函数保证了制导律的稳定性[30]。在设计制导律时，考虑了目标机动的几种常见类型，并实施一定的补偿，因此该制导律对机动目标有较好的鲁棒性。

5. 其他类型制导律

随着近代非线性控制理论的快速发展，智能控制方法、自适应控制方法、预测控制方法和模糊控制方法等诸多非线性控制方法也开始逐渐应用于具有终端角度约束的导引律设计问题中，其典型代表如下。

模型参考制导律，模型参考控制系统适合于消除结构扰动和模型失配对控制系统特性的作用。Das 等推导了一种模型预测广义加速度制导律，该方法基于攻击静止目标假设，考虑到飞行器自动驾驶仪的一阶延时，采用用于转弯的横向加速度指令和实际加速度之间的传递关系，建立制导模型，利用模型预测控制理论迭代优化的方法，实时更新制导参数，推导出一种非线性准最优的角约束制导律[31]。

几何曲线导引律，通过控制导弹沿着某些特殊的空间几何曲线飞行直至命中目标的一类导引律。该制导律经历了从 Cameron[32]提出的"俯冲航线"到 Page 和 Rogers[33]提出的"三次曲线制导法"，再到 Manchester 和 Savkin[34-35]根据平面弹道的几何特性提出的具有终端角度约束的"圆周导引律"的发展过程。

基于虚拟目标的轨迹预测比例导引律，主要用于攻击固定目标，其基本思想是首先设计以期望角度向真实目标运动的虚拟目标，其次利用比例导引律控制导弹追踪此虚拟目标并保证终端时刻形成尾追状态，从而满足末速方向要求。

1.4　本书内容安排

本书以飞行器精确制导与控制技术中所涉及的基本理论和设计方法为核心内容，共 8 章。

第 1 章为绪论，概述了导弹制导控制系统的概念及基本工作原理，介绍了导弹控制系统与制导系统的组成、原理、设计原则与发展现状。

第 2 章介绍了导弹弹体动力学模型建模方法，描述了不同气动布局及静稳定度弹体传递函数的特性和不同类型弹体耦合干扰对控制系统设计的影响。

第 3 章阐述了导弹典型过载驾驶仪的工作原理、结构特点和设计方法。

第 4 章介绍了导弹倾斜转弯控制中控制指令计算方法与奇异性抑制策略，通过抗耦合鲁棒性及制导精度两个方面分析了倾斜转弯控制三通道驾驶仪设计匹配关系，描述了协调转弯回路的工作原理与设计原则。

第 5 章分析了比例导引制导律基本特性，提出了增强型比例导引律及目标机动与动力学修正的最优制导律两种应用于机动目标攻击的最优制导律。

第 6 章针对具有终端位置和角度约束的制导问题，给出了弹道成型制导律推导过程，分析了该制导律的过载指令、位置脱靶量和角度偏差特性。

第 7 章针对弹道成型制导律在大多数末制导条件下终端过载不归零问题，通过在性能函数动态积分项中引入剩余飞行时间幂函数的方法，提出了扩展型弹道成型制导律。

第 8 章提出了一类广义终端多约束弹道成型制导律，可实现对位置、速度及过载多状态的精确控制，通过仿真证明了该制导律有效性。

1.5 小结

本章首先给出了导弹制导控制系统的概念，进而分别围绕控制系统和制导系统两个方面，对系统的组成、分类、设计要求以及主要设计方法的发展进行了概述。

第 2 章
导弹动力学建模及控制特性

早期的导弹多采用轴对称气动外形和 STT 控制技术，传统上认为这种方案三通道耦合较小，可独立设计，但同时具有气动效率低、不适合远距离巡航飞行等缺点。随着对导弹机动过载要求的不断提高，伴随非对称平面大攻角机动，出现了气动非线性、强气动耦合等现象。进而原来认为可以忽略的一些气动耦合力和力矩变为影响导弹性能的不稳定因素，增加了控制系统设计的难度。

对被控对象的建模是设计控制器的基础。一方面，模型越精确，最终的闭环系统越有可能具备期望的性能。另一方面，非常详尽的模型将使得控制器的设计非常困难。因此，建模与合理的简化是十分必要的。

2.1 坐标系定义与转换关系

2.1.1 坐标系与角度定义

首先给出弹体动力学模型建立中所涉及的各坐标系及角度定义。

1. 地面坐标系 $Axyz$

地面坐标系 $Axyz$ 与地球表面固连。A 点取自导弹的名义发射点在地面的投影。Ax 轴通过目标，指向目标为正。Ay 轴与地平面垂直，取指向上方为正。Az 轴垂直于 Axy 平面，其正向按右手规则定义。地面坐标系相对地球是静止的，通常视坐标系 $Axyz$ 为一个惯性坐标系。

2. 弹体坐标系 $ox_by_bz_b$

弹体坐标系 $ox_by_bz_b$ 与弹体固连。o 点取在弹体质心处。ox_b 轴与弹体纵轴重合，指向头部为正。oy_b 轴在弹体纵向对称面内，垂直于 ox_b 轴，取指向上方为正。oz_b 轴垂直于 ox_by_b 平面，其正向按右手规则定义。ox_by_b 平面为弹体的纵向对称面。弹体坐标系是一动坐标系，随导弹的俯仰、偏航和滚转运动而运动，因此，弹体坐标系 $ox_by_bz_b$ 相对地面坐标系 $Axyz$ 的运动即描述了导弹在空间的姿态。

3. 速度坐标系 $ox_vy_vz_v$

速度坐标系 $ox_vy_vz_v$ 与速度矢量 $\vec{V}$ 固连。o 点取在弹体质心处，ox_v 轴与导弹的速度矢量 $\vec{V}$ 重合，指向导弹的运动方向为正。oy_v 轴在弹体纵向对称面内与 ox_v 轴垂直，指向上方为正。oz_v 轴垂直于 ox_vy_v 平面，其正向按右手规则定义。速度坐标系也是一动坐标系。弹体所受空气动力矢量 $\vec{R}$ 沿速度坐标系各轴的投影即为阻力 X、升力 Y 和侧力 Z。

4. 弹道坐标系 $ox_ty_tz_t$

弹道坐标系 $ox_ty_tz_t$ 原点取在导弹质心处，ox_t 轴与导弹的速度矢量 $\vec{V}$ 重合，指向导弹的运动方向为正。oy_t 轴在包含速度矢量 $\vec{V}$ 的铅垂面内垂直于 ox_t 轴，指向上方为正。oz_t 轴垂直于 ox_ty_t 平面，方向按右手直角坐标系确定。

5. 空速坐标系 $ox_v^*y_v^*z_v^*$

与速度坐标系 $ox_vy_vz_v$ 不同的是，ox_v^* 轴与导弹的空速矢量 $\vec{V}_w$ 重合（地速等于空速与风速的矢量和，即 $\vec{V} = \vec{V}_w + \vec{W}$）。计算导弹的动压头时，速度取为空速（$q = 0.5\rho V_w^2$）。

6. 全攻角空速坐标系 $ox_n^*y_n^*z_n^*$

设导弹空速矢量和弹体纵轴夹角为全攻角 α_T，其所在平面为全攻角面。空速坐标系 $ox_v^*y_v^*z_v^*$ 绕 ox_v^* 轴旋转 ϕ^* 角，即得到全攻角空速坐标系 $ox_n^*y_n^*z_n^*$，如图 2.1 所示。显然，ox_n^* 轴仍沿空速方向，oz_n^* 轴垂直于全攻角平面。

7. 全攻角弹体坐标系 $ox_ny_nz_n$

由全攻角空速坐标系绕 oz_n^* 轴旋转全攻角 α_T，如图 2.2 所示，得到全攻角弹体坐标系 $ox_ny_nz_n$。这时，ox_n 轴与弹体纵轴重合，ox_ny_n 平面为全攻角面。

如全攻角弹体坐标系 $ox_ny_nz_n$ 绕 ox_n 轴旋转 ϕ 角，即与弹体坐标系 $ox_by_bz_b$ 重合，如图 2.3 所示。

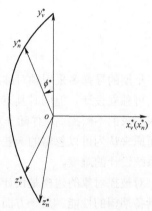

图 2.1 空速坐标系与全攻角空速坐标系关系示意图

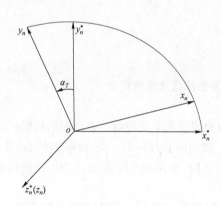

图 2.2 全攻角空速坐标系与全攻角弹体坐标系关系示意图

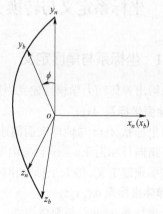

图 2.3 全攻角弹体坐标系与弹体坐标系关系示意图

动力学建模中所涉及的各角度定义如下。

（1）俯仰角 ϑ：弹体纵轴 ox_b 轴与地水平面 Axz 面之间的夹角。

（2）偏航角 ψ：弹体纵轴 ox_b 轴在地面的投影与地面坐标系 Ax 轴之间的夹角。

（3）滚转角 γ：弹体 ox_b 轴与通过弹体纵轴 ox_b 轴的铅垂面之间的夹角。

（4）攻角 α：地速矢量 $\vec{V}$ 在弹体纵向对称面的投影与 ox_b 轴之间的夹角。

（5）侧滑角 β：地速矢量 $\vec{V}$ 与弹体纵向对称面 ox_by_b 面之间的夹角。

（6）弹道倾角 θ：速度矢量 $\vec{V}$ 与水平面间的夹角。速度矢量 $\vec{V}$ 指向水平面上方，θ 为正，反之为负。

（7）弹道偏角 ψ_v：速度矢量 $\vec{V}$ 在水平面内的投影与地面坐标系的 Ax 轴之间的夹角。若速度矢量 $\vec{V}$ 在地面的投影处于地面坐标系 Ax 轴内侧，ψ_v 为正，反之为负。

（8）有风攻角 α_w：空速矢量 $\vec{V}_w$ 在弹体纵向对称面的投影与 ox_b 轴之间的夹角。

（9）有风侧滑角 β_w：空速矢量 $\vec{V}_w$ 与弹体纵向对称面 $ox_b y_b$ 面之间的夹角。

（10）ϕ^* 角：由空速坐标系 $ox_v^* y_v^* z_v^*$，绕 ox_v^* 轴旋转 ϕ^* 角，即得到全攻角空速坐标系 $ox_n^* y_n^* z_n^*$。

（11）全攻角 α_T：由全攻角空速坐标系 $ox_n^* y_n^* z_n^*$，绕 oz_n^* 轴旋转 α_T 角，即得到全攻角弹体坐标系 $ox_n y_n z_n$。

（12）气动滚转角 ϕ：由全攻角弹体坐标系 $ox_n y_n z_n$，绕 ox_n 轴旋转 ϕ 角，即得到弹体坐标系 $ox_b y_b z_b$。

2.1.2 坐标系的基本旋转变换矩阵

空间坐标系绕坐标轴旋转（按右手定则）的基本旋转变换矩阵如下。

（1）绕 x 轴旋转，其旋转变换矩阵为 $\boldsymbol{L}_x(\alpha_x)$，即

$$\boldsymbol{L}_x(\alpha_x) = \begin{bmatrix} 1 & 0 & 0 \\ 0 & \cos\alpha_x & \sin\alpha_x \\ 0 & -\sin\alpha_x & \cos\alpha_x \end{bmatrix}$$

（2）绕 y 轴旋转，其旋转变换矩阵为 $\boldsymbol{L}_y(\alpha_y)$，即

$$\boldsymbol{L}_y(\alpha_y) = \begin{bmatrix} \cos\alpha_y & 0 & -\sin\alpha_y \\ 0 & 1 & 0 \\ \sin\alpha_y & 0 & \cos\alpha_y \end{bmatrix}$$

（3）绕 z 轴旋转，其旋转变换矩阵为 $\boldsymbol{L}_z(\alpha_z)$，即

$$\boldsymbol{L}_z(\alpha_z) = \begin{bmatrix} \cos\alpha_z & \sin\alpha_z & 0 \\ -\sin\alpha_z & \cos\alpha_z & 0 \\ 0 & 0 & 1 \end{bmatrix}$$

由于基本旋转变换矩阵是正交矩阵，所以有

$$\boldsymbol{L}(\alpha) = \boldsymbol{L}^{\mathrm{T}}(\alpha)$$

坐标系绕某一轴旋转 α 角后，有

$$\begin{bmatrix} x' \\ y' \\ z' \end{bmatrix} = \boldsymbol{L}(\alpha) \begin{bmatrix} x \\ y \\ z \end{bmatrix}$$

式中，$[x,y,z]^{\mathrm{T}}$、$[x',y',z']^{\mathrm{T}}$ 分别为坐标系旋转前、后的两个列矢量。

两个空间坐标系 $o-x_1 y_1 z_1$ 和 $o-x_2 y_2 z_2$，若其三个坐标轴无一轴重合，则我们总可以通过绕三个坐标轴的三次基本旋转变换使两坐标系重合。同样地，若只要求旋转到两坐标系有一个轴重合，则只要通过两次基本旋转变换即可实现。

2.1.3 坐标系相互关系

1. 地面坐标系到弹体坐标系的转换矩阵

弹体坐标系与地面坐标系的关系可由俯仰角 ϑ、偏航角 ψ、滚转角 γ 来确定，如图 2.4 所示。则地面坐标系到弹体坐标系转换关系可表示为

$$\begin{bmatrix} x_b \\ y_b \\ z_b \end{bmatrix} = \boldsymbol{C}_i^b \begin{bmatrix} x \\ y \\ z \end{bmatrix}$$

其中地面坐标系到弹体坐标系转换矩阵为

$$\boldsymbol{C}_i^b = \begin{bmatrix} \cos\vartheta\cos\psi & \sin\vartheta & -\cos\vartheta\sin\psi \\ -\sin\vartheta\cos\psi\cos\gamma + \sin\psi\sin\gamma & \cos\vartheta\cos\gamma & \sin\vartheta\sin\psi\cos\gamma + \cos\psi\sin\gamma \\ \sin\vartheta\cos\psi\sin\gamma + \sin\psi\cos\gamma & -\cos\vartheta\sin\gamma & -\sin\vartheta\sin\psi\sin\gamma + \cos\psi\cos\gamma \end{bmatrix}$$

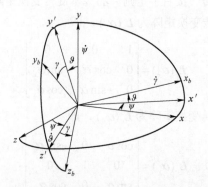

图 2.4 地面坐标系到弹体坐标系转换示意

2. 地面坐标系到弹道坐标系的转换矩阵

地面坐标系和弹道坐标系的关系可由弹道倾角 θ 和弹道偏角 ψ_v 确定，如图 2.5 所示。则地面坐标系到弹道坐标系转换关系可表示为

$$\begin{bmatrix} x_t \\ y_t \\ z_t \end{bmatrix} = \boldsymbol{C}_i^t \begin{bmatrix} x \\ y \\ z \end{bmatrix}, \qquad \boldsymbol{C}_i^t = \begin{bmatrix} \cos\theta\cos\psi_v & \sin\theta & -\cos\theta\sin\psi_v \\ -\sin\theta\cos\psi_v & \cos\theta & \sin\theta\sin\psi_v \\ \sin\psi_v & 0 & \cos\psi_v \end{bmatrix}$$

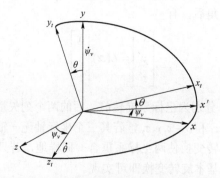

图 2.5 地面坐标系到弹道坐标系转换示意

3. 速度坐标系到弹体坐标系的转换矩阵

速度坐标系和弹体坐标系的关系可由攻角 α 和侧滑角 β 确定，如图 2.6 所示。则速度坐标系到弹体坐标系转换关系可表示为

$$\begin{bmatrix} x_b \\ y_b \\ z_b \end{bmatrix} = \boldsymbol{C}_v^b \begin{bmatrix} x_v \\ y_v \\ z_v \end{bmatrix}, \qquad \boldsymbol{C}_v^b = \begin{bmatrix} \cos\alpha\cos\beta & \sin\alpha & -\cos\alpha\sin\beta \\ -\sin\alpha\cos\beta & \cos\alpha & \sin\alpha\sin\beta \\ \sin\beta & 0 & \cos\beta \end{bmatrix}$$

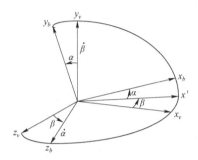

图 2.6　速度坐标系到弹体坐标系转换示意

4. 弹道坐标系到速度坐标系的转换矩阵

弹道坐标系和速度坐标系的关系可由速度倾角 γ_v 确定，如图 2.7 所示。则弹道坐标系到速度坐标系转换关系可表示为

$$\begin{bmatrix} x_v \\ y_v \\ z_v \end{bmatrix} = \boldsymbol{C}_t^v \begin{bmatrix} x_t \\ y_t \\ z_t \end{bmatrix}, \qquad \boldsymbol{C}_t^v = \begin{bmatrix} 1 & 0 & 0 \\ 0 & \cos\gamma_v & \sin\gamma_v \\ 0 & -\sin\gamma_v & \cos\gamma_v \end{bmatrix}$$

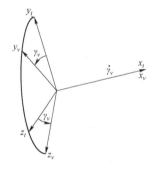

图 2.7　弹道坐标系到速度
坐标系转换示意

5. 全攻角弹体坐标系到弹体坐标系的转换矩阵

全攻角弹体坐标系和弹体坐标系的关系可由气动滚转角 ϕ 确定，则全攻角弹体坐标系到弹体坐标系转换关系可表示为

$$\begin{bmatrix} x_b \\ y_b \\ z_b \end{bmatrix} = \boldsymbol{C}_n^b \begin{bmatrix} x_n \\ y_n \\ z_n \end{bmatrix} \qquad \boldsymbol{C}_n^b = \begin{bmatrix} 1 & 0 & 0 \\ 0 & \cos\phi & \sin\phi \\ 0 & -\sin\phi & \cos\phi \end{bmatrix}$$

对各个坐标系进行投影变换，如果转换方向与前述方向相反，则转换矩阵是前述转换矩阵的逆矩阵，也等于前述转换矩阵的转置。例如从弹体坐标系到地面坐标系的转换矩阵应为

$$\boldsymbol{C}_b^i = (\boldsymbol{C}_i^b)^{-1} = (\boldsymbol{C}_i^b)^{\mathrm{T}}$$

其他情况与此类似。

2.2 弹体运动方程

2.2.1 动力学方程

导弹在空间的运动可以分解为弹体质心的平移运动和绕质心的转动运动。忽略弹体弹性形变，将其假设为刚体，则导弹动力学基本方程表达式可写为

$$m\frac{\mathrm{d}\boldsymbol{V}}{\mathrm{d}t} = \boldsymbol{F} \tag{2.1}$$

$$\frac{\mathrm{d}\boldsymbol{H}}{\mathrm{d}t} = \boldsymbol{M} \tag{2.2}$$

其中，$\boldsymbol{V}$ 为刚体的速度矢量；$\boldsymbol{H}$ 为刚体相对质心的动量矩矢量；$\boldsymbol{F}$ 为作用于刚体上的外力主矢量；$\boldsymbol{M}$ 为外力对刚体质心的主矩。

1. 质心运动的动力学方程

将地面坐标系视为惯性坐标系，根据牛顿第二定律有

$$\frac{\mathrm{d}\boldsymbol{V}}{\mathrm{d}t} = \frac{\delta\boldsymbol{V}}{\mathrm{d}t} + \boldsymbol{\omega}_b \times \boldsymbol{V} \tag{2.3}$$

式中，$\dfrac{\mathrm{d}\boldsymbol{V}}{\mathrm{d}t}$ 为在地面系（惯性系）中矢量 $\boldsymbol{V}$ 的绝对导数；$\boldsymbol{\omega}_b$ 为弹体系相对地面系转动角速度矢量。

式（2.3）可改写为

$$m\frac{\mathrm{d}\boldsymbol{V}}{\mathrm{d}t} = m\left(\frac{\delta\boldsymbol{V}}{\mathrm{d}t} + \boldsymbol{\omega}_b \times \boldsymbol{V}\right) = \boldsymbol{F} \tag{2.4}$$

根据弹体系定义可知，将式（2.4）展开有

$$\begin{cases} m\left(\dfrac{\mathrm{d}V_{xb}}{\mathrm{d}t} + V_{zb}\omega_{yb} - V_{yb}\omega_{zb}\right) = F_{xb} + P_{xb} \\[2mm] m\left(\dfrac{\mathrm{d}V_{yb}}{\mathrm{d}t} + V_{xb}\omega_{zb} - V_{zb}\omega_{xb}\right) = F_{yb} + P_{yb} \\[2mm] m\left(\dfrac{\mathrm{d}V_{zb}}{\mathrm{d}t} + V_{yb}\omega_{xb} - V_{xb}\omega_{yb}\right) = F_{zb} + P_{zb} \end{cases} \tag{2.5}$$

式中，F_{xb}、F_{yb}、F_{zb} 为导弹除推力外，所有外力在弹体系各轴上的分量的代数和。

导弹在空中飞行时，受到外力为空气动力、重力和推力，下面给出它们在弹体坐标系上的各投影分量。

作用在导弹上的总空气动力沿弹体系可分解为轴向力 F_{CA}、法向力 F_{CN}、侧向力 F_{CZ}：

$$\begin{bmatrix} F_{xb} \\ F_{yb} \\ F_{zb} \end{bmatrix} = \begin{bmatrix} F_{CA} \\ F_{CN} \\ F_{CZ} \end{bmatrix} \tag{2.6}$$

重力沿地面坐标系 oy 轴的负方向，其在弹体坐标系分量为 G_{xb}、G_{yb}、G_{zb}：

$$\begin{bmatrix} G_{xb} \\ G_{yb} \\ G_{zb} \end{bmatrix} = \boldsymbol{C}_i^b \begin{bmatrix} 0 \\ -G \\ 0 \end{bmatrix} = \begin{bmatrix} -G\sin\vartheta \\ -G\cos\vartheta\cos\gamma \\ G\cos\vartheta\sin\gamma \end{bmatrix} \tag{2.7}$$

推力与弹体纵轴 ox_b 轴重合，即

$$\begin{bmatrix} P_{xb} \\ P_{yb} \\ P_{zb} \end{bmatrix} = \begin{bmatrix} P \\ 0 \\ 0 \end{bmatrix} \tag{2.8}$$

式（2.6）～（2.8）代入式（2.9），经过整理可以得到

$$\begin{cases} m\left(\dfrac{\mathrm{d}V_{xb}}{\mathrm{d}t} + V_{zb}\omega_{yb} - V_{yb}\omega_{zb}\right) = P + F_{CA} - G\sin\vartheta \\[2mm] m\left(\dfrac{\mathrm{d}V_{yb}}{\mathrm{d}t} + V_{xb}\omega_{zb} - V_{zb}\omega_{xb}\right) = F_{CN} - G\cos\vartheta\cos\gamma \\[2mm] m\left(\dfrac{\mathrm{d}V_{zb}}{\mathrm{d}t} + V_{yb}\omega_{xb} - V_{xb}\omega_{yb}\right) = F_{CZ} + G\cos\vartheta\sin\gamma \end{cases} \tag{2.9}$$

2. 绕质心转动的动力学方程

在弹体动坐标系上建立起导弹绕质心转动的动力学方程，式（2.2）可写成

$$\frac{\mathrm{d}\boldsymbol{H}}{\mathrm{d}t} = \frac{\delta\boldsymbol{H}}{\delta t} + \boldsymbol{\omega}_b \times \boldsymbol{H} = \boldsymbol{M} \tag{2.10}$$

将式（2.10）展开可得

$$\begin{cases} J_{xx}\dot{\omega}_{xb} - (J_{yy} - J_{zz})\omega_{yb}\omega_{zb} - J_{yz}(\omega_{yb}^2 - \omega_{zb}^2) - J_{zx}(\dot{\omega}_{zb} + \omega_{xb}\omega_{yb}) - J_{xy}(\dot{\omega}_{yb} - \omega_{xb}\omega_{zb}) = M_{xb} \\ J_{yy}\dot{\omega}_{yb} - (J_{zz} - J_{xx})\omega_{zb}\omega_{xb} - J_{zx}(\omega_{zb}^2 - \omega_{xb}^2) - J_{xy}(\dot{\omega}_{xb} + \omega_{yb}\omega_{zb}) - J_{yz}(\dot{\omega}_{zb} - \omega_{yb}\omega_{xb}) = M_{yb} \\ J_{zz}\dot{\omega}_{zb} - (J_{xx} - J_{yy})\omega_{xb}\omega_{yb} - J_{xy}(\omega_{xb}^2 - \omega_{yb}^2) - J_{yz}(\dot{\omega}_{yb} + \omega_{zb}\omega_{xb}) - J_{zx}(\dot{\omega}_{xb} - \omega_{zb}\omega_{yb}) = M_{zb} \end{cases} \tag{2.11}$$

式中，M_{xb}、M_{yb}、M_{zb} 为作用在导弹上所有外力对质心的力矩在弹体坐标系各轴上的分量。

2.2.2　运动学方程

1. 质心运动学方程

利用弹体坐标系与地面坐标系转换关系，导弹质心相对于地面坐标系的位置方程：

$$\begin{bmatrix} \dot{x} \\ \dot{y} \\ \dot{z} \end{bmatrix} = \begin{bmatrix} V_x \\ V_y \\ V_z \end{bmatrix} = \boldsymbol{C}_b^i \begin{bmatrix} V_{xb} \\ V_{yb} \\ V_{zb} \end{bmatrix} \tag{2.12}$$

将式（2.12）展开有

$$\begin{cases} \dot{x} = \cos\psi\cos\vartheta V_{xb} - (\cos\psi\sin\vartheta\cos\gamma)V_{yb} + (\cos\psi\sin\vartheta\sin\gamma + \sin\psi\cos\gamma)V_{zb} \\ \dot{y} = \sin\vartheta V_{xb} + \cos\vartheta\cos\gamma V_{yb} - \cos\vartheta\sin\gamma V_{zb} \\ \dot{z} = -\sin\psi\cos\vartheta V_{xb} + (\sin\psi\sin\vartheta\cos\gamma + \cos\psi\sin\gamma)V_{yb} - (\sin\psi\sin\vartheta\sin\gamma - \cos\psi\cos\gamma)V_{zb} \end{cases} \tag{2.13}$$

2. 绕质心转动运动学方程

根据地面系与弹体系转换关系有

$$\boldsymbol{\omega}_b = \dot{\boldsymbol{\psi}} + \dot{\boldsymbol{\vartheta}} + \dot{\boldsymbol{\gamma}} \tag{2.14}$$

其中 $\dot{\boldsymbol{\psi}}$ 在地面系 oy 轴上，$\dot{\boldsymbol{\gamma}}$ 在弹体系 ox_b 轴上，则

$$\begin{bmatrix} \omega_{xb} \\ \omega_{yb} \\ \omega_{zb} \end{bmatrix} = \boldsymbol{L}_x(\gamma)\boldsymbol{L}_z(\vartheta)\boldsymbol{L}_y(\psi) \begin{bmatrix} 0 \\ \dot{\psi} \\ 0 \end{bmatrix} + \boldsymbol{L}_x(\gamma) \begin{bmatrix} 0 \\ 0 \\ \dot{\vartheta} \end{bmatrix} + \begin{bmatrix} \dot{\gamma} \\ 0 \\ 0 \end{bmatrix} = \begin{bmatrix} 0 & \sin\vartheta & 1 \\ \sin\gamma & \cos\vartheta\cos\gamma & 0 \\ \cos\gamma & -\cos\vartheta\sin\gamma & 0 \end{bmatrix} \begin{bmatrix} \dot{\vartheta} \\ \dot{\psi} \\ \dot{\gamma} \end{bmatrix} \tag{2.15}$$

于是有

$$\begin{cases} \dot{\vartheta} = \omega_{yb}\sin\gamma + \omega_{zb}\cos\gamma \\ \dot{\psi} = (\omega_{yb}\cos\gamma - \omega_{zb}\sin\gamma)/\cos\vartheta \\ \dot{\gamma} = \omega_{xb} - \tan\vartheta(\omega_{yb}\cos\gamma - \omega_{zb}\sin\gamma) \end{cases} \tag{2.16}$$

3. 几何关系方程

由图 2.8 给出的空速坐标系至弹体坐标系转换示意图，有

$$\boldsymbol{L}_x(\phi^*)\boldsymbol{L}_z(\alpha_T)\boldsymbol{L}_x(\phi) = \boldsymbol{L}_y(\beta_w)\boldsymbol{L}_z(\alpha_w)$$

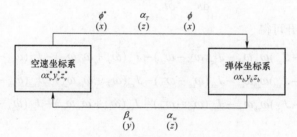

图 2.8　空速坐标系至弹体坐标系转换示意图

可得 α_T、ϕ 的计算公式：

$$\begin{aligned} \alpha_T &= \arccos(\cos\alpha_w\cos\beta) \\ \phi &= \arcsin(\sin\beta_w / \sin\alpha_T) \end{aligned} \tag{2.17}$$

在无风干扰条件下有 $\alpha = \alpha_w$，$\beta = \beta_w$，因此式（2.17）可写为

$$\begin{aligned} \alpha_T &= \arccos(\cos\alpha\cos\beta) \\ \phi &= \arcsin(\sin\beta / \sin\alpha_T) \end{aligned} \tag{2.18}$$

由攻角及侧滑角几何定义，有

$$\begin{aligned} \alpha &= \arctan(-V_{yb} / V_{xb}) \\ \beta &= -\arcsin(V_{zb} / V) \end{aligned} \tag{2.19}$$

综合式（2.9）、式（2.11）、式（2.13）、式（2.18）及式（2.19），可得基于弹体坐标系下导弹六自由度模型。

$$m\left(\frac{\mathrm{d}V_{xb}}{\mathrm{d}t}+V_{zb}\omega_{yb}-V_{yb}\omega_{zb}\right)=P+F_{CA}-G\sin\vartheta$$

$$m\left(\frac{\mathrm{d}V_{yb}}{\mathrm{d}t}+V_{xb}\omega_{zb}-V_{zb}\omega_{xb}\right)=F_{CN}-G\cos\vartheta\cos\gamma$$

$$m\left(\frac{\mathrm{d}V_{zb}}{\mathrm{d}t}+V_{yb}\omega_{xb}-V_{xb}\omega_{yb}\right)=F_{CZ}+G\cos\vartheta\sin\gamma$$

$$J_{xx}\dot{\omega}_{xb}-(J_{yy}-J_{zz})\omega_{yb}\omega_{zb}-J_{yz}(\omega_{yb}^2-\omega_{zb}^2)-J_{zx}(\dot{\omega}_{zb}+\omega_{xb}\omega_{yb})-J_{xy}(\dot{\omega}_{yb}-\omega_{xb}\omega_{zb})=M_{xb}$$

$$J_{yy}\dot{\omega}_{yb}-(J_{zz}-J_{xx})\omega_{zb}\omega_{xb}-J_{zx}(\omega_{zb}^2-\omega_{xb}^2)-J_{xy}(\dot{\omega}_{xb}+\omega_{yb}\omega_{zb})-J_{yz}(\dot{\omega}_{zb}-\omega_{yb}\omega_{xb})=M_{yb}$$

$$J_{zz}\dot{\omega}_{zb}-(J_{xx}-J_{yy})\omega_{xb}\omega_{yb}-J_{xy}(\omega_{xb}^2-\omega_{yb}^2)-J_{yz}(\dot{\omega}_{yb}+\omega_{zb}\omega_{xb})-J_{zx}(\dot{\omega}_{xb}-\omega_{zb}\omega_{yb})=M_{zb}$$

$$\dot{x}=\cos\psi\cos\vartheta V_{xb}-(\cos\psi\sin\vartheta\cos\gamma)V_{yb}+(\cos\psi\sin\vartheta\sin\gamma+\sin\psi\cos\gamma)V_{zb}$$

$$\dot{y}=\sin\vartheta V_{xb}+\cos\vartheta\cos\gamma V_{yb}-\cos\vartheta\sin\gamma V_{zb}$$

$$\dot{z}=-\sin\psi\cos\vartheta V_{xb}+(\sin\psi\sin\vartheta\cos\gamma+\cos\psi\sin\gamma)V_{yb}-(\sin\psi\sin\vartheta\sin\gamma-\cos\psi\cos\gamma)V_{zb}$$

$$\dot{\vartheta}=\omega_{yb}\sin\gamma+\omega_{zb}\cos\gamma$$

$$\dot{\psi}=(\omega_{yb}\cos\gamma-\omega_{zb}\sin\gamma)/\cos\vartheta$$

$$\dot{\gamma}=\omega_{xb}-\tan\vartheta(\omega_{yb}\cos\gamma-\omega_{zb}\sin\gamma)$$

$$V=\sqrt{V_{xb}^2+V_{yb}^2+V_{zb}^2}$$

$$\alpha=\arctan(-V_{yb}/V_{xb})$$

$$\beta=-\arcsin(V_{zb}/V)$$

$$\alpha_T=\arccos(\cos\alpha\cos\beta)$$

$$\phi=\arcsin(\sin\beta/\sin\alpha_T)$$

$$F_{CA}=f_1(\mathrm{Ma},\alpha_T,\phi,\delta_x,\delta_y,\delta_z)$$

$$F_{CN}=f_2(\mathrm{Ma},\alpha_T,\phi,\delta_x,\delta_y,\delta_z)$$

$$F_{CZ}=f_3(\mathrm{Ma},\alpha_T,\phi,\delta_x,\delta_y,\delta_z)$$

$$M_{xb}=f_4(\mathrm{Ma},\alpha_T,\phi,\delta_x,\delta_y,\delta_z)$$

$$M_{yb}=f_5(\mathrm{Ma},\alpha_T,\phi,\delta_x,\delta_y,\delta_z)$$

$$M_{zb}=f_6(\mathrm{Ma},\alpha_T,\phi,\delta_x,\delta_y,\delta_z)$$

2.3　弹体动力学模型线性化及传递函数建立

2.3.1　模型线性化

基于以下假设，建立导弹线性化模型。

（1）假定讨论导弹在理想弹道附近的小扰动运动。

（2）忽略重力影响（可通过制导得到补偿）。

（3）认为导弹速度变化缓慢，即认为导弹飞行速度近似为常数。

（4）导弹的攻角侧滑角视为小量，认为 $\sin\alpha\approx\alpha$，$\cos\alpha\approx1$，$\sin\beta\approx\beta$，$\cos\beta\approx1$，

忽略二阶小量，认为 $\alpha^2 \approx \beta^2 \approx \alpha\beta \approx 0$。

（5）至少满足面对称条件，即 $J_{xz} = J_{yz} = 0$，惯性积 J_{xy} 数值较小也可忽略不计。

（6）在特征点上导弹质量、转动惯量、速度、大气参数等视为常数。

将导弹六自由度模型中力与力矩项的小扰动增量影响做如下定义，如表 2.1 所示。

表 2.1　力及力矩定义

控制通道	系数项	符号	表达式	意义
俯仰通道	俯仰力矩项	$a_\alpha = \dfrac{-M_z^\alpha}{J_z}$	$\dfrac{-m_z^\alpha \rho V^2 SL}{2J_z}$	静稳定时 $m_z^\alpha < 0$，由攻角产生的俯仰力矩
		$a_{\delta_z} = \dfrac{-M_z^{\delta_z}}{J_z}$	$\dfrac{-m_z^{\delta_z} \rho V^2 SL}{2J_z}$	$m_z^{\delta_z} < 0$，由升降舵产生的俯仰力矩
		$a_{\omega_z} = \dfrac{-M_z^{\omega_z}}{J_z}$	$\dfrac{-m_z^{\omega_z} \rho VSL^2}{2J_z}$	$m_z^{\omega_z} < 0$，由俯仰角速度产生的俯仰阻尼力矩
	升力项	$b_\alpha = \dfrac{P + Y^\alpha}{mV}$	$\dfrac{2P + c_y^\alpha \rho V^2 S}{2mV}$	$c_y^\alpha > 0$，由攻角产生的升力
		$b_{\delta_z} = \dfrac{Y^{\delta_z}}{mV}$	$\dfrac{c_y^{\delta_z} \rho VS}{2m}$	$c_y^{\delta_z} > 0$，由升降舵产生的升力（正常式）
偏航通道	偏航力矩项	$a_\beta = \dfrac{-M_y^\beta}{J_y}$	$\dfrac{-m_y^\beta \rho V^2 SL}{2J_y}$	$m_y^\beta < 0$，由侧滑角产生的偏航力矩，表征航向静稳定性
		$a_{\delta_y} = \dfrac{-M_y^{\delta_y}}{J_y}$	$\dfrac{-m_z^{\delta_y} \rho V^2 SL}{2J_y}$	$m_z^{\delta_y} < 0$，由方向舵引起的偏航力矩
		$a_{\omega_y} = \dfrac{-M_y^{\omega_y}}{J_y}$	$\dfrac{-m_y^{\omega_y} \rho VSL^2}{2J_y}$	$m_y^{\omega_y} < 0$，由偏航角速度引起的偏航阻尼力矩
	偏航力项	$b_\beta = \dfrac{Y^\alpha}{mV}$	$\dfrac{c_z^\beta \rho V^2 S}{-2mV}$	$c_z^\beta < 0$，由侧滑角产生的偏航力
		$b_{\delta_y} = \dfrac{Y^{\delta_y}}{mV}$	$\dfrac{c_z^{\delta_y} \rho V^2 S}{-2mV}$	$c_z^{\delta_y} < 0$，由方向舵产生的偏航力
	与滚转通道耦合项	$a_{\omega_x} = \dfrac{-M_y^{\omega_x}}{J_y}$	$\dfrac{-m_y^{\omega_x} \rho VSL^2}{2J_y}$	$m_y^{\omega_x} > 0$，由滚转角速度引起的偏航力矩
		$b_{\delta_x} = \dfrac{Y^{\delta_x}}{mV}$	$\dfrac{c_z^{\delta_x} \rho VS}{2m}$	$c_z^{\delta_x} > 0$，由副翼产生的偏航力
	与俯仰通道耦合项	$a_{y\delta_z} = \dfrac{-M_y^{\delta_z}}{J_y}$	$\dfrac{-m_y^{\delta_z} \rho V^2 SL}{2J_y}$	$m_y^{\delta_z} > 0$，由俯仰舵产生的偏航力矩
滚转通道	滚转力矩项	$c_{\delta_z} = \dfrac{-M_x^{\delta_z}}{J_x}$	$\dfrac{-m_x^{\delta_z} \rho V^2 SL}{2J_x}$	$m_x^{\delta_z} < 0$，由副翼产生的滚转力矩
		$c_{\omega_x} = \dfrac{-M_x^{\omega_x}}{J_x}$	$\dfrac{-m_x^{\omega_x} \rho VSL^2}{2J_x}$	$m_x^{\omega_x} < 0$，由滚转角速度产生的滚转阻尼力矩

续表

控制通道	系数项	符号	表达式	意义
滚转通道	与偏航通道耦合项	$c_\beta = \dfrac{-M_x^\beta}{J_x}$	$\dfrac{-m_x^\beta \rho V^2 SL}{2J_x}$	$m_x^\beta < 0$，由侧滑角产生的滚转斜吹力矩
		$c_{\delta_y} = \dfrac{-M_x^{\delta_y}}{J_x}$	$\dfrac{-m_x^{\delta_y} \rho V^2 SL}{2J_x}$	$m_x^{\delta_y} < 0$，由方向舵产生的滚转力矩
		$c_{\omega_y} = \dfrac{-M_x^{\omega_y}}{J_x}$	$\dfrac{-m_x^{\omega_y} \rho VSL^2}{2J_x}$	$m_x^{\omega_y} < 0$，由偏航角速度产生的滚转力矩

作用在弹体上的力及力矩可由式（2.20）替换。

$$\begin{cases} Y = (b_\alpha \alpha + b_{\delta_z} \delta_z) mV \\ Z = (b_\beta \beta + b_{\delta_y} \delta_y + b_{\delta_x} \delta_x)(-mV) \\ M_x = -c_{\omega_y} \omega_y - c_{\omega_x} \omega_x - c_{\delta_x} \delta_x - c_{\omega_y} \omega_y - c_{\delta_y} \delta_y \\ M_y = -a_\beta \beta - a_{\omega_y} \omega_y - a_{\delta_y} \delta_y + a_{\omega_x} \omega_x - a_{\delta_z} \delta_z \\ M_z = -a_\alpha \alpha - a_{\omega_z} \omega_z - a_{\delta_z} \delta_z \end{cases} \tag{2.20}$$

近似认为 $V_{xb} = V = \text{const}$，则式（2.20）可写为

$$\begin{cases} \left(\dfrac{\mathrm{d}V_{yb}}{V_{xb}\mathrm{d}t} + \omega_{zb} - \dfrac{V_{zb}}{V_{xb}}\omega_{xb} \right) = \dfrac{F_{CN}}{mV_{xb}} \\ \left(\dfrac{\mathrm{d}V_{zb}}{V_{xb}\mathrm{d}t} + \dfrac{V_{yb}}{V_{xb}}\omega_{xb} - \omega_{yb} \right) = \dfrac{F_{CZ}}{mV_{xb}} \end{cases} \Rightarrow \begin{cases} -\dfrac{\mathrm{d}V_{yb}}{V_{xb}\mathrm{d}t} = \omega_{zb} - \dfrac{V_{zb}}{V_{xb}}\omega_{xb} - \dfrac{F_{CN}}{mV_{xb}} \\ \dfrac{\mathrm{d}V_{zb}}{V_{xb}\mathrm{d}t} = \omega_{yb} - \dfrac{V_{yb}}{V_{xb}}\omega_{xb} + \dfrac{F_{CZ}}{mV_{xb}} \end{cases} \tag{2.21}$$

取 $\beta = \dfrac{V_{zb}}{V_{xb}}$，$\alpha = -\dfrac{V_{yb}}{V_{xb}}$，代入式（2.21）中得到

$$\begin{cases} \dot\alpha = \omega_{zb} - \beta\omega_{xb} - \dfrac{F_{CN}}{mV} \\ \dot\beta = \omega_{yb} + \alpha\omega_{xb} + \dfrac{F_{CZ}}{mV} \end{cases} \Rightarrow \begin{cases} \dot\alpha = \omega_{zb} - \beta\omega_{xb} - \dfrac{Y}{mV} \\ \dot\beta = \omega_{yb} + \alpha\omega_{xb} + \dfrac{Z}{mV} \end{cases} \tag{2.22}$$

式（2.20）代入式（2.22），得

$$\begin{aligned} \dot\alpha &= -b_\alpha \alpha + \omega_z - b_{\delta_z} \delta_z - \omega_x \beta \\ \dot\beta &= -b_\beta \beta + \omega_y - b_{\delta_y} \delta_y + b_{\delta_x} \delta_x + \omega_x \alpha \end{aligned} \tag{2.23}$$

根据假设条件（5），式（2.23）可写为

$$\dot{\omega}_{xb} = \frac{M_x + (J_y - J_z)\omega_{yb}\omega_{zb}}{J_x}$$

$$\dot{\omega}_{yb} = \frac{M_y + (J_z - J_x)\omega_{zb}\omega_{xb}}{J_y} \tag{2.24}$$

$$\dot{\omega}_{zb} = \frac{M_z + (J_x - J_y)\omega_{xb}\omega_{yb}}{J_z}$$

式（2.20）代入式（2.24），可得

$$\dot{\omega}_x = -c_\beta\beta - c_{\omega_y}\omega_y - c_{\omega_x}\omega_x - c_{\delta_y}\delta_y - c_{\delta_x}\delta_x + \frac{(J_x - J_y)\omega_{xb}\omega_{yb}}{J_x}$$

$$\dot{\omega}_y = -a_\beta\beta - a_{\omega_y}\omega_y - a_{\delta_y}\delta_y + a_{\omega_x}\omega_x - a_{y\delta_z}\delta_z + \frac{(J_z - J_x)\omega_{zb}\omega_{xb}}{J_y} \tag{2.25}$$

$$\dot{\omega}_z = -a_\alpha\alpha - a_{\omega_z}\omega_z - a_{\delta_z}\delta_z + \frac{(J_y - J_z)\omega_{yb}\omega_{zb}}{J_x}$$

$$\dot{\gamma} = \omega_x$$

综合式（2.23）与式（2.25），得到线性化扰动条件下，导弹动力学方程表达式：

$$\dot{\alpha} = -b_\alpha\alpha + \omega_z - b_{\delta_z}\delta_z - \omega_x\beta$$

$$\dot{\beta} = -b_\beta\beta + \omega_y - b_{\delta_y}\delta_y - b_{\delta_x}\delta_x + \omega_x\alpha$$

$$\dot{\omega}_x = (-c_{\omega_x}\omega_x - c_{\delta_x}\delta_x) + (-c_\beta\beta) + (-c_{\omega_y}\omega_y - c_{\delta_y}\delta_y) + \frac{(J_y - J_z)\omega_y\omega_z}{J_x}$$

$$\dot{\omega}_y = (-a_\beta\beta - a_{\omega_y}\omega_y - a_{\delta_y}\delta_y) + (a_{\omega_x}\omega_x - a_{y\delta_z}\delta_z) + \frac{(J_z - J_x)\omega_z\omega_x}{J_y} \tag{2.26}$$

$$\dot{\omega}_z = (-a_\alpha\alpha - a_{\omega_z}\omega_z - a_{\delta_z}\delta_z) + \frac{(J_x - J_y)\omega_x\omega_y}{J_z}$$

$$\dot{\gamma} = \omega_x$$

式（2.26）给出的数学表达式考虑了三通道间的运动学及动力学耦合，其主要包含的耦合项如表 2.2 所示。

表 2.2　三通道主要耦合项

控制通道	动力学状态	运动学耦合	惯性耦合	气动交叉耦合
俯仰通道	$\dot{\alpha}$ 项	$-\omega_x\beta$		
	$\dot{\omega}_z$ 项		$\dfrac{(J_x - J_y)\omega_x\omega_y}{J_z}$	
偏航通道	$\dot{\beta}$ 项	$\omega_x\alpha$		
	$\dot{\omega}_y$ 项		$\dfrac{(J_z - J_x)\omega_z\omega_x}{J_y}$	$a_{\omega_x}\omega_x - a_{\delta_z}\delta_z$
滚转通道	$\dot{\omega}_x$ 项		$\dfrac{(J_y - J_z)\omega_z\omega_y}{J_x}$	$-c_\beta\beta$ $-c_{\omega_y}\omega_y - c_{\delta_y}\delta_y$

当只讨论 STT 控制的轴对称导弹时，其俯仰与偏航运动有相似的特点，因此又可统称为横向运动。

忽略线性方程组中的各耦合项，导弹俯仰通道状态空间表达式可表示为

$$\begin{bmatrix} \dot{\alpha} \\ \ddot{\vartheta} \end{bmatrix} = \begin{bmatrix} -b_\alpha & 1 \\ -a_\alpha & -a_\omega \end{bmatrix} \begin{bmatrix} \alpha \\ \dot{\vartheta} \end{bmatrix} + \begin{bmatrix} b_\delta \\ -a_\delta \end{bmatrix} \delta_z \tag{2.27}$$

导弹滚转通道状态空间表达式可表示为

$$\begin{bmatrix} \dot{\gamma} \\ \ddot{\gamma} \end{bmatrix} = \begin{bmatrix} 0 & 1 \\ 0 & -c_\omega \end{bmatrix} \begin{bmatrix} \gamma \\ \dot{\gamma} \end{bmatrix} + \begin{bmatrix} 0 \\ -c_\delta \end{bmatrix} \delta_z \tag{2.28}$$

2.3.2 弹体传递函数建立与分析

式（2.26）给出了线性化后导弹弹体动力学模型。为分析方便，认为俯仰与偏航运动有相似的特点，同时忽略通道间耦合项，从而将方程简化为俯仰及滚转两个通道。

当导弹滚转稳定，且 ω_x 可忽略时，有 $a_y = \dot{\theta} V$ 。

将动力学模型进行简化，进行拉普拉斯转换，并将 δ_z 和 δ_x 作为输入，可得到舵到弹体各状态量的弹体传递函数。

（1）侧向加速度 a_y 关于输入舵偏角 δ_z 的传递函数：

$$\frac{a_y(s)}{\delta_z(s)} = -V k_\vartheta \cdot \frac{A_2 s^2 + A_1 s + 1}{T_m^2 s^2 + 2\xi_m T_m s + 1} \tag{2.29}$$

（2）弹道倾角转动角速度 $\dot{\theta}$ 关于输入舵偏角 δ_z 的传递函数：

$$\frac{\dot{\theta}(s)}{\delta_z(s)} = -k_\vartheta \cdot \frac{A_2 s^2 + A_1 s + 1}{T_m^2 s^2 + 2\xi_m T_m s + 1} \tag{2.30}$$

（3）弹体姿态角转动角速度 $\dot{\vartheta}$ 关于输入舵偏角 δ_z 的传递函数：

$$\frac{\dot{\vartheta}(s)}{\delta_z(s)} = -\frac{k_\vartheta (T_\alpha s + 1)}{T_m^2 s^2 + 2\xi_m T_m s + 1} \tag{2.31}$$

（4）弹体攻角 α 关于输入舵偏角 δ_z 的传递函数：

$$\frac{\alpha(s)}{\delta_z(s)} = -k_\alpha \cdot \frac{B_1 s + 1}{T_m^2 s^2 + 2\xi_m T_m s + 1} \tag{2.32}$$

各变量的相关定义为

$$T_m = \frac{1}{\sqrt{a_\omega b_a + a_a}}, \quad \xi_m = \frac{(a_\omega + b_a)}{2\sqrt{a_\omega b_a + a_a}}, \quad T_\alpha = \frac{a_\delta}{(a_\delta b_a - a_a b_\delta)};$$

$$k_\vartheta = \frac{a_\delta b_a - a_a b_\delta}{a_\omega b_a + a_a}, \quad A_1 = \frac{-a_\omega b_\delta}{a_\delta b_a - a_a b_\delta}, \quad A_2 = \frac{-b_\delta}{a_\delta b_a - a_a b_\delta}$$

1. 弹体闭环特征方程

弹体传递函数闭环特征方程为

$$T_m^2 s^2 + 2\xi_m T_m s + 1 = 0$$

由变量定义可知，弹体时间常数 T_m 及阻尼 ξ_m 均与 a_δ 无关，即无论导弹采用正常式布局

还是鸭式布局，对弹体传函极点都不产生影响。

考虑到 $a_\omega b_a$ 相比 a_α 只是一个小量，则弹体时间常数可表示为

$$T_m^2 = \frac{1}{a_\omega b_a + a_\alpha} \approx \frac{1}{a_\alpha} \tag{2.33}$$

从而有

$$2\xi_m T_m = \frac{a_\omega + b_a}{2(a_\omega b_a + a_\alpha)} \approx \frac{a_\omega + b_a}{2a_\alpha} \tag{2.34}$$

由式（2.33）及式（2.34）可知：

（1）当导弹处于静稳定状态时，即 $a_\alpha > 0$，则 $T_m^2 > 0$，$2\xi_m T_m > 0$，弹体闭环极点处于左半平面。

（2）当导弹处于静不稳定状态时，即 $a_\alpha < 0$，则 $T_m^2 < 0$，$2\xi_m T_m < 0$，弹体闭环极点处于右半平面。

2. 舵与攻角的关系

考虑 α/δ_z 的传递函数式（2.32），k_α 代表了稳态时单位舵偏角产生的攻角值，忽略小量 a_ω，则有

$$k_\alpha = -\frac{a_\omega b_\delta + a_\delta}{a_\omega b_\alpha + a_\alpha} \approx \frac{a_\delta}{a_\alpha} , \quad B_1 = \frac{b_\delta}{a_\omega b_\delta + a_\delta} \approx \frac{b_\delta}{a_\delta}$$

式中：

（1）系数 k_α 即表征了弹体单位舵偏角输入产生平衡攻角值的大小。

（2）当导弹是正常式布局时，有 $a_\delta > 0$，$B_1 > 0$，传递函数是最小相位系统；当导弹是鸭式布局时，有 $a_\delta < 0$，$B_1 < 0$，传递函数是非最小相位系统。

（3）应注意到的是，传递函数分子与分母不同阶，当 $s \to \infty$ 时，$\alpha(s)/\delta_z(s) = 0$，即当输入舵指令是高频时，弹体将不会有攻角产生。

3. 过载输出

考虑 a_y/δ_z 的传递函数式（2.29），当取 $t \to \infty$ 时，有稳态加速度输出：

$$a_{y0} \overset{t \to \infty}{=} -Vk_{\dot\vartheta} \approx V\frac{a_\delta}{a_\alpha}b_\alpha - Vb_\delta \tag{2.35}$$

式（2.35）给出的稳态过载输出由两部分构成，由攻角产生的弹体过载 $Va_\delta b_\alpha/a_\alpha$，由舵产生的舵过载 $-Vb_\delta$。观察弹体法向力表达式，其数值的大小与 a_α 成反比，表明弹体静稳定度越大，舵偏转所能得到的弹体过载越小。

以 ω_m 表示弹体频率，有 $\omega_m = 1/T_m$；ω_{act} 表示输入舵信号的频率。不断提高 ω_{act} 数值，如图 2.9 所示，单位舵偏角所产生的弹体稳态过载值先增大后减小。当舵信号频率与弹体频率相同时，所能产生的过载最大。随着 ω_{act} 不断增大，弹体过载趋于稳定。

取传递函数 $s \to \infty$，由于分子、分母阶数相同，仅取最高阶系数，得到稳态过载输出：

$$a_{y0} \overset{s \to \infty}{=} -Vk_{\dot\vartheta}\frac{A_2}{T_m^2} = Vb_\delta \tag{2.36}$$

式（2.36）表明，对于高频舵信号，攻角产生的过载趋于零，弹体过载输出仅包含舵过载。

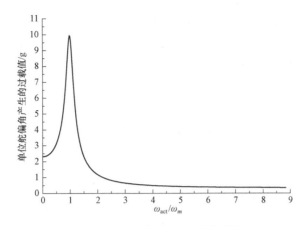

图 2.9　弹体过载随舵频率变化曲线

4. 传递函数的频域分析

将舵到加速度传递函数展开，有

$$\frac{a_y(s)}{\delta_z(s)} = -V\frac{-b_\delta s^2 - a_\omega b_\delta s + (a_\delta b_\alpha - a_\alpha b_\delta)}{s^2 + (a_\omega + b_\alpha)s + (a_\alpha + a_\omega b_\alpha)}$$

取 $s = \omega j$，为消除舵定义正负符号的影响，对正常式布局，取舵增益为 -1，弹体频率特性表达式为

$$\frac{a_y(s)}{|\delta_z(s)|} = V\frac{-b_\delta(j\omega)^2 - a_\omega b_\delta(j\omega) + (a_\delta b_\alpha - a_\alpha b_\delta)}{(j\omega)^2 + (a_\omega + b_\alpha)(j\omega) + (a_\alpha + a_\omega b_\alpha)} \tag{2.37}$$

对鸭式布局，取舵增益为 1，给式（2.37）取反号即可。

以下分别就低频段、中频段及高频段对弹体特性进行分析。其中取 a_ω 为小量，近似为 0。

低频段：由于 ω 值较小，因此近似地有 $\omega j \approx 0$，弹体的幅频及相频特性表达式分别为

$$|G(j\omega)| = \left|V\frac{a_\delta b_\alpha - a_\alpha b_\delta}{a_\alpha + a_\omega b_\alpha}\right| \approx \left|V\frac{a_\delta b_\alpha}{a_\alpha}\right|, \quad \varphi(\omega) = \begin{cases} 0°, & a_\alpha > 0 \\ -180°, & a_\alpha < 0 \end{cases} \tag{2.38}$$

由式（2.38）可知传函幅值与 a_α 取反比关系，对于给定的速度及弹体气动力参数，其值大小反映了单位舵偏角可产生的弹体气动过载的能力；对静稳定导弹，弹体相滞后近似为 0°；而对静不稳定导弹，相滞后达到 $-180°$。

中频段：等效弹体传递函数及对应幅频及相频特性表达式分别为

$$|G(j\omega)| = V\frac{\left|b_\delta \omega^2 + a_\delta b_\alpha - a_\alpha b_\delta\right|}{\sqrt{(a_\alpha - \omega^2)^2 + (b_\alpha \omega)^2}}, \quad \varphi(\omega) = \arctan\left(V\frac{\left|b_\delta \omega^2 + a_\delta b_\alpha - a_\alpha b_\delta\right|}{\sqrt{(a_\alpha - \omega^2)^2 + (b_\alpha \omega)^2}}\right)$$

幅、相取值受到 a_α 的影响很大。

高频段：由于分子、分母阶数相同，可近似取最高阶项系数，从而有

$$|G(j\omega)| = Vb_\delta, \quad \varphi(\omega) = \begin{cases} 0°, & b_\delta > 0 \\ -180°, & b_\delta < 0 \end{cases} \tag{2.39}$$

由式（2.39）可知，在高频段，传函幅值及相位主要由舵力的大小及方向决定。

取典型导弹传递函数，仅改变 a_δ 符号及 a_α 取值，图 2.10 和图 2.11 为不同控制方式、不同静稳定度弹体闭环 Bode 图曲线。

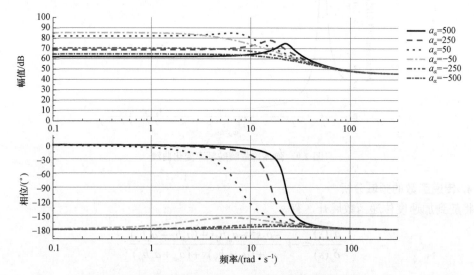

图 2.10   正常式布局导弹不同 a_α 取值对应弹体传递函数 Bode 图

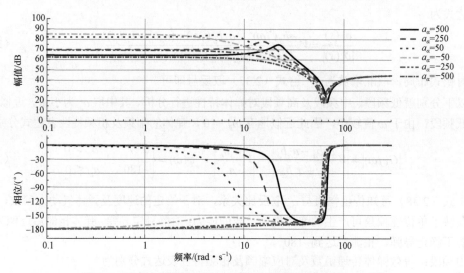

图 2.11   鸭式布局导弹不同 a_α 取值对应弹体传递函数 Bode 图

Bode 图曲线与理论分析是一致的，并可得到以下结论。

（1）无论采用正常式布局导弹，还是鸭式布局导弹，只要 a_α 取值相同，则在中低频段的幅相频率特性基本是一致的。在高频段，鸭式布局弹体相滞后为 0，但此时弹体几乎不响应舵指令，因此对制导控制系统设计也没有大的意义。

（2）弹体在低频段增益变化随着 a_α 的不同变化非常剧烈，因此必然要引入自动驾驶仪以稳定舵到弹体过载的增益；特别是静不稳定弹体在低频段相滞后就达到了−180°，这对驾驶仪在低频段相位补偿的能力提出了更高的要求。

（3）无论采用何种布局、弹体静稳定度如何，在中频段，弹体幅相曲线走向都很快趋于一致，为通过设计驾驶仪完成不同静稳定度导弹的控制提供了基础。

2.4　三通道耦合对控制系统设计的影响

导弹大机动、大攻角飞行空气动力学耦合主要有两种类型：一种是由导弹大攻角气动力特性造成的，另一种是由导弹的动力学和运动学特性引起的。

1. 气动耦合

导弹大攻角气动力特性是造成导弹空气动力学复杂化的主要因素，因此对导弹大攻角空气动力学耦合机理的分析应主要从其气动力特性的研究入手。导弹大攻角气动力特性主要表现在非线性、诱导滚转、侧向诱导、舵面控制特性等方面。

1）非线性

导弹按小攻角飞行时，升力的主要部分来自弹翼，其升力系数呈线性特征。大攻角时，弹身和弹翼产生的非线性涡升力成为升力的主要部分，翼-身干扰也呈非线性特性。大攻角飞行可以提高导弹的机动性就是利用了这种涡升力。这就决定了导弹大攻角飞行控制系统的设计必定是一个非线性的设计问题。

2）诱导滚转

小攻角时，侧滑效应在十字翼上诱导的滚动力矩是很小的，但是随着攻角的增大，即使是尾翼式导弹，其诱导滚动力矩也越来越严重。例如，由侧滑角引起的滚转力矩（斜吹力矩）。

3）侧向诱导

导弹按小攻角飞行时，纵向与侧向彼此可以认为互不影响。但在大攻角条件下，无侧滑弹体上却存在侧向诱导效应。许多风洞试验表明，大攻角诱导的不利侧向力和偏航力矩相当显著，而且初始方向事先不确定。若不采取适当措施，弹体可能失控。

4）舵面控制特性

大攻角飞行导弹的舵面控制特性与小攻角飞行时的不同主要表现在舵面效率的非线性特性和舵面气动控制交感上面。以十字尾翼作为全动控制舵面的导弹，小攻角、小舵偏角情况下，舵面偏转时根部缝隙效应、舵面相互干扰等因素都不大，舵面效率基本呈线性。但是，随着攻角、舵偏角的增大，舵面线性化特性遭到破坏。

在导弹大攻角飞行时，同样的舵面角度在迎风面处和背风面处舵面上的气动量是不同的。随着攻角的增大，迎风面舵面上的气动量也越来越大，背风面的气动量越来越小。这种差异随着马赫数的增大也变得越来越严重。这时，如果垂直舵面做偏航控制，尽管上、下舵面偏角相同，但因为气动量的差异导致产生的气动力不同，除了产生偏航控制力矩外，还诱导了不利的偏航力矩。这种气动舵面控制耦合若不加以制止，将导致误控或失控。

在本节中气动耦合主要考虑由侧滑引起的滚转斜吹力矩项。

2. 运动学耦合项

导弹模型中，存在两项运动学耦合 $\omega_x\beta$ 和 $\omega_x\alpha$，当导弹以大攻角和大侧滑角飞行时，运动学耦合对导弹动力学特性的影响是较大的。

3. 惯性耦合项

导弹模型中的惯性耦合项 $\dfrac{J_z - J_x}{J_y}\omega_x\omega_z$ 和 $\dfrac{J_x - J_y}{J_z}\omega_x\omega_y$ 将导弹的俯仰通道、偏航通道和滚转通道耦合在一起。

2.4.1　三通道驾驶仪模型

某轴对称导弹在飞行高度为 10 km、飞行速度为 748 m/s 的飞行状态下的气动参数如表 2.3 所示。

表 2.3　某导弹特定飞行状态下的气动参数

俯仰通道	a_α	a_{δ_z}	a_{ω_z}	b_α	b_{δ_z}
	810.0	1 050	7.5	2.6	0.95
偏航通道	a_β	a_{δ_y}	a_{ω_y}	b_β	b_{δ_y}
	810.0	1 050	7.5	2.6	0.95
滚转通道	c_{δ_x}	c_{ω_x}	c_β	c_{δ_y}	c_{ω_y}
	37 200	4.5			

导弹转动惯量为

$$J_x = 0.5,\quad J_y = 64.0,\quad J_z = 64.0$$

为便于分析，忽略舵机动力学，假设其传递函数为–1。导弹在俯仰–偏航通道均采用过载驾驶仪结构，由于轴对称导弹两个通道弹体传递函数基本是一致的，因此其驾驶仪结构与设计参数也是一样的，图 2.12 和图 2.13 分别为俯仰–偏航通道驾驶仪及滚转驾驶仪结构原理框图。

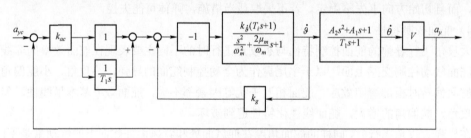

图 2.12　俯仰–偏航通道驾驶仪结构原理框图

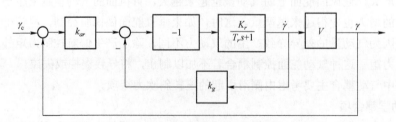

图 2.13　滚转驾驶仪结构原理框图

俯仰–偏航通道驾驶仪设计参数取值为：k_{ac}=1.91e–4，k_g=0.036 2，T_i=0.022，闭环传递函数表示为

$$G_{\text{pitch}}(s) = \frac{-3\ 063.690\ 1\,(s-41.83)\,(s+45.45)\,(s+49.33)}{(s+33.27)\,(s^2+35.43s+729.8)}$$

驾驶仪上升时间 t_{63}=0.078 s，在舵机处断开，得驾驶仪开环相位裕度 Pm=61.6°，幅值裕度 Gm=9.67 dB。

为分析滚转驾驶仪不同响应速度下，三通道耦合对系统特性的影响，分别设计滚转驾驶仪，使之响应速度为俯仰–偏航通道驾驶仪的 0.5 倍、同速、2 倍，4 倍，如图 2.14 所示。

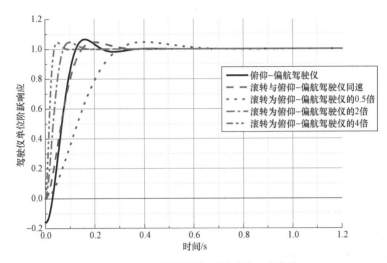

图 2.14　三通道驾驶仪时域响应对比曲线

（1）取滚转驾驶仪设计参数：k_{ar}=0.003 3，k_{gr}=2.93e–4，驾驶仪闭环传递函数为

$$G_{\text{roll}}(s) = \frac{1}{(s^2/11^2 + 2\times0.7s/11 + 1)}$$

驾驶仪上升时间 t_{63}=0.158 s，速度为俯仰–偏航驾驶仪的 0.5 倍。

（2）取滚转驾驶仪设计参数：k_{ar}=0.013，k_{gr}=7.07e–4，驾驶仪闭环传递函数为

$$G_{\text{roll}}(s) = \frac{1}{(s^2/22^2 + 2\times0.7s/22 + 1)}$$

驾驶仪上升时间 t_{63}=0.079 s，与俯仰–偏航驾驶仪速度相同。

（3）取滚转驾驶仪设计参数：k_{ar}=0.052，k_{gr}=0.001 5，驾驶仪闭环传递函数为

$$G_{\text{roll}}(s) = \frac{1}{(s^2/43.2^2 + 2\times0.7s/43.2 + 1)}$$

驾驶仪上升时间 t_{63}=0.039 s，速度为俯仰–偏航驾驶仪速度的 2 倍。

（4）取滚转驾驶仪设计参数：k_{ar}=0.02，k_{gr}=0.001 5，驾驶仪闭环传递函数为

$$G_{\text{roll}}(s) = \frac{1}{(s^2/88.4^2 + 2\times0.7s/88.4 + 1)}$$

驾驶仪上升时间 t_{63}=0.02 s，速度为俯仰–偏航驾驶仪速度的 4 倍。

仅考虑惯性耦合及运动学耦合情况下三通道驾驶仪原理框图如图 2.15 所示。

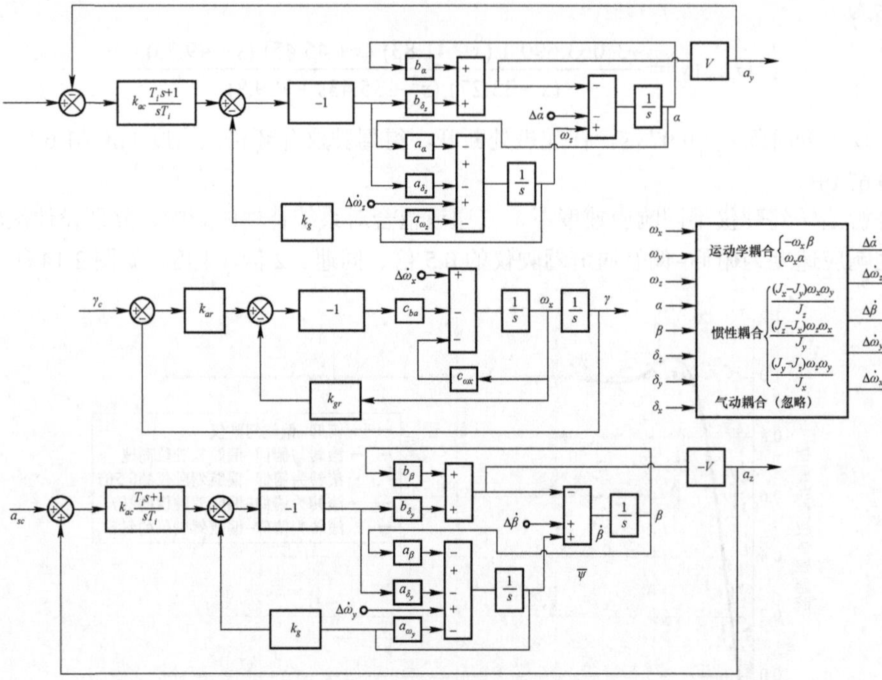

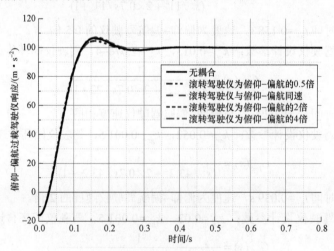

图 2.15　仅考虑惯性耦合及运动学耦合情况下三通道驾驶仪原理框图

2.4.2　惯性耦合项分析

取俯仰–偏航加速度指令 $a_c = 100 \text{ m/s}^2$，滚转通道指令 $\gamma_c = 0$，并假设初始滚转角速度 $\omega_{x0} = 300°/\text{s}$。当仅考虑惯性耦合的存在，由图 2.16 给出的驾驶仪响应曲线可见，无论滚转驾驶仪速度快慢，俯仰–偏航驾驶仪受到影响基本不大。

图 2.16　俯仰–偏航驾驶仪加速度响应曲线

以俯仰通道为例，由惯性耦合力矩产生的俯仰角加速度 $\Delta\dot{\omega}_z$ 可表示为

$$\Delta\dot{\omega}_z = \frac{(J_x - J_y)\omega_x\omega_y}{J_z}$$

对轴对称导弹有 $J_y = J_z$，而 $J_x \ll J_y$，因此 $(J_x - J_y)/J_z \approx -1$。取最差的情况考虑，即滚转驾驶仪速度比俯仰慢一半。图 2.17 给出了仿真过程中，滚转及偏航角速度及由此惯性耦合力矩产生的滚转角加速度曲线。由图中可见，在滚转角速度最大时刻，偏航角速度为零；而当偏航角速度达到最大值 $-50°/s$，滚转角速度已经下降到 $100°/s$。因此即使滚转驾驶仪速度较慢，导致滚转角速度归零时间较长，但因为 $\omega_x\omega_y$ 较小，产生的惯性耦合力矩相比于俯仰舵控力矩、攻角恢复力矩始终还是一个小量，如图 2.18 所示。

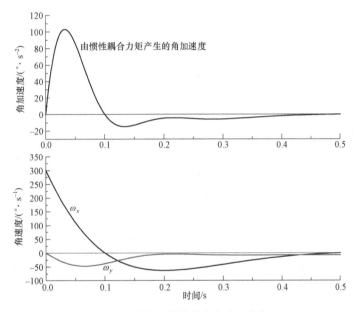

图 2.17　滚转、偏航角速度响应曲线

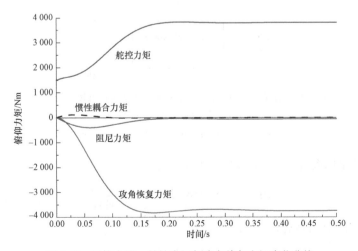

图 2.18　干扰力矩、舵控力矩与攻角恢复力矩变化曲线

进一步，假设存在某种特殊情况，滚转通道存在常值角速度 $\omega_x = 300°/s$，偏航通道亦存在常值角速度 $\omega_y = 200°/s$，则此时所产生的惯性耦合力矩为

$$\left[\frac{(J_x - J_y)\omega_x\omega_y}{J_z}\right] = 1\ 162\ \text{N}\cdot\text{m}$$

而本例中俯仰通道 $\delta_z = 1°$ 舵偏角产生的控制力矩 $M_{\delta_z} = a_\delta J_z = 1\ 172\ \text{N}\cdot\text{m}$，由此可见对存在的最大惯性耦合力矩，其所消耗的舵资源也不超过 $1°$。更何况在弹上控制系统的作用下，长时间存在如此大的角速度值是很少出现的。

综上所述，可以认为：无论是就其产生的机理还是其本身数值的大小来说，由惯性耦合项所产生的干扰力矩项对驾驶仪的影响很小，在设计过程中基本可以忽略。

2.4.3 斜吹力矩耦合项分析

导弹在大攻角飞行过程中，出现相对于飞行方向呈现非对称外形的导弹组合姿态而产生的气动力和力矩称为气动耦合。在滚转通道上，最典型的气动耦合现象体现为由于导弹俯仰–偏航运动引起的滚转耦合力矩，即斜吹力矩。

1. 模型建立

1）斜吹力矩模型

建立全攻角弹体坐标系，以 α_T 表示全攻角，ϕ 表示全攻角弹体坐标系相对弹体坐标系旋转角，ψ_n 表示全攻角弹体坐标系相对弹体 45 坐标系旋转角。图 2.19 为弹体坐标系、弹体 45 坐标系与全攻角弹体坐标系间角度定义及相互转换关系示意图。

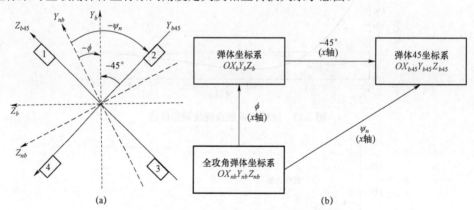

图 2.19 弹体坐标系、弹体 45 坐标系与全攻角弹体坐标系间角度定义及相互转换关系示意图

（a）三坐标系间角度定义；（b）相互转换关系

全攻角弹体坐标系与弹体坐标系间 ϕ 角计算公式：

$$\cos\alpha_T = \cos\alpha\cos\beta, \quad \sin\phi = \frac{\sin\beta}{\sin\alpha_T} \tag{2.40}$$

气动滚转角 ψ_n 计算公式：

$$\psi_n = \phi - 45°$$

在实际飞行过程中，ϕ 角的偏转是由于导弹在俯仰与偏航通道过载不一致造成的。以"x"飞行状态导弹为例，如图 2.20 所示，自动驾驶仪通过在弹体 Y_b 轴与 Z_b 轴产生不同的过载以实现在空间任意方向的机动。随着导弹机动平面的变化，即使是轴对称外形的导弹相对于来流也将可能处于不对称状态，由此在滚转通道产生斜吹力矩。

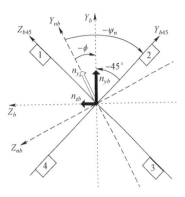

图 2.20　导弹机动全攻角面示意图

忽略三通道舵偏角对斜吹力矩大小影响，不难得出，当 $\phi = \pm(2k+1)\pi/8$（$k=0, 1, 2$）时，弹体处于最大的不对称状态，斜吹力矩最大。而当 $\phi = \pm k\pi/4$（$k=0, 1, 2$）时，斜吹力矩最小。根据导弹气动吹风结果及产生斜吹力矩的物理原因，可近似认为斜吹力矩随 ϕ 角呈 $\sin(4\phi)$ 变化。假设导弹在 $\phi = 22.5°$ 时，存在最大斜吹力矩值 $M_{x\max}$（$M_{x\max} > 0$），则对确定的 Ma、α_T，有斜吹力矩随 ϕ 角计算公式：

$$M_{x斜吹} = M_{x\max}\cos\left(4\left(\frac{\pi}{8}-\phi\right)\right) \tag{2.41}$$

2）驾驶仪指令计算模型

在实际分析过程中，定义导弹在惯性坐标系下过载指令 a_{ycI}、a_{zcI}。取俯仰角、偏航角为小角，即有 $\sin\vartheta = \sin\psi = 0$，$\cos\vartheta = \cos\psi = 1$，不难得到弹体系下俯仰–偏航通道过载驾驶仪输入指令 a_{ycb}、a_{zcb} 为

$$\begin{cases} a_{ycb} = \cos\gamma(a_{ycI}) + \sin\gamma(a_{zcI}) \\ a_{zcb} = -\sin\gamma(a_{ycI}) + \cos\gamma(a_{zcI}) \end{cases} \tag{2.42}$$

3）角度计算模型

取 ϕ 角简化近似计算公式：

$$\phi = -\arctan\left(\frac{a_{zb}}{a_{yb}}\right) \tag{2.43}$$

2. 斜吹力矩对滚转驾驶仪的影响

首先分析斜吹力矩对滚转驾驶仪性能的影响。

令导弹以"+"飞行状态为主飞行状态，此时 $\phi = -45°$。假设存在小扰动 $\Delta\phi$，在此小扰动下，斜吹力矩随 ϕ 变化可近似为一条直线，如图 2.21 所示。

不难得到线性化后的斜吹力矩计算公式：

$$M_{x斜吹} = \frac{M_{x\max}}{\pi/8}\Delta\phi \tag{2.44}$$

当受到斜吹力矩的干扰，滚转角发生扰动 $\Delta\gamma$，假设在足够短的时间内合过载在惯性空间指向不变。如图 2.22 所示，此时近似有

$$\Delta\phi = \Delta\gamma \tag{2.45}$$

将式（2.45）代入式（2.44）中，得

$$M_{x斜吹} = \frac{M_{x\max}}{\pi/8}\Delta\gamma \tag{2.46}$$

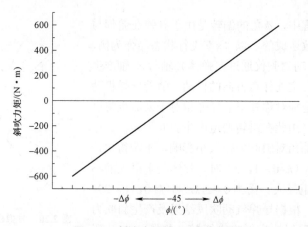

图 2.21 斜吹力矩随 $\Delta\phi$ 变化曲线

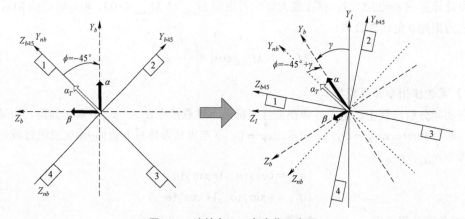

图 2.22 滚转角及 ϕ 角变化示意图

在受到扰动前滚转角 $\gamma=0°$，因此有 $\Delta\gamma=\gamma$，式（2.46）可写为

$$M_{x斜吹} = M_{x\max} \frac{\gamma}{(\pi/8)} \qquad (2.47)$$

取 $K_{xc} = M_{x\max}/(\pi/8)$，则有斜吹力矩表达式：

$$M_{x斜吹} = K_{xc}\gamma \qquad (2.48)$$

不难得出，当导弹以 $\phi=-45°$ 机动时，即"+"飞行状态，$K_{xc}>0$；当以 $\phi=0°$ 机动时，即"x"飞行状态，$K_{xc}<0$。

基于斜吹力矩线性化模型，图 2.23 为考虑斜吹力矩回路的滚转通道自动驾驶仪原理框图。由图中可见，滚转驾驶仪由气动阻尼回路、滚转角反馈回路、滚转角速度反馈回路与斜吹力矩回路四部分构成。

引入耦合力矩回路后，系统在此干扰力矩 L 作用下稳态时滚转角 γ_{oss} 可表示为

$$(c_{\delta a}k_s k_{ar}\delta_a + M_{xc})\gamma_{oss} = L \qquad (2.49)$$

令 $M_{xc} = K_{xc}/J_x$，并取舵机增益 $k_s=-1$，则式（2.49）可写为

$$(-c_{\delta a}k_{ar}\delta_a + M_{xc})\gamma_{oss} = L \qquad (2.50)$$

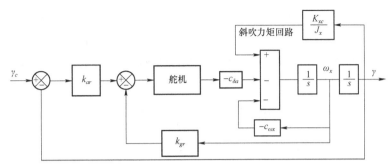

图 2.23　考虑斜吹力矩回路的滚转通道自动驾驶仪原理框图

设 $K^* = -c_{\delta a}k_{ar} + M_{xc}$，不难得出，当 $M_{xc} < 0$ 时，K^* 增大，从而意味着系统在同样干扰力矩下，滚转角稳态误差值将小于无斜吹力矩时的闭环系统，这说明，当导弹以"x"状态飞行时，斜吹力矩起到恢复力矩的作用，其作用趋势是稳定系统在 $\phi = 0°$ 状态。

而取"+"状态飞行时，$M_{xc} > 0$，则干扰力矩作用下的滚转角稳态误差是增大的，因此可认为此状态下，斜吹力矩是不稳定的力矩，如果要保持滚转角依然在给定误差范围内，则需要消耗更大的滚转舵资源。

以本例中速度为俯仰 - 偏航 2 倍的滚转驾驶仪为例，$k_{ar} = 0.052$，$\left| M_{xc} \right| = \left| M_{x\max} / (\pi/8) / J_x \right| = 1\,273.2$。如存在干扰力矩 $L = 500\,\text{N} \cdot \text{m}$，保证最大滚转误差值 $\gamma_{\text{oss}} < 2°$，则稳态情况下消除误差所需滚转舵偏角分别为

"x"状态：$\delta_a = 6.5°$；"+"状态：$\delta_a = 8.8°$

显然，"x"状态下所消耗的滚转舵资源明显小于"+"状态。

进一步分析对驾驶仪稳定性的影响，引入舵机二阶动力学模型：

$$sys_{\text{act}} = \cfrac{1}{\cfrac{s^2}{300^2} + 2\,\cfrac{0.7}{300}s + 1}$$

取 $M_{x\max} \in [-2\,000, 2\,000]\text{N}$ 变化，图 2.24 为滚转驾驶仪闭环极点随 $M_{x\max}$ 根轨迹曲线。

当导弹为"x"飞行状态时，如图 2.24 所示，随着 $M_{x\max}$ 的增大，滚转驾驶仪闭环极点的频率提高，阻尼减小，因此尽管斜吹力矩回路降低了消除干扰所需的稳态舵资源值，但依然会降低驾驶仪稳定性。

而当导弹处于"+"飞行状态时，由根轨迹曲线看出，随着 $M_{x\max}$ 的增大，滚转驾驶仪主根由二阶根变为一阶根，并很快就失稳了。对比驾驶仪不同响应速度下保持稳定所允许的 $M_{x\max}$ 值可知，如表 2.4 所示，驾驶仪速度越快，则斜吹力矩对稳定性的干扰越小。

综合对驾驶仪稳定性的分析可知，无论在何种飞行

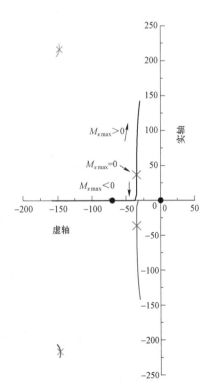

图 2.24　滚转驾驶仪闭环极点随 $M_{x\max}$ 根轨迹曲线

状态下，斜吹力矩的引入对滚转驾驶仪稳定性都是有害的。在"x"飞行状态，斜吹力矩使驾驶仪响应速度变快，稳定性降低；在"+"飞行状态，很小的斜吹力矩值就会造成驾驶仪失稳。滚转驾驶仪响应速度的提高，有利于消除斜吹力矩对稳定性的影响。因此，在舵机等硬件允许的范围内，应尽量提高滚转通道驾驶仪的速度。

表 2.4 "+"状态不同速度滚转驾驶仪允许最大斜吹力矩

t_{63}/s	允许最大斜吹力矩/（N·m）
0.158	30
0.079	100
0.039	390
0.020	1 170

3. 三通道仿真分析

取三通道驾驶仪进行仿真计算，仿真中同时考虑了惯性耦合、运动学耦合及斜吹力矩耦合项，并取以下两种条件。

（1）导弹初始"+"飞行状态：如图 2.25（a）所示，在惯性系下加速度指令 $a_{ycI} = a_{zcI} = 100$ m/s^2，即合过载 $a_I = \sqrt{2}a_{ycI}$，方向在惯性系下始终指向与 OY_I 轴 45°夹角方向。当 $\gamma = 0°$，有 $\phi = -45°$。

（2）导弹初始"x"飞行状态：如图 2.25（b）所示，在惯性系下加速度指令 $a_{ycI} = 200$ m/s^2，$a_{zcI} = 0$，即合过载 $a_I = a_{ycI}$，方向在惯性系下始终指向与 OY_I 轴重合方向。当 $\gamma = 0°$，有 $\phi = 0°$。

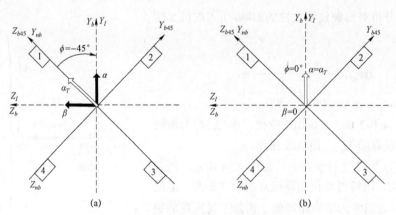

图 2.25 不同条件下给定加速度指令示意图

（a）"+"飞行状态；（b）"x"飞行状态

假设在以上两种条件下，当仿真时刻 $T = 0.2$ s 时，滚转通道引入 $\omega_x = 300°$/s 阶跃干扰，分析此时滚转角及 ϕ 变化情况。

取仿真条件（1），图 2.26 为三通道间不同驾驶仪速度关系下，滚转角、ϕ 角及弹体俯仰-偏航两通道加速度变化曲线。

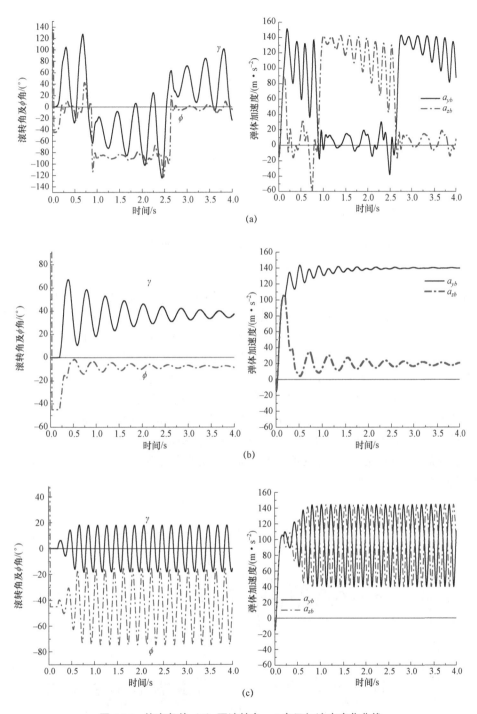

图 2.26　仿真条件（1）下滚转角、φ 角及加速度变化曲线

（a）滚转驾驶仪响应速度是俯仰-偏航的 0.5 倍；（b）滚转驾驶仪与俯仰-偏航等速度；

（c）滚转驾驶仪响应速度是俯仰-偏航的 2 倍

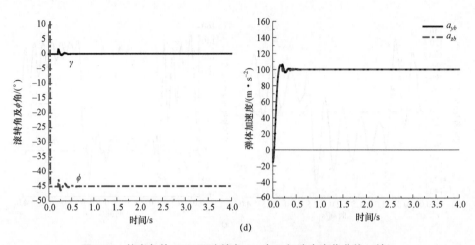

图 2.26 仿真条件（1）下滚转角、ϕ 角及加速度变化曲线（续）

（d）滚转驾驶仪响应速度是俯仰-偏航的 4 倍

当滚转通道速度为俯仰-偏航 4 倍时，如图 2.26（d）所示，滚转干扰的加入几乎对系统没有影响，滚转角及 ϕ 角迅速回到稳定状态；而滚转通道速度为俯仰-偏航 2 倍时，γ 及 ϕ 角在稳定状态附近等幅振荡，可以看出"+"飞行状态斜吹力矩是不稳定工作点，滚转通道响应速度一旦变慢，则极易进入振荡状态；进一步地，滚转驾驶仪速度降低至与俯仰-偏航相同时，如图 2.26（b）所示，γ 角初始振荡幅度很大，ϕ 角变化超过了-22.5°，斜吹力矩系数反号，由上文分析可知，斜吹力矩转变为了恢复力矩，因此 γ 及 ϕ 角缓慢收敛，但此时导弹实际工作在"x"状态，且滚转角稳态值接近 45°；当滚转通道降低至比俯仰-偏航慢一半时，则无论在"+"状态还是变化至"x"状态，γ 及 ϕ 角都无法稳定。

取仿真条件（2），图 2.27 为三通道间不同驾驶仪速度关系下，滚转角、ϕ 角及弹体俯仰-偏航两通道加速度变化曲线。

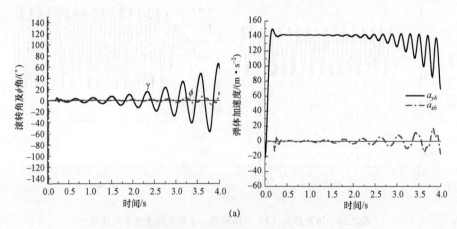

图 2.27 仿真条件（2）下滚转角、ϕ 角及加速度变化曲线

（a）滚转驾驶仪响应速度是俯仰-偏航的 0.5 倍

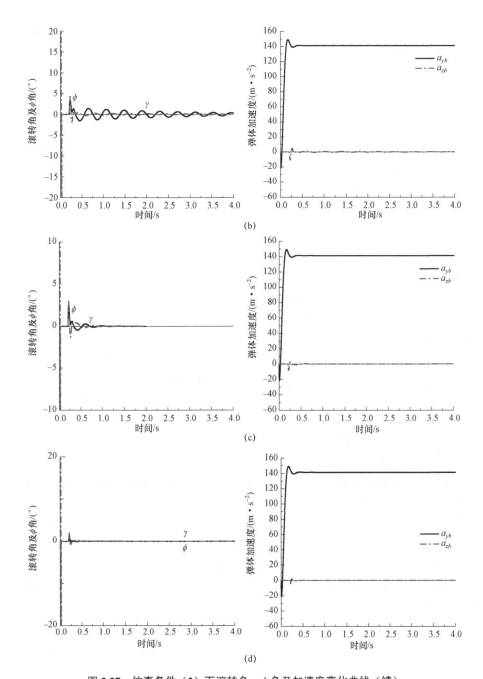

图 2.27　仿真条件（2）下滚转角、ϕ 角及加速度变化曲线（续）

（b）滚转驾驶仪与俯仰-偏航等速度；（c）滚转驾驶仪响应速度是俯仰-偏航的 2 倍；

（d）滚转驾驶仪响应速度是俯仰-偏航的 4 倍

由图 2.27 可见，在 "x" 飞行状态，滚转通道速度只需比俯仰-偏航速度略快，则斜吹力矩干扰的影响均能很快得到消除。但当滚转通道速度慢于俯仰-偏航时，如图 2.27（a）所示，则系统依然会出现振荡发散的情况。

综合仿真结果分析可知，加快滚转驾驶仪速度是减小斜吹力矩影响的有效途径。受到驾驶仪硬件的限制，驾驶仪速度也不能无限提高。因此，工程上至少应设计滚转驾驶仪速度为俯仰–偏航的 2 倍以上。

2.5　小结

本章首先给出了具有轴对称气动外形的 STT 导弹非线性一般数学模型。并针对三通道间存在的主要耦合项，建立了包含惯性耦合、运动学耦合及气动耦合的弹体线性化模型，并给出了弹体传递函数表达形式，为控制系统的设计与分析提供了基础。

通过对不同气动布局及静稳定度弹体传函特性的分析，可知：

（1）就闭环特征方程来说，无论导弹采用正常式布局还是鸭式布局，对弹体闭环极点都不产生影响，a_α 是决定系统闭环极点位置的决定性因素。只要 a_α 取值相同，任何气动布局弹体传函在中低频段的幅相频率特性基本都是一致的。在高频段，鸭式布局弹体相滞后为 0，但此时弹体几乎不响应舵指令，因此对制导控制系统设计也没有大的意义。

（2）弹体在低频段增益变化随着 a_α 的不同变化非常剧烈，因此必然要引入自动驾驶仪以稳定舵到弹体过载的增益；特别是静不稳定弹体，在低频段相滞后就达到了−180°，这对驾驶仪在低频段相位补偿的能力提出了更高的要求。

（3）无论采用何种布局，弹体静稳定度如何，在中频段，弹体幅相曲线走向很快趋于一致，这也为通过设计驾驶仪完成不同静稳定度导弹的控制提供了基础。

通道间耦合对控制系统设计的影响是不可忽略的，通过建立简化的三通道驾驶仪模型，对不同类型耦合特点及对驾驶仪设计的影响进行了对比分析。

（1）无论是就其产生的机理还是其本身数值的大小来说，由惯性耦合项所产生的干扰力矩项对控制系统的影响很小，在设计过程中基本可以忽略。

（2）通过对实际吹风数据的分析，斜吹力矩可认为随 ϕ 角呈 $\sin(4\phi)$ 变化，并可以此建立起近似的数学线性化模型。当导弹以"x"状态飞行时，斜吹力矩起到恢复力矩作用，其作用趋势是稳定系统在 $\phi=0°$ 状态。当导弹以"+"状态飞行时，斜吹力矩是不稳定的力矩，如果要保持滚转角依然在给定误差范围内，需要消耗更大的滚转舵资源。就驾驶仪的稳定性影响来说，无论在何种飞行状态下，斜吹力矩的引入都是有害的。

（3）加快滚转驾驶仪速度是减小斜吹力矩影响的有效途径，至少应设计滚转驾驶仪速度为俯仰–偏航的 2 倍以上。

第 3 章
典型过载驾驶仪原理与设计方法

导弹在飞行过程中，其动力学特性随飞行高度、速度、大气密度、弹体质心和压心位置等多种因素的变化而变化[36]，考虑到导弹动力学特性在飞行过程中可能出现的大范围、快速度和各种无法预知的变化，以及干扰的影响，因此，必须采用自动驾驶仪来改善其动态特性，使其具有较好的稳定性和操纵性，同时能有效地消除或减小各种干扰的影响，使制导控制系统在导弹的各种飞行条件下，均达到设计的制导精度。

静稳定的导弹，一般需要用自动驾驶仪来改善性能。而对静不稳定的导弹，必须要用驾驶仪来进行稳定。典型地，在近距格斗空空导弹中，目前已知的除了欧洲的 IRIS–T 可能采用 μ 综合的方法设计驾驶仪以外[37]，基本都是采用线性控制的策略；在防空导弹中，如美国的 THAAD（末段高空区域防御）系统的拦截器，可能采用了滑模控制的设计方法，但是驾驶仪结构依然是线性控制的思想。实际上，非线性控制在工程中的应用依然困难，原因之一就是由全状态反馈带来的对攻角及其一阶甚至二阶导数的依赖。

本章围绕导弹采用的各种类型过载驾驶仪特性及线性化设计方法展开介绍，主要包括："x"与"+"状态下驾驶仪不同设计与工作模式；两/三回路驾驶仪特性及设计方法；静不稳定弹体两回路驾驶仪设计；伪攻角驾驶仪特点及快速性设计。

3.1 过载驾驶仪设计与工作模式

3.1.1 传统驾驶仪设计

驾驶仪设计过程中，计算弹体线性化模型时有以下假设条件。

（1）气动力与力矩在全攻角面上的投影值与攻角 α 的传递函数和全攻角面相对弹体坐标系的偏角 ϕ 无关。

（2）以上投影值与舵偏角的传递函数与 ϕ 角满足如下关系：同样舵偏角时，"x"状态（四片舵同时工作）的控制力与力矩是"+"状态（两片舵工作）的 $\sqrt{2}$ 倍。

设"+"状态由舵到过载及弹体加速度的传递函数分别表示为

$$G(s)_{ny_+/\delta I} = \frac{ny_+}{\delta_I}, \quad G(s)_{\omega_{z+}/\delta I} = \frac{\omega_{z+}}{\delta_I}$$

当导弹在"+"状态机动时，如图 3.1（a）所示，Ⅰ通道驾驶仪控制Ⅰ通道两片舵在 y_ϕ 轴上产生过载，Ⅱ通道驾驶仪控制Ⅱ通道舵偏产生 z_ϕ 轴上过载。

当导弹在"x"状态机动时，如图3.1（b）所示，Ⅰ通道与Ⅱ通道四片舵偏转相同的角度，满足假设条件（1）、（2）时，其在 $\phi=-45°$ 平面内产生的合过载应该是在"+"状态下一个通道打同样舵偏在 $\phi=0°$ 平面内产生过载的 $\sqrt{2}$ 倍。

$$ny_x = \sqrt{2}ny_+ \tag{3.1}$$

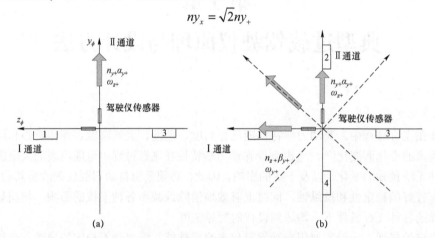

图 3.1   导弹在不同状态下机动示意图
（a）"+"状态；（b）"x"状态

由式（3.1），不难得到"x"与"+"状态下弹体传递函数满足如下关系：

$$G(s)_{ny_x/\delta} = \sqrt{2}G(s)_{ny_+/\delta_1}$$

角速度传递函数亦有

$$\omega z_x = \sqrt{2}\omega z_+ , \quad G(s)_{\omega z_x/\delta} = \sqrt{2}G(s)_{\omega z_+/\delta_1}$$

同样地，推广至导弹在任何 ϕ 角平面内机动时，在驾驶仪传感器安装平面内，导弹的气动特性保持不变，相同舵偏角与过载及角速度的传递关系保持不变。因此，在"+"或"x"任一平面内设计的驾驶仪在导弹全攻角面改变至任意角度时，工作都没有问题。

3.1.2   不同机动状态下驾驶仪工作模式

以传感器安装在"+"及"x"平面两种情况划分，根据不同的主飞行状态，驾驶仪存在四种可能的工作模式。在驾驶仪设计过程中，应根据不同工作模式计算对应的弹体传递函数。

1. 传感器安装在"+"平面内

传感器"+"状态安装示意图如图3.2所示，设想Ⅰ通道传感器信号为 a_{y+}、ω_{z+}，Ⅱ通道反馈信号为 a_{z+}、ω_{y+}。

1）方案1

取"+"状态为主飞行状态，以"+"状态进行制导指令分解输入至两个"+"状态驾驶仪。驾驶仪反馈

图 3.2   传感器 "+" 状态安装示意图

采用沿"+"布置的本通道传感器数据，并控制本通道的一对舵同时工作以响应指令，其结构原理图如图 3.3 所示。

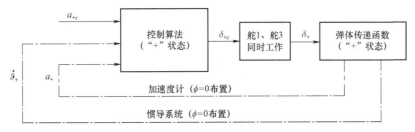

图 3.3　驾驶仪工作模式方案 1 示意图

此方案中，驾驶仪工作在"+"状态下，与传感器安装位置相同，设计中直接取"+"状态弹体传递函数，一对舵对应一个通道驾驶仪进行控制，结构上比较简单。多数战术导弹驾驶仪都采用这种方案。其缺点是，当导弹以"+"状态为主工作模式时，机动性明显低于"x"状态。

2）方案 2

与方案 1 相同，依旧以"+"状态进行驾驶仪指令的分解。但驾驶仪设计时弹体传递函数取"x"状态弹体传函 0.707 倍得到。即

$$G_+^*(s)=0.707G_x(s)$$

由于 $G_+^*(s)$ 与用"+"状态吹风数据建立的模型 $G_+(s)$ 是不同的，因此尽管表面上采用的是"+"状态模型，但实际却是按导弹主状态为"x"状态进行设计。

驾驶仪具体工作时，以 Ⅰ 通道为例，如图 3.4 所示，Ⅰ 通道驾驶仪接受本通道传感器给出的过载 a_{y+} 及角速度 ω_{z+} 信号，控制本通道的一对舵工作时，同时 Ⅱ 通道舵也将接受同样的指令做相同的偏转。故 Ⅰ 通道舵工作时，在 Ⅰ 通道输出的过载及角速度，与 Ⅰ、Ⅱ 通道舵偏转同样角度时在全攻角面产生的合过载及角速度在 Ⅰ 通道平面的投影是相同的。

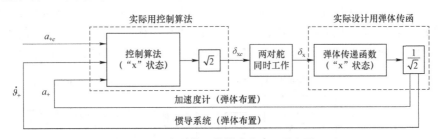

图 3.4　驾驶仪工作模式方案 2 示意图

2. 传感器安装在"x"平面内

传感器"x"状态安装示意图如图 3.5 所示，设想 Ⅰ 通道传感器反馈信号为 a_{yx}、ω_{zx}，Ⅱ 通道反馈信号为 a_{zx}、ω_{yx}。

1）方案 3

取"x"为主飞行状态，以"x"状态做指令分解分别输入至两个"x"状态驾驶仪。任一通道驾驶仪使用本通道安装传感器数据，其舵指令分解至 4 个舵机，并驱动其同时偏转，其工作示意图如图 3.6 所示。

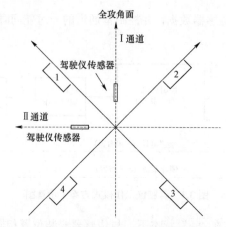

图 3.5　传感器 "x" 状态安装示意图

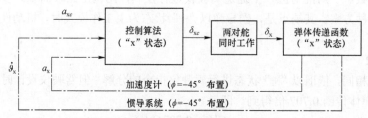

图 3.6　驾驶仪工作模式方案 3 示意图

2）方案 4

驾驶仪设计时弹体传递函数取 "+" 状态弹体传函 1.414 倍得到。即

$$G_x^*(s)=1.414G_+(s)$$

与方案 2 相同的，由于 $G_x^*(s)$ 与用 "x" 状态吹风数据建立的模型 $G_x(s)$ 是不同的，因此尽管表面上采用的是 "x" 状态模型，但实际设计工作模型主状态却是 "+" 状态。

驾驶仪工作时，如图 3.7 所示，Ⅰ通道驾驶仪接受沿 "x" 平面安装传感器给出的过载 a_x 及角速度 ω_x 信号，但给出舵控指令只控制对应的一对舵工作。一对舵工作产生的 "+" 平面过载 a_+ 及角速度 ω_+ 信号在 "x" 平面的投影即是驾驶仪所期望得到过载及角速度响应。

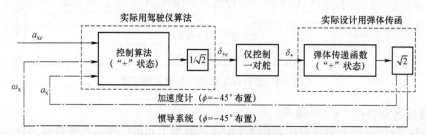

图 3.7　驾驶仪工作模式示意图

针对不同的传感器安装方式，本节给出了 4 种对应驾驶仪工作模式方案。在实际工程应用当中，导弹惯性传感器多以 "+" 状态安装。而为了获得最大的导弹机动能力，往往更多地选择以 "x" 状态为主机动方式。因此驾驶仪工作模式选择方案 2，即以 "x" 状态传函为基本设计传函，但硬件上将传感器布置与一对舵对应，虽然此时表面上硬件布置是 "+" 状态，

但设计上是一个通道驾驶仪控制两对舵同时工作，因而本质上驾驶仪依然是在"x"状态下工作的。

3.2 两回路过载驾驶仪

两回路过载驾驶仪是导弹中使用非常广泛的驾驶仪类型。如图 3.8 给出的原理框图所示，典型结构的过载自动驾驶仪一般由角速度阻尼回路和过载反馈回路两部分组成，自动驾驶仪的输入指令是横向过载控制指令（a_{yc}）。反馈取的角速度（$\dot{\vartheta}$）信号和过载（a_y）信号分别由角速度陀螺和线加速度计两个传感器来提供。

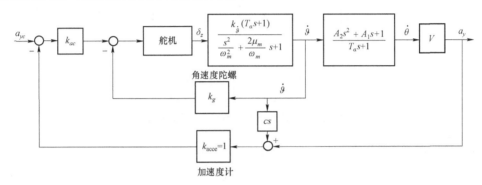

图 3.8　过载驾驶仪典型结构

3.2.1 内回路结构及其作用

过载驾驶仪的根本目的是驱动舵机偏转，使弹体实际过载输出 a_y 响应指令 a_{yc} 的变化，因此以加速度计传感器信号作为驾驶仪的主反馈是必不可少的。

但仅包含过载反馈的驾驶仪稳定性通常难以满足要求。以图 3.9 给出的仅含一个加速度计的驾驶仪结构为例，如果期望驾驶仪快速提高至 2～3 倍于弹体速度，这在导弹控制系统设计中是很常见的，则在系统穿越频率处，弹体的相位滞后接近 $-180°$，再加上舵机等硬件的相位滞后，系统必然是失稳的。

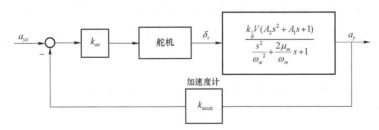

图 3.9　仅包含过载反馈回路的驾驶仪结构

控制系统设计中通常采用串联超前校正或 PD（proportional differential，比例微分）校正的方法来提高系统的稳定性，其本质是引入过载的一阶微分信号来获得穿越频率处足够的相位超前值。但实际应用中，加速度计是由其所处弹体位置所决定的，输出的信号包含以下三个部分。

（1）弹体刚性平移所产生的过载信号 a_{y1}。

（2）弹体弹性振动被加速度计所感受产生的过载信号 a_{y2}。

（3）由于噪声等造成舵机高频摆动产生的舵过载信号 a_{y3}。

如果直接对 a_y 进行微分，在获得我们所期望的 $\dot{a}_{y1}$ 同时，还将引入 $\dot{a}_{y2}$、$\dot{a}_{y3}$。由于通常舵机的频带比弹体自身的频带高好几倍，有害的过载微分信号将被舵机所感受并产生高频运动，舵机很快将出现饱和。

避免对加速度信号微分的方法是引入角速度反馈，构成驾驶仪内回路，如图 3.10 所示。

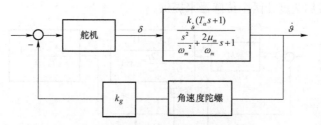

图 3.10 角速度反馈内回路结构原理框图

角速度陀螺测量得到的弹体角速度信号 $\dot{\vartheta}$ 可近似表示为

$$\dot{\vartheta} = \dot{\theta} + \dot{\alpha} \tag{3.2}$$

仅考虑短周期变化，则式（3.2）中，有 $\dot{\theta} \approx 0$、$\dot{\vartheta} \approx \dot{\alpha}$。而攻角 α 亦正比于弹体过载 a_{y1}，从而有 $\dot{\alpha} \propto \dot{a}_{y1}$，因此可得

$$\dot{\vartheta} \propto \dot{a}_{y1} \tag{3.3}$$

由式（3.3）可知，角速度反馈等价于对过载的一阶微分反馈，从而达到了提高系统稳定性的作用。

当忽略舵机及角速度陀螺动力学特性，则图 3.10 所示系统闭环传递函数为

$$G_{\text{inner}}(s) = \frac{a_\delta s + a_\delta b_\alpha - a_\alpha b_\delta}{s^2 + (a_\omega + b_\alpha + k_g a_\delta)s + a_\alpha + a_\omega b_\alpha + k_g(a_\delta b_\alpha - a_\alpha b_\delta)} \tag{3.4}$$

对于静不稳定弹体，式（3.4）的常数项不能保证总是大于零的，闭环系统有可能是不稳定的，这时候再区分内外回路设计，将变得没有什么意义。因此对驾驶仪内回路单独进行分析，都是在弹体是静稳定状态前提下进行的。归纳起来，角速度内回路在过载驾驶仪中主要起到以下两个作用。

（1）改善弹体的过渡过程品质。如果将角速度回路闭环后看作一个新的等效弹体，则由式（3.4）等效弹体与实际弹体阻尼分别表示为

$$\mu_{\text{inner}} = \frac{k_g a_\delta + b_\alpha}{2\sqrt{a_\alpha + k_g(a_\delta b_\alpha - a_\alpha b_\delta)}}, \quad \mu_m = \frac{b_\alpha}{2\sqrt{a_\alpha}}$$

通过对 k_g 的设计，可调整等效弹体的阻尼至期望的数值，从而改善内回路过渡过程品质。对比等效弹体与实际弹体自振频率，可得

$$\frac{\omega_{\text{inner}}}{\omega_m} = \frac{\sqrt{a_\alpha + a_\omega b_\alpha + k_g(a_\delta b_\alpha - a_\alpha b_\delta)}}{\sqrt{a_\alpha + a_\omega b_\alpha}} \cong \sqrt{1 + \frac{k_g(a_\delta b_\alpha - a_\alpha b_\delta)}{a_\alpha}} = \sqrt{1 + k_g\left(\frac{a_\delta}{a_\alpha} - b_\delta\right)}$$

取 b_δ 为小量，通常 $a_\delta / a_\alpha \leqslant 2$，$k_g$ 的数值也不会很大，则有

$$\frac{\omega_{\text{inner}}}{\omega_m} \approx 1 \tag{3.5}$$

由式（3.5）可见，角速度反馈后等效弹体的自振频率提高不会很多。因此，角速度内回路很重要的作用就是在不提高弹体频率很多的前提下，改善弹体的阻尼特性。

（2）稳定弹体及舵机的增益波动，有助外回路稳定及加入各种校正网络设计。驾驶仪结构中，弹体及舵机传递函数是最易受外界影响而发生变化的。引入角速度反馈后，内回路等效增益为

$$K_{\text{inner}} = \frac{k_{\vartheta} k_{\text{act}}}{1 + k_{\vartheta} k_g} \tag{3.6}$$

由式（3.6）可见，k_{ϑ} 变化对等效弹体增益 K_{inner} 的影响被大大减弱。增益的稳定有利于外回路的设计及各种校正网络的使用。

除此之外，内回路还起到如下作用。

（1）减小干扰作用下内回路静差，从而减小干扰对驾驶仪外回路精度的影响。

（2）加快响应速度，有助外回路的稳定，加宽外回路的频带。

3.2.2　加速度计前置的影响

受到导弹体积及结构布置的影响，要将加速度计准确地安装在导弹质心位置是比较困难的。因此，驾驶仪工作时取用的加速度计测量信息将包含弹体质心过载及由于存在弹体角加速度而使加速度计感受到的附加过载，又称为加速度计的杆臂效应，如图 3.11 所示，以参数 c 表示加速度计相对质心位置大小。

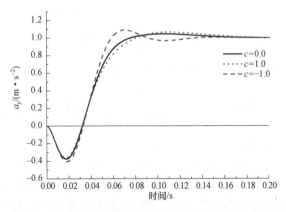

图 3.11　杆臂效应 c 取不同值时驾驶仪阶跃响应曲线

分别取 $c=-1.0$，0.0，1.0，如图 3.11 所给的驾驶仪时域仿真结果所示，杆臂效应对驾驶仪响应的影响是非常明显的。

　　杆臂效应 c 取不同值时驾驶仪开环稳定裕度变化曲线如图 3.12 所示。显然，当 $c>0$ 时，驾驶仪相位裕度与幅值裕度随 c 取值的增大而增大，反之则不断减小。

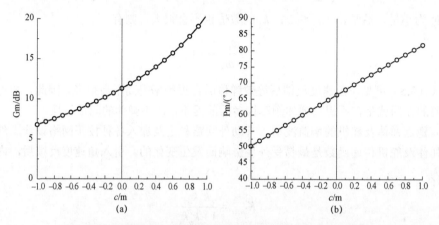

图 3.12　杆臂效应 c 取不同值时驾驶仪开环稳定裕度变化曲线

（a）幅值裕度；（b）相位裕度

　　用复平面的方式来表示杆臂效应对两回路驾驶仪的作用将更为直观。将两回路驾驶仪角速度反馈回路、过载反馈回路及由杆臂效应造成的角加速度回路均等价到过载输入为节点，如图 3.13 所示。此时反馈回路等价地与舵机及 $G_{ay/\delta}(s)$ 弹体传递函数组合的前向通道并联。

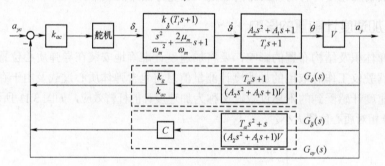

图 3.13　驾驶仪等效结构框图

　　不难得到各反馈环节传递函数复数表达形式为

$$G_{ay}(\omega j)=1 , \quad G_{\dot\vartheta}(\omega j)=\frac{k_g}{k_{ac}}\frac{T_\alpha\omega j+1}{V(A_1\omega j-A_2\omega^2+1)} , \quad G_{\ddot\vartheta}(\omega j)=c\frac{T_\alpha\omega^2+\omega j}{V(A_1\omega j-A_2\omega^2+1)}$$

　　取 ω 为驾驶仪开环穿越频率 ω_{CR}，图 3.14（a）为反馈回路在复平面内矢量变化曲线。由图可知，过载反馈回路的矢量为 1，对系统来说不带来任何的相位超前。当取 $c=0.0$ 时，则整个反馈回路的相位超前全部由角速度反馈回路 $G_{\dot\vartheta}(\omega j)$ 提供。当 $c>0$ 时，随着 c 取值增大，角加速度回路带来的相位超前角不断增大，驾驶仪的稳定裕度因此而提高；而当 $c<0$ 时，将使相位超前角减小。

　　综上分析，在导弹设计中应尽量将加速度计位置置于质心前方，以充分利用杆臂效应，使驾驶仪获得更好的稳定性。

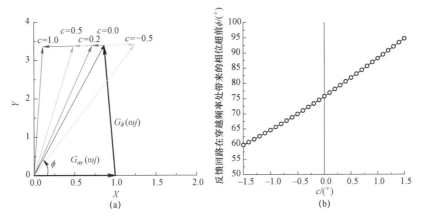

图 3.14 反馈回路在复平面内矢量变化曲线和反馈回路在穿越频率处带来的相位越前

（a）反馈回路在复平面内矢量变化曲线；（b）反馈回路在穿越频率处带来的相位超前

3.2.3 极点配置设计方法

控制系统的性能主要取决于系统极点在根平面上的分布。作为两回路驾驶仪综合性能指标的一种形式，不难根据时域快速性或频域稳定性指标给出期望的设计极点。采用极点配置的方法，通过选择反馈增益矩阵，将驾驶仪闭环系统的极点恰好配置在根平面上所期望的位置，从而满足设计要求。

根据第 2 章的定义，系统的状态变量为 $\boldsymbol{x}^{\mathrm{T}} = [\alpha \quad \dot{\vartheta}]$，直接以攻角作为控制量在工程上还是比较困难的，这就决定了无法实现全状态反馈的控制。因此，俯仰/偏航过载驾驶仪通常都是利用输出量反馈替代状态反馈实现极点配置，而滚转驾驶仪一般可以实现全状态反馈。

对于 LTI（线性时不变）系统 Σ_0，如图 3.15 所示，其状态空间描述为

$$\Sigma_0 : \dot{x} = Ax + Bu$$
$$y = Cx + Du \tag{3.7}$$

其中，$\boldsymbol{x} \in \mathbb{R}^n$ 为状态；$\boldsymbol{u} \in \mathbb{R}^p$ 为输入；$\boldsymbol{y} \in \mathbb{R}^q$ 为输出；$\boldsymbol{A}$、$\boldsymbol{B}$、$\boldsymbol{C}$ 和 $\boldsymbol{D}$ 分别为相应维数的常阵。

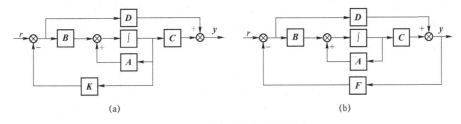

（a）　　　　　　　　　　　　　　　　（b）

图 3.15 状态反馈与输出反馈

（a）状态反馈；（b）输出反馈

状态反馈与输出反馈的控制量分别为

$$u = -Kx + r , \quad u = -Fy + r$$

无论状态反馈还是输出反馈，都可以改变被控对象的系统矩阵。但是，状态反馈是系统

结构信息的完全反馈，而输出反馈仅能部分地反馈系统结构信息。一般而言，状态反馈的功能要远超输出反馈。以下两个定理是关于极点配置的基本结论[36-38]。

定理 3.1（状态反馈极点配置定理） 对 LTI 系统图 3.15（a），可以通过状态反馈任意配置全部 n 个极点的充要条件是 $\{A, B\}$ 完全能控。

定理 3.2（输出反馈极点配置定理） 对完全能控和能观的 LTI 系统图 3.15（b），设 $\text{rank}(B) = p$，$\text{rank}(C) = q$，则采用输出反馈可以对数目为 $\min\{n, p+q-1\}$ 的闭环系统极点进行"任意接近"式配置。

在过载驾驶仪设计中，选择状态量为 $\boldsymbol{x}^{\text{T}} = [\alpha \quad \dot{\vartheta}]$，输出量为 $\boldsymbol{y}^{\text{T}} = [a_{ym} \quad \dot{\vartheta}]$，分别对应加速度计及角速度陀螺输出信号，根据各个量的物理意义，有

$$A = \begin{bmatrix} -b_\alpha & 1 \\ -a_\alpha & -a_\omega \end{bmatrix}, \quad B = \begin{bmatrix} b_\delta \\ -a_\delta \end{bmatrix}, \quad C = \begin{bmatrix} b_\alpha V & 0 \\ 0 & 1 \end{bmatrix}, \quad D = \begin{bmatrix} b_\delta V \\ 0 \end{bmatrix}$$

不难计算得到 $\text{rank}(B) = 1$，$\text{rank}(C) = 2$，因此可知 C^{-1} 总是存在。根据定理 3.2 可知，利用输出反馈可以任意配置系统的 2 个极点。这与运用状态反馈是一样的。

按照系统矩阵，计算导弹系统 Σ_0 的可控性矩阵 $\boldsymbol{Q}_c$ 的秩：

$$\text{rank}(\boldsymbol{Q}_c) = \text{rank}[B|AB] = \text{rank}\begin{bmatrix} -b_\delta & b_\alpha b_\delta - a_\delta \\ -a_\delta & a_\alpha b_\delta + a_\omega a_\delta \end{bmatrix}$$

欲使 $\text{rank}(\boldsymbol{Q}_c) = 2$，当且仅当下面的关系式成立：

$$a_\alpha \neq a_\delta \left(\frac{b_\alpha}{b_\delta} - \frac{a_\omega}{b_\delta^2} \right) - \frac{a_\delta^2}{b_\delta^2} \tag{3.8}$$

采用反证法。对于采用正常式布局的导弹，有 $a_\delta > 0$，$a_\omega \approx 0$，$0 < b_\delta < b_\alpha < a_\delta$。如果式（3.8）不成立而取等号，那么 $|a_\alpha|$ 的值显然将会变得特别大，这样打舵将无法产生有效的攻角。

这显然与实际的导弹控制不符合，此时的 a_α 仅有数学上的意义，无法在工程中实现。因此按照物理量的实际意义，式（3.8）的成立是明显的。这样系统的可控性问题就得到证明。在后面的驾驶仪设计中有时还需要对系统进行增广，但不难证明依然满足式（3.8）的可控性结论。

采用待定系数的方法，推导标准两回路过载驾驶仪极点配置的数值解析算法。

忽略舵机动态特性，令其增益为-1，同时忽略驾驶仪其他硬件动态特性，得两回路驾驶仪结构原理框图，如图 3.16 所示。

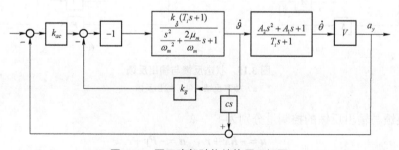

图 3.16 两回路驾驶仪结构原理框图

将系统在舵机后断开，得系统开环传递函数为

$$HG = \frac{(k_{ac}k_{\vartheta}VA_2 + k_{\vartheta}k_{ac}T_{\alpha}c)s^2 + (k_{ac}k_{\vartheta}VA_1 + k_gk_{\vartheta}T_{\alpha} + k_{\vartheta}k_{ac}c)s + (k_{ac}k_{\vartheta}V + k_gk_{\vartheta})}{\dfrac{s^2}{\omega_m{}^2} + \dfrac{2\mu_m}{\omega_m} + 1} \tag{3.9}$$

设 $K'_{ac} = k_{ac}k_{\vartheta}$，$K'_g = k_gk_{\vartheta}$，引入中间变量 B_1、B_2、B_3：

$$\begin{cases} B_1 = K'_{ac}VA_2 + K'_{ac}cT_a \\ B_2 = K'_{ac}(VA_1 + c) + K'_gT_a \\ B_3 = K'_{ac}V + K'_g \end{cases} \tag{3.10}$$

计算系统闭环传递函数为

$$\frac{a_y}{a_{yc}} = \frac{-k_{\vartheta}k_{ac}(A_2s^2 + A_1s + 1)V}{\left(\dfrac{1}{\omega_m{}^2} - B_1\right)s^2 + \left(\dfrac{2\mu_m}{\omega_m} - B_2\right)s + (1 - B_3)} \tag{3.11}$$

由式（3.11）得系统闭环特征方程表达式为

$$\frac{\left(\dfrac{1}{\omega_m{}^2} - B_1\right)}{(1 - B_3)}s^2 + \frac{\left(\dfrac{2\mu_m}{\omega_m} - B_2\right)}{(1 - B_3)}s + 1 = 0 \tag{3.12}$$

设极点配置所要求的二极点为一对振荡根，并设其阻尼为 μ，自振频率为 ω，即系统期望的闭环特征方程为

$$\frac{s^2}{\omega^2} + \frac{2\mu}{\omega}s + 1 = 0 \tag{3.13}$$

完成极点配置应有式（3.12）与式（3.13）相等，有

$$\begin{cases} \dfrac{\left(\dfrac{1}{\omega_m{}^2} - B_1\right)}{(1 - B_3)} = \dfrac{1}{\omega^2} \\[4mm] \dfrac{\left(\dfrac{2\mu_m}{\omega_m} - B_2\right)}{(1 - B_3)} = \dfrac{2\mu}{\omega} \end{cases} \tag{3.14}$$

代入中间变量有关 K'_{ac} 及 K'_g 表达式（3.10）可得求解 K'_{ac} 及 K'_g 的线性方程组：

$$\begin{cases} K'_{ac}(V - V\omega^2A_2 - cT_{\alpha}\omega^2) + K'_g = 1 - \dfrac{\omega^2}{\omega_m{}^2} \\[3mm] K'_{ac}(2\mu V - VA_1\omega - c\omega) + K'_g(2\mu - T_{\alpha}\omega) = 2\mu - \dfrac{2\mu_m\omega}{\omega_m} \end{cases} \tag{3.15}$$

即

$$\begin{bmatrix} V - V\omega^2A_2 - cT_{\alpha}\omega^2 & 1 \\ 2\mu V - V\omega A_1 - c\omega & 2\mu - T_{\alpha}\omega \end{bmatrix} \begin{bmatrix} K'_{ac} \\ K'_g \end{bmatrix} = \begin{bmatrix} 1 - \dfrac{\omega^2}{\omega_m{}^2} \\[3mm] 2\mu - \dfrac{2\mu_m\omega}{\omega_m} \end{bmatrix} \tag{3.16}$$

因此求解线性方程组（3.16）即可得到 K'_{ac} 与 K'_g，又根据

$$\begin{cases} k_{ac} = \dfrac{K'_{ac}}{k_{\dot{\vartheta}}} \\[3mm] k_g = \dfrac{K'_g}{k_{\dot{\vartheta}}} \end{cases} \tag{3.17}$$

可求得满足系统设计期望性能的 k_{ac}、k_g。

3.2.4　设计实例

取某导弹在高度 H=9 150 m 的弹体动力学系数[38]，如表 3.1 所示。

表 3.1　导弹特定飞行状态下的气动参数

H/m	弹体频率 ω_m/ (rad·s^{-1})	a_α/s^{-2}	a_δ/s^{-2}	a_w/s^{-2}	b_a/s^{-1}	b_δ/s^{-1}
9 150	15.49	240	204	0.02	1.17	0.239

计算所需的各变量值为

$$T_m = \frac{1}{\sqrt{a_\omega b_a + a_a}} = 0.044\ 3\ ; \quad \mu_m = \frac{a_\omega + b_a}{2\sqrt{a_\omega b_a + a_a}} = 0.133$$

$$T_\alpha = \frac{a_\delta}{a_\delta b_a - a_a b_\delta} = 0.378\ 8\ ; \quad k_{\dot{\vartheta}} = \frac{a_\delta b_a - a_a b_\delta}{a_\omega b_a + a_a} = 2.593\ 3$$

$$A_1 = \frac{-a_\omega b_\delta}{a_\delta b_a - a_a b_\delta} = -0.000\ 8\ ; \quad A_2 = \frac{-b_\delta}{a_\delta b_a - a_a b_\delta} = -0.000\ 3$$

取系统期望的自振频率 ω=20 rad/s，阻尼 μ=0.7。通过 3.2.3 小节中所给出的极点配置算法可得设计参数：

$$k_{ac} = 0.000\ 69,\quad k_g = 0.123\ 5$$

设计完成后系统闭环传递函数为

$$\frac{a_y}{a_{yc}} = \frac{-0.161\ 02\,(s - 27.54)\,(s + 27.54)}{s^2 + 28s + 400}$$

系统实际的自振频率 ω=20 rad/s，阻尼 μ=0.7，与设计输入是相同的。

由于设计过程中未考虑舵机的影响，因此还需引入舵机模型，对时域及稳定性进行检查。取二阶舵机动力学模型：

$$G_{\text{actuator}}(s) = \frac{-1}{\dfrac{s^2}{220^2} + 2\dfrac{0.65}{220}s + 1}$$

由图 3.17（a）给出的单位阶跃响应曲线可知，驾驶仪对指令输入响应存在静差，闭环增益 k_c=0.305。取指令放大系数 $K = 1/k_c$，图 3.17（b）给出了响应曲线。驾驶仪上升时间 t_{63}=0.07 s，过渡过程时间 T=0.3 s，超调量小于 20%。

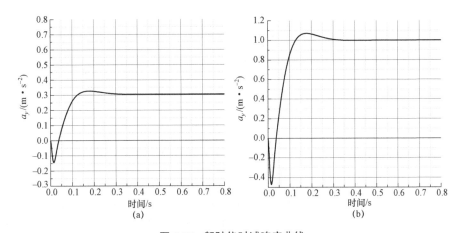

图 3.17　驾驶仪时域响应曲线

（a）引入指令放大系数前；（b）引入指令放大系数后

在舵机处断开，计算得到系统开环幅值裕度 Gm=14.4 dB，相位裕度 Pm=62.3°，幅穿越频率 ω_{CR}=35.3 rad/s，系统具有较强的稳定裕度。

3.2.5　静不稳定弹体两回路驾驶仪设计

对静不稳定弹体驾驶仪设计，传统上多选择采用三回路驾驶仪结构，它在原过载驾驶仪结构基础上，在内回路引入了姿态角反馈信息，姿态角速度与姿态角反馈相当于姿态驾驶仪，其作用是近似构造一个稳定等效弹体，从而再通过外回路的闭环对驾驶仪的响应速度进行调整，在本质上体现为内、外回路分开设计的思想。

取 a_α=-240，其他弹体参数如表 3.1 所给，首先尝试通过对增益 k_g 值的设计，获得稳定的内回路等效弹体。图 3.18 为内回路闭环极点随 k_g 变化根轨迹曲线，表 3.2 为不同 k_g 值对应内回路极点值。

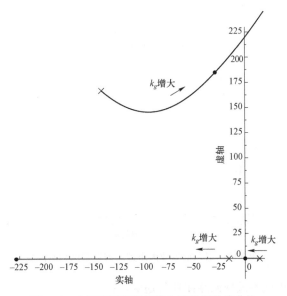

图 3.18　内回路闭环极点随 k_g 变化根轨迹曲线

表 3.2   不同 k_g 值对应内回路极点值

k_g	弹体	舵机
0	−16.2/14.8	−142.9±i167.1 （35 Hz，0.65）
0.81	−228.2/−6.7e−4	−24.5±i184.8 （29 Hz，0.16）
1.407	−286.6/−0.61	0.01±i219.8

当 k_g=0.0 时，内回路开环，静不稳定弹体带来一个右半平面的极点，此时系统是不稳定的；尝试着增大 k_g 的数值，使右半平面极点向虚轴移动，如图 3.18 所示，k_g 取值很大，但不稳定的极点移动却非常的缓慢，而舵机一对振荡根也同时向虚轴靠近；当 k_g=0.81 时，弹体不稳定极点正好进入左半平面，此时舵机的阻尼已下降到 0.16；随着 k_g 的进一步提高，舵机振荡根很快就失稳了。

通过对根轨迹变化分析可知，单纯地通过内回路设计获得静稳定等效弹体的设计，必将导致过大的 k_g 值和内回路频带。在这一频带下，受到舵机等驾驶仪硬件动力学的影响，可能系统早已经失稳了。因此对静不稳定弹体的两回路驾驶仪设计中，如期望获得稳定的内回路，将在系统稳定性上付出很大的代价，或者根本就无法实现。

解决方案之一是必须对内外回路同时设计，通过外回路过载闭环实现对弹体的稳定控制。极点配置依然是可以采用的比较有效的设计方法。

取二阶根自振频率 ω=20 rad/s、阻尼 μ=0.7 为设计输入，取极点配置算法，得设计结果：

$$k_{ac}=0.002，\quad k_g=0.107\ 4$$

取指令放大系数 K=0.62，由图 3.19 给出的驾驶仪响应曲线不难发现，在静不稳定弹体下，依然也能获得与静稳定弹体基本上相同的驾驶仪响应曲线。

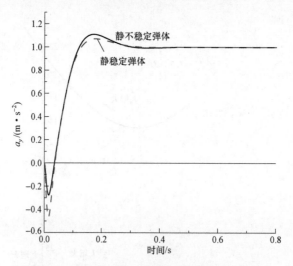

图 3.19   引入指令放大系数后的驾驶仪响应曲线

分别计算驾驶仪内回路及外回路闭环传递函数：

内回路：
$$G_{inner} = -\frac{13\ 009(0.036s+1)(0.037s-1)}{(0.029s+1)\ (0.14s-1)\left(\dfrac{s^2}{204.5^2}+2\dfrac{0.64}{204.5}s+1\right)}$$
（3.18）

外回路：
$$G_{close} = \frac{1.62(0.036s+1)(0.037s-1)}{\left(\dfrac{s^2}{22.3^2}+2\dfrac{0.64}{22.3}s+1\right)\left(\dfrac{s^2}{181^2}+2\dfrac{0.71}{181}s+1\right)}$$
（3.19）

由内回路传递函数式（3.18）可见，角速度反馈闭环后，由不稳定弹体带来的右半平面弹体依然存在，内回路是不稳定的；经过过载反馈闭环后，见式（3.19），驾驶仪是稳定的，虽然受到舵机的影响，极点略有变化，但基本与期望配置的位置相同。

综上分析可知，采用极点配置等设计方法，两回路驾驶仪同样可完成静不稳定弹体的控制，过载反馈而非内回路设计是实现静不稳定弹体控制的基础。

以下进一步分析静不稳定驾驶仪特点及对舵机的性能要求。

1. 闭环增益

取静稳定及静不稳定弹体下驾驶仪，其单位阶跃响应对比曲线如图 3.20 所示，静不稳定弹体驾驶仪单位阶跃稳态值是大于 1 的，驾驶仪存在静差，但却表现为超调的形式。

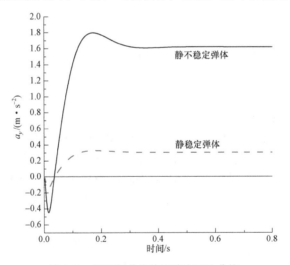

图 3.20　驾驶仪单位阶跃响应对比曲线

由此带来的问题是当采用 PI 校正或滞后校正网络力图消除静差时，由于原驾驶仪稳态值往往已大于或接近超调量设计指标，前向通道引入积分后，超调量还会进一步增大，将会出现无法满足指标的情况。

2. 舵资源分析

取弹体静稳定及静不稳定两种情况下驾驶仪，并让其有相同的过载输出，从而对比舵偏角变化情况。

1）稳态舵资源

由于静稳定与静不稳定弹体的攻角恢复力矩方向是相反的，因此稳态舵偏角符号也是相反的，如图 3.21 所示。而对临界稳定弹体而言，由于攻角恢复力矩低，则稳态舵偏角是最小的。

如果产生同样的过载，正常式布局的静不稳定弹体所需的稳态舵偏角小于静稳定弹体，

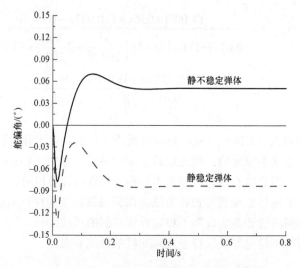

图 3.21　相同过载输出条件下舵偏角变化曲线

因为此时舵过载的方向与实际过载的方向是相同的；当导弹采用鸭式布局时，则正好相反。

2）瞬态舵资源

如图 3.21 所示，在建立攻角的初始段，静不稳定弹体需要的舵偏角较小，因为此时静不稳定的力矩有助攻角的产生；静稳定弹体则相反，此时静稳定恢复力矩阻止攻角的建立。

而当进入过载超调后的下压段时，静稳定弹体需要的舵偏角则较小，因此时静稳定恢复力矩帮助消除过载的超调。

3. 稳定性及舵机频带要求

如 3.2.2 小节所分析的，静不稳定弹体在低频段即有 $-180°$ 的相滞后，且在中、高频段这一相滞后变化很小。因此当以静不稳定弹体作为被控对象时，驾驶仪的稳定性必然会受到影响。

取相位裕度 Pm $=40°$ 为驾驶仪设计条件，不同 a_α 取值下所需的最低舵机频率如图 3.22 所示。随着静稳定度的降低，要保证控制系统具有一定的稳定裕度，对舵机的频带要求提高。

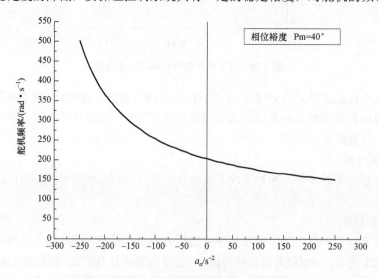

图 3.22　不同 a_α 取值下所需的最低舵机频率

因此制约静不稳定弹体驾驶仪设计的关键，是具有足够快的舵机。

3.3　PI 校正两回路过载驾驶仪研究

通过前文的分析已知，两回路驾驶仪响应存在静差，对于制导回路来说，如果静差过大是无法接受的。通常给出的设计要求如下。

（1）驾驶仪静差应小于 10%。

（2）在气动偏差及各种干扰情况下，驾驶仪闭环增益的波动小于 20%。

实现驾驶仪无静差设计最简单的方法，是在过载指令后加入比例放大环节，如图 3.23 所示，其中指令调整系数 $K^* = 1/k_c$。

图 3.23　驾驶仪原理示意图

采用指令放大的方法，无须对驾驶仪设计进行改变，缺点是必须获得驾驶仪闭环增益 k_c 的准确数值。在不考虑驾驶仪各硬件动力学前提下，有

$$k_c = \frac{-k_\vartheta k_{ac} V}{1 - (k_{ac} k_\vartheta V + k_g k_\vartheta)} \tag{3.20}$$

式（3.20）中，k_c 的大小与驾驶仪设计参数 k_{ac}、k_g，导弹飞行速度 V 及弹体气动力增益 k_ϑ 有关。当导弹处于各种飞行状态时，V 及 k_ϑ 往往发生剧烈的变化进而导致增益 k_c 出现波动。基于现有的弹上测量设备，要获得准确的 k_ϑ 值是很难的，因此 k_c 一旦出现变化往往无法进行修正。

3.3.1　PI 校正网络作用机理分析

驾驶仪设计中，一般采用串联 PI 校正或滞后校正网络的方式，实现驾驶仪无静差设计。带 PI 校正的两回路过载驾驶仪标准结构如图 3.24 所示。

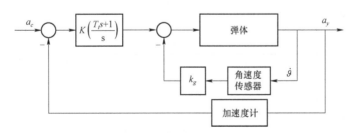

图 3.24　带 PI 校正的两回路过载驾驶仪标准结构

其中 T_i 为 PI 校正时间常数，并有校正网络折转频率 $\omega_i = 1/T_i$。

首先分析加入 PI 校正后对系统零、极点的影响，设未加入 PI 校正前过载驾驶仪开环传递函数为

$$G(s) = \frac{N_{\text{auto}}(s)}{D_{\text{auto}}(s)}$$

引入 PI 校正后驾驶仪结构图如图 3.25 所示。

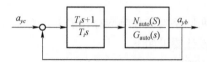

图 3.25 引入 PI 校正后驾驶仪结构图

驾驶仪闭环传递函数可表示为

$$\frac{a_{yb}(s)}{a_y(s)} = \frac{\dfrac{(T_i s+1)}{T_i s}\dfrac{N_{\text{auto}}(s)}{D_{\text{auto}}(s)}}{1+\dfrac{(T_i s+1)}{T_i s}\dfrac{N_{\text{auto}}(s)}{D_{\text{auto}}(s)}} = \frac{(T_i s+1)N_{\text{auto}}(s)}{T_i D_{\text{auto}}(s)+(T_i s+1)N_{\text{auto}}(s)} \tag{3.21}$$

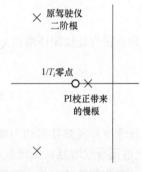

图 3.26 PI 校正两回路驾驶仪零、极点分布示意图

由式（3.21）可见，闭环后 PI 校正引入 $1/T_i$ 的零点，同时极点增加了一个一阶慢根，这一对零、极点基本上对消，如图 3.26 所示，因此驾驶仪的主极点依然是两回路设计中被加快的那一对振荡根，这从另一个角度说明，如果 PI 校正设计得合理，则引入前后驾驶仪快速性变化较小。

在频域上，分别单取 PI 校正及引入校正前后驾驶仪开环传递函数绘制 Bode 图曲线。仅就 PI 校正网络来说，如图 3.27（a）所示，在低频段 $\omega < \omega_i$，其增益随着频率的降低而不断增大，相移也逐渐增大至 $-90°$，在高频段 $\omega > \omega_i$，幅值及相滞后随着频率的增大而变化至零。这一特点，使

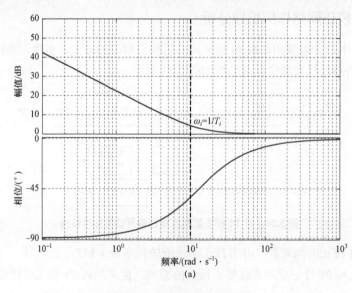

图 3.27 PI 校正网络 Bode 图

（a）PI 校正闭环 Bode 图

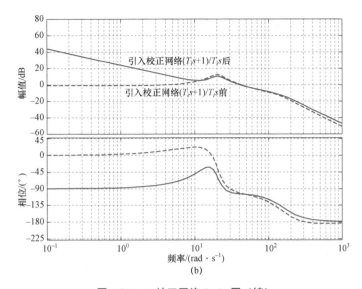

图 3.27　PI 校正网络 Bode 图（续）

（b）引入校正网络前后驾驶仪开环 Bode 图

引入 PI 校正后驾驶仪低频段的增益被抬高，如图 3.27 所示，从而起到了消除静差的作用。而同时在低频处也引入相当大的相位滞后，因此对驾驶仪的稳定性带来了不利的影响。设计时，应尽量通过对 T_i 取值的合理选取，使校正网络消除静差的同时，对原驾驶仪的稳定性影响降到最小。

采用 PI 校正网络后，驾驶仪闭环带宽同样会受到影响，如图 3.28 所示，驾驶仪闭环带宽略有降低。但考虑到驾驶仪一般主要工作在低频段，因此带宽的下降对驾驶仪性能的影响是不大的。

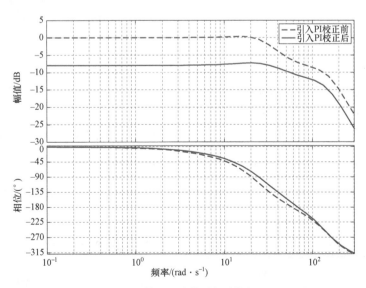

图 3.28　引入 PI 校正网络前后驾驶仪闭环 Bode 图

3.3.2 基于频域的 PI 校正参数设计方法

过载驾驶仪中 PI 校正参数设计主要是完成对增益 K 及时间常数 T_i 的设计,设计目标是在期望的过渡过程时间内,使驾驶仪静差得以消除,而把引入校正网络前后对驾驶仪的稳定性及快速性影响降低到最小。

令 $K = K_a / T_i$,PI 校正传递函数有如下变化:

$$K_a \frac{T_i s+1}{T_i s} = K \frac{T_i s+1}{s}$$

首先讨论 T_i 的不同取值下驾驶仪性能的变化。如图 3.29 所示位置处断开,计算开环传递函数,并以 ω_c 表示其开环幅穿越频率。

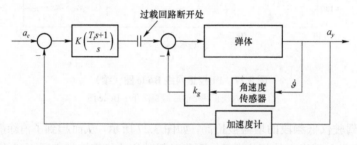

图 3.29 驾驶仪开环断开点示意图

当 T_i 取值偏小时,由驾驶仪开环 Bode 图图 3.30(a)可见,在穿越频率 ω_c 处,校正网络 $(T_i s+1)/s$ 相滞后接近 $-90°$,相当于前向通道串联了一个积分校正。在零、极点分布上,如图 3.30(b)所示,PI 校正带来的一对零、极点向远离实轴方向移动,原两回路的一对振动

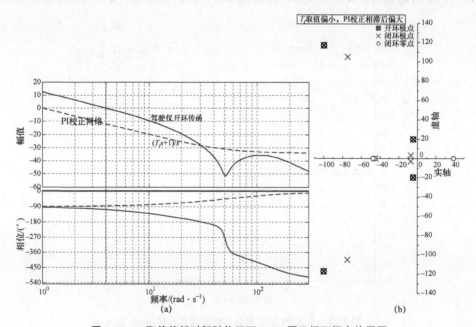

图 3.30 T_i 取值偏低时驾驶仪开环 Bode 图及闭环极点位置图

(a)驾驶仪开环及 PI 校正 Bode 图;(b)驾驶仪闭环前后零、极点变化示意图

根频率降低、阻尼增大，近似变化为一阶低频根，时域上体现为驾驶仪响应速度明显放慢，过渡过程曲线接近一阶特性，如图 3.31 所示。

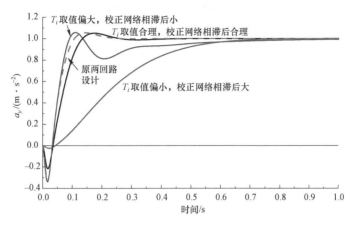

图 3.31 不同 T_i 取值对应驾驶仪响应曲线

当 T_i 取值偏大时，如图 3.32（a）所示，在穿越频率 ω_c 处，校正网络 $(T_i s+1)/s$ 的相滞后很小，这也表明校正网络中积分的效果非常的弱。对比零、极点变化，如图 3.32（b）所示，二阶振荡根频率提高，反映到时域响应上，驾驶仪的上升时间甚至快于原两回路驾驶仪。同时，PI 校正带来的一阶极点更靠近实轴，因此，在时域上，驾驶仪尽管上升时间很短，但需要很长的时间才能消除静差。

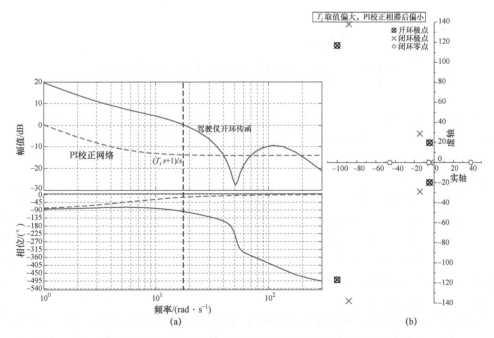

图 3.32 T_i 取值偏大时驾驶仪开环 Bode 图及闭环极点位置图
（a）驾驶仪开环及 PI 校正 Bode 图；（b）驾驶仪闭环前后零、极点变化示意图

综上分析，合理的 T_i 取值，反映到设计上应满足如下约束条件。

（1）在时域上，如图 3.30 所示，PI 校正应在原两回路驾驶仪的过渡过程时间之内完成对静差的消除，驾驶仪的上升时间允许略慢于两回路驾驶仪。

（2）在零、极点分布上，如图 3.33（b）所示，引入 PI 校正后，原驾驶仪二阶振荡根频率及阻尼变化不大，从而保持驾驶仪的快速性；同时一阶慢根所处位置使驾驶仪能在较短时间消除静差。

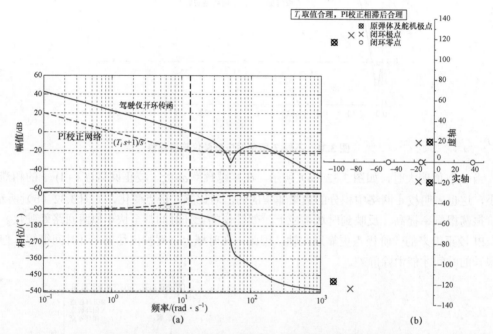

图 3.33 T_i 取值合理时驾驶仪开环 bode 图及闭环极点位置图
（a）驾驶仪开环及 PI 校正 Bode 图；（b）驾驶仪闭环前后零、极点变化示意图

（3）在频域上，校正网络 $(T_i s + 1)/s$ 在 ω_c 处的相滞后应满足合理的取值，既不能太大，成为纯粹的积分校正；也不可太小，导致积分效果太弱，消除静差过慢；与此同时对驾驶仪稳定性的影响也不应过大，按通常的工程经验，校正网络带来的相滞后一般期望在 $-60°\sim-40°$ 范围内 [图 3.33（a）]。

在时域、频域及根平面上都可以完成校正网络参数的调整。如果在时域上进行设计，只能采用试错法，耗费大量的时间；同时由于零、极点相消不易控制，因此采用极点配置方法在根平面进行设计，其结果往往在时域上不是很理想。

在频域上，PI 校正在穿越频率处相滞后 Pm_i 直接影响到引入校正后驾驶仪稳定性的变化，其数值的大小，表征了积分校正网络中积分项对驾驶仪过渡过程的影响程度。因此可以取 Pm_i 作为校正网络的设计约束。

设 Pm_c 表示期望的校正网络 $(T_i s + 1)/s$ 在系统开环穿越频率 ω_c 处相滞后值，以 T_i 为设计变量。首先保留原两回路驾驶仪内回路设计结果，给定增益 K，则对不同 T_i 均可得到对应相滞后 Pm_i，即 $\mathrm{Pm}_i = f(T_i)$。当满足相滞后约束时，有非线性方程：

$$\mathrm{Pm}_c - f(T_i) = 0 \tag{3.22}$$

显然式（3.22）的解即是我们期望的对应增益 K 的满足相滞后约束的 T_i 值，由于驾驶仪实际传递函数非常复杂，得到式（3.22）的解析解表达式是不现实的。但通过调用相关成熟的优化工具算法，不难对其进行求解。

当已知 K、T_i，观察驾驶仪时域响应曲线，如未满足要求，再调整 K 值，如此反复，直到驾驶仪时域响应符合设计期望值。

3.3.3　设计实例

以 3.2.3 小节中给出的两回路驾驶仪设计为例，如由图 3.34（a）给出的驾驶仪单位阶跃响应曲线可知，驾驶仪存在较大静差，闭环增益仅为 0.305。

设计 PI 校正网络，使驾驶仪在期望过渡过程时间 t=0.5 s 内消除静差，最大超调量小于 20%，同时驾驶仪稳定性应满足如下指标：相位裕度 Pm＞40°，幅值裕度 Gm＞8 dB。

首先设定 PI 校正相滞后约束，取 Pm_c =−45°，表 3.3 及图 3.34（b）给出了取不同 K 时对应设计结果。

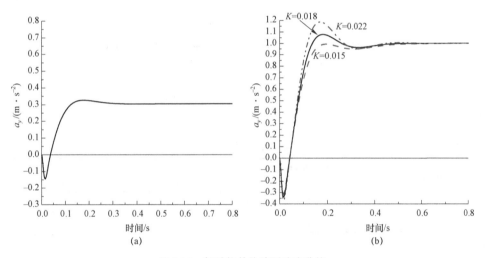

图 3.34　驾驶仪单位阶跃响应曲线
（a）原两回路驾驶仪；（b）不同 K 值时对应 PI 校正驾驶仪

由图 3.34（b）及表 3.3 可见，当 K 取值偏低时，驾驶仪响应高速度偏慢；当 K 取值偏大时，驾驶仪超调量太大，且稳定裕度偏低。综合对比，最终选定 PI 校正参数：

$$K=0.018,\ T_i=0.078$$

表 3.3　不同 K 值对应 PI 校正参数及驾驶仪开环稳定裕度

K	T_i	相位裕度/ （°）	幅值裕度/ dB	穿越频率/ （rad·s⁻¹）
0.015	0.089	54.8	13.8	31.9
0.018	0.078	52.8	13.5	31.6
0.022	0.068	50.1	13.2	31.2

由图 3.35 给出的引入 PI 校正前后驾驶仪单位阶跃响应曲线可见，在 t=0.4 s 内驾驶仪静差得到消除，且引入 PI 校正后驾驶仪上升时间仅比原两回路驾驶仪略长，这些均满足时域设计要求。

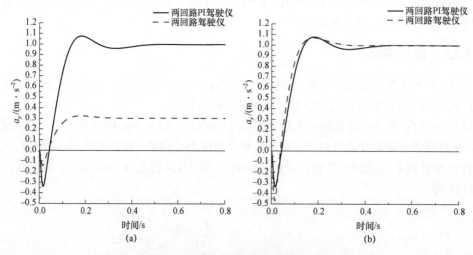

图 3.35　两回路 PI 与两回路驾驶仪单位阶跃响应对比曲线
（a）单位阶跃响应对比；（b）单位输出响应对比

计算驾驶仪开环稳定裕度，如表 3.4 所示，尽管引入 PI 校正后，驾驶仪稳定裕度降低，但依然可满足设计指标要求。

表 3.4　驾驶仪开环稳定裕度计算结果

驾驶仪类型	相位裕度/ （°）	幅值裕度/ dB	穿越频率/ （rad·s^{-1}）
两回路	62.3	14.4	35.3
两回路+PI	52.8	13.5	31.6

3.4　三回路过载驾驶仪

3.4.1　天线罩折射误差与三回路驾驶仪

所有的雷达制导导弹均设计带有天线罩以保护导引头天线不受导弹飞行过程中空气动力及产生的热量的影响[39]。天线罩是寻的制导控制回路的重要组成部分，研究表明其性能对回路的导引精度和稳定性有明显影响。

雷达导引头比较特殊的情况是当雷达波束穿过导引头头罩时会发生折射，雷达的波长比较大，所以穿过雷达罩时发生了类似光折射的效应。导引头是用来跟踪目标位置并测量目标视线角速度的，当存在天线罩时，目标回波信号在被导引头接收之前通过天线罩发生信号折射和弯曲，造成目标位置的错误指示，使导引头输出错误的测量信号，影响制导系统的导引精度，严重时将导致制导系统失稳。

天线罩的折射效应通常与波长有关系，主/被动雷达导引头的波长通常为 2～3 cm，而红外波长通常很低，因此对红外导引头天线罩折射误差往往可以忽略[40]。

1. 数学模型建立

天线罩误差是由于目标回波信号在被导引头接收之前通过天线罩发生信号折射和弯曲，造成目标位置的错误指示，使得导引头输出错误的测量信号而引入的，如图 3.36 所示。天线罩误差的大小与目标回波相对于天线罩的入射角有关，又因天线罩的轴线与弹体重合，因此可认为天线罩误差大小应与视线角和弹体姿态角之差成正比。

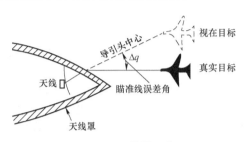

图 3.36　天线罩误差

图 3.37 为考虑天线罩折射后制导控制系统结构原理框图。其中 q_s 代表导引头实际空中指向，其与弹体姿态角之差为导引头框架角 ϕ_s。引入比例系数 R，以表征天线罩的折射大小与框架角的变化关系，显然如果导引头正对弹轴方向，将不存在无线电波的折射效应，而框架角越大，折射效应越强。

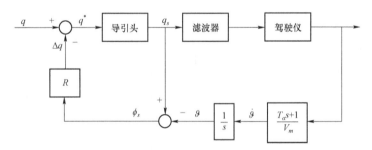

图 3.37　考虑天线罩折射后制导控制系统结构原理框图

考虑天线罩误差后导引头真实空间指向表达式为

$$q^{*}=q+(q_{s}-\vartheta)R \tag{3.23}$$

假设导引头轴可准确跟踪目标，即有 $q \cong q_s$，代入式（3.23）中，可得

$$q^{*}=q+(q_{s}-\vartheta)R \cong q+(q-\vartheta)R \tag{3.24}$$

观察式（3.24），通常折射率 R 是一个小量，因此有

$$q^{*} \cong q-\vartheta R \tag{3.25}$$

由式（3.25）可见，天线罩的影响效果相当于在原有弹目视线角基础上增加了一个与姿态角有关的项。这一项的增加等价于在原制导回路中增加了一个与姿态角有关的寄生回路，如图 3.38 所示。

图 3.38 中：制导控制系统被定义为一个五阶的动力学系统，即滤波器一阶，导引头一阶，

驾驶仪三阶，其时间常数由 T_G 表示。

不难发现，当 $R > 0$，寄生回路是负反馈；当 $R < 0$，寄生回路相当于正反馈。

2. 寄生回路稳定性分析

对图 3.38 中系统进行开环稳定性分析，则反馈项可以直接与制导控制传函合并，同时令 $\bar{t} = \dfrac{t}{T_g}$，$s = \dfrac{\mathrm{d}}{\mathrm{d}t}$，$\bar{s} = \dfrac{\mathrm{d}}{\mathrm{d}\bar{t}}$，$s = \dfrac{\bar{s}}{T_g}$，得到无量纲化系统，如图 3.39 所示。

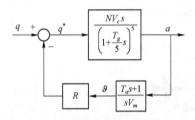

图 3.38 考虑导引头寄生回路后制导
控制系统结构原理简化图

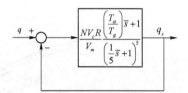

图 3.39 无量纲化后，制导控制系统
结构原理简化图

此时，影响系统特性变化的参数已经简化为：NV_cR/V_m 与 T_α/T_g。

取 $T_\alpha/T_g = 3.0$，图 3.40 为 NV_cR/V_m 分别取正值及负值，系统达到临界稳定状态时对应开环 Bode 图。

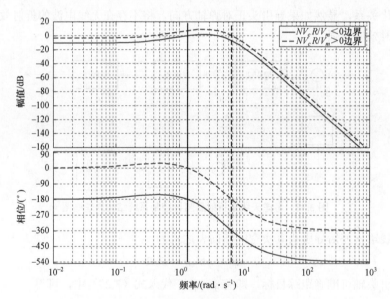

图 3.40 制导回路开环 Bode 图

对 Bode 图中系统临界稳定点的分析可知，当 $T_\alpha/T_g = 3.0$ 时，保证系统稳定的临界值为

正边界：$\dfrac{NV_cR}{V_m} = 0.65$；负边界：$\dfrac{NV_cR}{V_m} = -0.284$

取不同 T_α/T_g 值，可以得到对应 $\dfrac{NV_cR}{V_m}$ 的正负边界值，即系统稳定的临界边界，其变化曲线如图 3.41 所示。

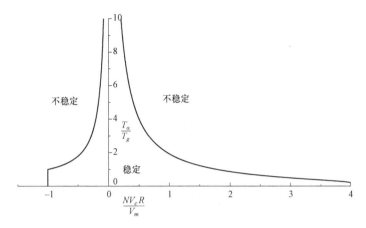

图 3.41　制导回路稳定性边界随参数变化曲线

由图 3.41 可见，寄生回路稳定性主要由以下几个因素决定。

（1）攻角滞后时间常数 T_α：T_α 表征了弹体攻角到速度矢量偏转的滞后时间常数，其数值越大，则达到同样的弹体过载所需要的攻角越大，同样的弹体姿态角旋转也越大，天线罩折射误差也就越大，寄生回路稳定性自然越低。

（2）天线罩折射系数 R：R 越大，天线罩折射效应越明显，寄生回路稳定性越低。

（3）比例导引系数 N：N 越大，寄生回路稳定性越低。

（4）弹目接近速度 V：V 越小，产生相同过载所需要的攻角越大，姿态角变化越大，寄生回路稳定性越低。

（5）制导回路动力学系数 T_g：通常理论认为的是，制导回路设计的速度越快，其稳定性应该是越强的。但寄生回路不同的是，为满足稳定的要求，反而需要较大的 T_g 值，即要求制导回路，包括自动驾驶仪、导引头及制导滤波器设计的速度不能太快。

最早对天线罩寄生回路稳定性的分析，来自美国"麻雀"半主动雷达制导空空导弹的研制过程，其分析结论最大的影响是证明在天线罩折射误差影响下，驾驶仪的设计速度不能太快，从而导致了三回路驾驶仪的产生。

3.4.2　三回路驾驶仪标准结构推导

取弹体状态空间表达式

$$\dot{x} = Ax + Bu$$
$$y = Cx + Du - \tilde{K}_{ss}r \tag{3.26}$$

式中

$$x = \begin{bmatrix} \alpha \\ \dot{\vartheta} \end{bmatrix}, \quad u = \delta_z, \quad y = \begin{bmatrix} a_y - K_{ss}a_{yc} \\ \dot{\vartheta}_m \end{bmatrix}, \quad \tilde{K}_{ss} = \begin{bmatrix} K_{ss} \\ 0 \end{bmatrix}$$

K_{ss}：为了保证输入阶跃指令时系统具有零稳态误差而引入的指令调整系数。

将原控制量 δ_z 增加为状态量，取控制量为 $\dot{\delta}$，同时引入角加速度 $\dot{\vartheta}_m$ 为输出量。得到式（3.26）所示增广系统：

$$\dot{x}_1 = A_1 x_1 + B_1 u_1$$
$$y_1 = C_1 x_1 + D_1 u_1 - \tilde{K}_{ss1} r \qquad (3.27)$$
$$z_1 = H_1 x_1 + L_1 u_1 - K_{ss} r$$

式中

$$x_1 = \begin{bmatrix} \alpha \\ \dot{\vartheta} \\ \delta_z \end{bmatrix}, \quad u_1 = \dot{\delta}_z, \quad y_1 = \begin{bmatrix} a_y - K_{ss} a_{yc} \\ \dot{\vartheta}_m \\ \ddot{\vartheta}_m \end{bmatrix}, \quad \tilde{K}_{ss} = \begin{bmatrix} K_{ss} \\ 0 \\ 0 \end{bmatrix}$$

$$A_1 = \begin{bmatrix} -b_\alpha & 1 & -b_\delta \\ -a_\alpha & -a_\omega & -a_\delta \\ 0 & 0 & 0 \end{bmatrix}, \quad B_1 = \begin{bmatrix} 0 \\ 0 \\ 1 \end{bmatrix}, \quad C_1 = \begin{bmatrix} b_\alpha V & 0 & b_\delta V \\ 0 & 1 & 0 \\ -a_\alpha & -a_\omega & -a_\delta \end{bmatrix}, \quad D_1 = \begin{bmatrix} 0 \\ 0 \\ 0 \end{bmatrix}$$

式（3.27）中，攻角的测量是比较困难的，因此考虑以过载 α_{ym} 取代，得到新的状态：

$$x_2 = \begin{bmatrix} \alpha_{ym} \\ \dot{\vartheta}_m \\ \ddot{\vartheta}_m \end{bmatrix}$$

当不考虑静差项时，显然有 $y_1 = x_2$。假设 C_1 总是可逆的，有

$$C_1^{-1} y_1 = C_1^{-1} x_2 = x_1$$

代入状态方程（3.27）中，得到

$$C_1^{-1} \dot{x}_2 = A_1 C_1^{-1} x_2 + B_1 u_1 \qquad (3.28)$$

化简式（3.28），有

$$\dot{x}_2 = C_1 A_1 C_1^{-1} x_2 + C_1 B_1 u_1$$

从而得到新的状态空间表达式为

$$\dot{x}_2 = A_2 x_2 + B_2 u_1$$
$$y_2 = x_2 \qquad (3.29)$$

式中

$$x_2 = \begin{bmatrix} \alpha_{ym} \\ \dot{\vartheta}_m \\ \ddot{\vartheta}_m \end{bmatrix}, \quad u_2 = \dot{\delta}_z, \quad A_2 = C_1 A_1 C_1^{-1}, \quad B_2 = C_1 B_1$$

取过载的误差与舵偏角速率的加权和构建性能目标函数：

$$\min_{\dot{\delta}_z} J = \int_0^\infty [Q_{11}(a_{ym} - K_{ss} a_{zc})^2 + R_{11} \dot{\delta}_P] \mathrm{d}t \qquad (3.30)$$

定义

$$H_1 = \begin{bmatrix} V b_\alpha & 0 & V b_\delta \end{bmatrix}, \quad L_1 = [0]$$

通过求解黎卡迪方程，可得到以上最优问题的解：

$$A_2^\mathrm{T} P + P A_2 - P B_2 R_2^{-1} B_2^\mathrm{T} P + Q_2 = 0 \qquad (3.31)$$

其中，$Q_2 = (C_1^{-1})^\mathrm{T} H_1^\mathrm{T} Q_{11} H_1 C_1^{-1}$，$R_2 = R_{11}$。

定义 K_{opt} 为最优控制增益，则有 $K_{opt} = [k_a \quad k_\vartheta \quad k_{\dot{\vartheta}}]^T$，控制律不难表示为

$$\dot{\delta}_z = u_{opt} = K_{opt} \begin{bmatrix} \alpha_{ym} - K_{ss}a_{yc} \\ \dot{\vartheta}_m \\ \ddot{\vartheta}_m \end{bmatrix} \tag{3.32}$$

对式（3.32）两端积分，并取 $\dot{\vartheta}_m = \int \ddot{\vartheta}_m$，得

$$\dot{\delta}_z = K_{opt} \begin{bmatrix} \int (\alpha_{ym} - K_{ss}a_{yc}) \\ \int \dot{\vartheta}_m \\ \dot{\vartheta}_m \end{bmatrix} \tag{3.33}$$

取 $k_a = k_{ac}\omega_i$，$k_\vartheta = k_g\omega_i$，$k_{\dot{\vartheta}} = k_g$，$K_{ss} = k_c$，并以角速度陀螺获得弹体角速度 $\dot{\vartheta}_m$，加速度计获得弹体过载信号 α_{ym}，式（3.33）转变为驾驶仪结构原理框图形式，如图 3.42 所示，即为三回路驾驶仪标准结构。由推导过程可知，对过载响应及舵转角速度的最优控制得到了三回路驾驶仪。

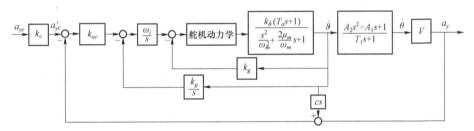

图 3.42　驾驶仪结构原理框图

3.4.3　三回路驾驶仪特点分析

对三回路驾驶仪结构做等效变化，如图 3.43 所示，可见其姿态角速度及姿态角内回路近似于姿态驾驶仪，其作用是增加弹体频率及阻尼，尤其对静不稳定弹体来说，起到了增稳的作用；前向通道采用积分校正，一方面降低了驾驶仪静差，另一方面引入一阶慢根使驾驶仪速度减慢，满足本书 3.4.1 小节提出的天线罩寄生回路稳定性要求。

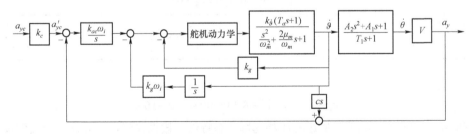

图 3.43　三回路驾驶仪等效结构框图

进一步分析三回路驾驶仪工作原理，仅取内回路，以 $N(s)/D(s)$ 表示弹体舵至角速度传递函数，如图 3.44 所示。

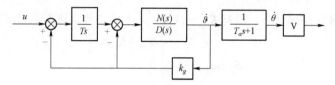

图 3.44 三回路驾驶仪内回路框图

将角位置 ϑ 反馈及角速度 $\dot{\vartheta}$ 反馈综合简化为 $(Ts+1)\dot{\vartheta}$ 反馈，则结构图如图 3.45 所示。

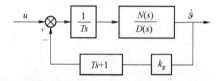

图 3.45 三回路驾驶仪内回路简化框图

系统闭环传递函数有

$$G(s) = \frac{\dot{\vartheta}}{u} = \frac{N(s)}{TD(s)s + N(s)(Ts+1)k_g} \quad (3.34)$$

式（3.34）中，分子项 $N(s) = (T_\alpha s + 1)$，与 $\dot{\vartheta} \rightarrow \dot{\theta}$ 传递函数分母 $1/(T_\alpha s+1)$ 对消；这就使得分母项中，由 $(Ts+1)$ 及 $N(s)$ 中的 $(T_\alpha s+1)$ 带来的一阶慢根依然存在。

过载回路闭环后，如图 3.46 所示，过载驾驶仪不可能容忍比 $1/T_\alpha$ 还要慢的根，所以一般通过对增益 k_{ac} 的设计，使闭环后的慢根比 $1/T_\alpha$ 快。但受到天线罩寄生回路的影响，三回路中 k_{ac} 的选择将有意引入一适当的慢根，从而使驾驶仪响应速度不致过快，以减小寄生回路对制导回路稳定性的影响。

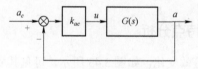

图 3.46 驾驶仪闭环框图

以某典型导弹弹体动力学参数及采用的三回路驾驶仪设计为例，如表 3.5 所示。

表 3.5 设计所取气动参数值

$V/(\text{m} \cdot \text{s}^{-1})$	a_α/s^{-2}	a_δ/s^{-2}	T_g/s^{-2}	b_α/s^{-1}	b_δ/s^{-1}
915	240	204	0.0	2.94	0.65

驾驶仪参数：

$$k_g = 0.219, \quad k_{ac} = 8.34\text{e} - 004, \quad \omega_i = 16.4$$

忽略结构滤波器、陀螺、加速度计及舵机动态特性。假设仅保留驾驶仪中角速度反馈回路、角位置及角速度反馈回路，如图 3.47 和图 3.48 所示。

由表 3.6 给出的由不同回路结构计算得到的闭环零、极点值变化情况可知，本例中原弹体为一对振荡根，频率 f_m=2.46 Hz，u=0.038；首先经角速度回路闭环后，振荡根频率增加至 3.23 Hz，阻尼增加至 1.69，此时弹体的阻尼已经得到大大改善，频率略有增加。

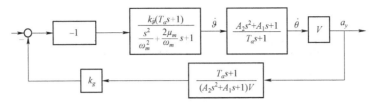

图 3.47　角速度回路结构原理图

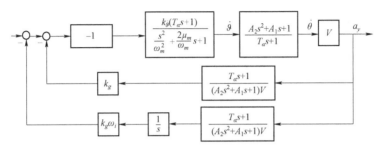

图 3.48　角速度及角度回路结构原理图

表 3.6　三回路驾驶仪不同回路结构闭环零极点计算结果

类型	弹体		考虑角速度回路		考虑角速度及角度反馈回路		三回路结构	
	极点	零点	极点	零点	极点	零点	极点	零点
主导极点		27.54		27.54	−0.66	27.54	−3.35	27.54
弹体产生	−0.58±15.5i 2.46 Hz $\mu=0.038$	−27.54	−6.57/−61.6 3.2 Hz 1.69	−27.54	−30.1±22.5i 5.98 Hz $\mu=0.8$	−27.54	−25.7+23.4i 5.54 Hz $\mu=0.74$	−27.54
舵机产生			−109+147i 29.2 Hz $\mu=0.59$		−113±145i 29.2 Hz $\mu=0.62$		−116±146i 29.7 Hz $\mu=0.62$	

经角度回路闭环后，增加了一个一阶慢根，同时二阶根频率增大至 5.98 Hz，阻尼降至 0.8，由姿态驾驶仪特点可知，这一慢根受到弹体攻角滞后时间常数 T_α 的限制，不可能很快；内回路取高频设计，也是在很多三回路驾驶仪设计中可见到的，主要是为了提高系统对干扰力矩的鲁棒性。但同时由于舵机就位于内回路中，因此过高的内回路频带将使系统稳定性由于舵机的相滞后而下降。

过载回路闭环后，二阶振荡根变化不大，如前文分析的，前向通道积分引入了一个一阶慢根使驾驶仪速度变慢，时间常数为 0.3 s。

同时需指出的是三回路驾驶仪尽管前向通道含有积分项，但并不是无静差结构，由其闭环传递函数不难计算得到驾驶仪闭环增益为

$$K = \frac{k_{ac}V}{k_g + k_{ac}V} \tag{3.35}$$

由式（3.35）可见，不同于两回路驾驶仪，闭环增益 K 与弹体 k_ϑ 无关，因此 K 不受弹体增益波动的影响；同时 k_g 与 $k_{ac}V$ 相比是小量，近似有 $K \approx 1$，因此三回路驾驶仪静差一般

不大。

3.4.4　带开环穿越频率约束的三回路驾驶仪极点配置设计方法

1. 三回路驾驶仪极点配置

略去舵机、角速度陀螺、结构滤波器及过载计的动态特性（因按定义 $k_{\vartheta}<0$，故舵机传递函数取为 -1），得到简化的三回路驾驶仪结构如图 3.49 所示。将系统在舵机所处位置断开，得到系统开环传递函数。

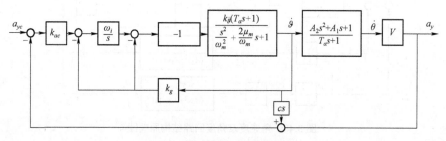

图 3.49　简化的三回路驾驶仪结构

$$HG = \frac{\begin{aligned}&(k_g k_{\vartheta} T_{\alpha} + k_{ac} k_{\vartheta} \omega_i V A_2 + k_{ac} k_{\vartheta} \omega_i T_{\alpha} c)s^2 + (k_g k_{\vartheta} + k_g k_{\vartheta} \omega_i T_{\alpha} + k_{ac} k_{\vartheta} \omega_i V A_1 + k_{ac} k_{\vartheta} \omega_i c)s + \\ &(k_{ac} k_{\vartheta} \omega_i V + k_g k_{\vartheta} \omega_i)\end{aligned}}{\left(\dfrac{s^2}{\omega_m^2} + \dfrac{2\mu_m}{\omega_m}s + 1\right)s}$$

引入中间变量 K_0'、$K_{ac\omega}'$、$K_{g\omega}'$，令

$$\begin{cases} K_0' = k_g k_{\vartheta} \\ K_{ac\omega}' = k_{ac} k_{\vartheta} \omega_i \\ K_{g\omega}' = k_g k_{\vartheta} \omega_i \end{cases} \tag{3.36}$$

再引入中间变量 B_1、B_2、B_3，令

$$\begin{cases} B_1 = K_0' T_{\alpha} + K_{ac\omega}'(VA_2 + T_{\alpha}c) \\ B_2 = K_0' + K_{g\omega}' T_{\alpha} + K_{ac\omega}'(VA_1 + c) \Rightarrow \\ B_3 = K_{ac\omega}' V + K_{g\omega}' \end{cases} \begin{bmatrix} B_1 \\ B_2 \\ B_3 \end{bmatrix} = \begin{bmatrix} (VA_2 + T_{\alpha}c) & 0 & T_{\alpha} \\ (VA_1 + c) & T_{\alpha} & 1 \\ V & 1 & 0 \end{bmatrix} \begin{bmatrix} K_{ac\omega}' \\ K_{g\omega}' \\ K_0' \end{bmatrix} \tag{3.37}$$

则系统开环传递函数可简化为

$$HG = \frac{B_1 s^2 + B_2 s + B_3}{\left(\dfrac{s^2}{\omega_m^2} + \dfrac{2\mu_m}{\omega_m}s + 1\right)s}$$

可得系统闭环传递函数：

$$\frac{a_y}{a_{yc}'} = \frac{-k_{\vartheta} k_{ac} \omega_i V (A_2 s^2 + A_1 s + 1)}{\left(\dfrac{s^2}{\omega_m^2} + \dfrac{2\mu_m}{\omega_m} + 1\right)s - B_1 s^2 - B_2 s - B_3}$$

从而得到系统闭环特征方程：

$$\frac{s^3}{-B_3\omega_m{}^2}+\frac{(2\mu_m-B_1\omega_m)}{-\omega_mB_3}s^2+\frac{(1-B_2)}{-B_3}s+1 \tag{3.38}$$

设极点配置所要求的三个极点由一个负数实根和一对振荡根组成，并设振荡根自振频率为 ω，阻尼为 μ，一阶滞后环节时间常数为 τ，则系统期望的闭环特征方程为

$$(1+\tau s)\left(\frac{s^2}{\omega^2}+\frac{2\mu}{\omega}s+1\right)=\frac{\tau}{\omega^2}s^3+\left(\frac{1}{\omega^2}+\frac{2\mu\tau}{\omega}\right)s^2+\left(\frac{2\mu}{\omega}+\tau\right)s+1 \tag{3.39}$$

完成极点配置应有式（3.38）与式（3.39）相等，从而有

$$\begin{cases} B_3=-\dfrac{\omega^2}{\omega_m{}^2\tau} \\[2mm] B_1=B_3\left(\dfrac{1}{\omega^2}+\dfrac{2\mu\tau}{\omega}\right)+\dfrac{2\mu_m}{\omega_m} \\[2mm] B_2=B_3\left(\dfrac{2\mu}{\omega}+\tau\right)+1 \end{cases} \tag{3.40}$$

式（3.40）中，已知 τ、ω 与 ω_m 可计算得出 B_3；已知 B_3、τ、ω、ω_m 与 μ，可计算得出 B_1、B_2。将 B_1、B_2、B_3 代入式（3.37）中，可得到求解 K'_0、$K'_{ac\omega}$、$K'_{g\omega}$ 的表达式：

$$\begin{bmatrix} K'_{ac\omega} \\ K'_{g\omega} \\ K'_0 \end{bmatrix}=\begin{bmatrix} (VA_2+T_\alpha c) & 0 & T_\alpha \\ (VA_1+c) & T_\alpha & 1 \\ V & 0 & 0 \end{bmatrix}^{-1}\begin{bmatrix} B_1 \\ B_2 \\ B_3 \end{bmatrix} \tag{3.41}$$

已知 K'_0、$K'_{ac\omega}$、$K'_{g\omega}$，由式（3.36）可得驾驶仪设计参数 k_g、ω_i、k_{ac} 计算公式：

$$\begin{cases} k_g=\dfrac{K'_0}{k_\vartheta} \\[2mm] \omega_i=\dfrac{K'_{g\omega}}{k_gk_\vartheta} \\[2mm] k_{ac}=\dfrac{K'_{ac\omega}}{k_\vartheta\omega_i} \end{cases} \tag{3.42}$$

根据式（3.42），已知 K'_0、k_ϑ 可得参数 k_g；已知 $K'_{g\omega}$、k_ϑ、k_g，可得参数 ω_i；已知 $K'_{ac\omega}$、k_ϑ、ω_i 可得 k_{ac}。

2. 开环穿越频率约束的驾驶仪设计问题

三回路驾驶仪主导极点为一负实根，由时间常数 τ 决定，直接决定了系统响应的主要特性。非主导极点由一对振荡根组成，并可由自振频率 ω 与阻尼 μ 表示。这两个参数中，阻尼决定了二阶系统振荡特性，为保证系统好的动态特性，通常设计中期望其值在 0.7 左右。而自振频率 ω 则往往很难提出绝对合理的设计约束。

与之相比，在三回路驾驶仪设计中，对系统开环穿越频率进行约束更具有实际意义，而且其具体的数值也是较容易提出的。因为设计人员可以通过对舵机、加速度计、角速度陀螺、结构滤波器等部件在各频率处的相位滞后进行分析，合理地给出一个确定的频率值，当系统开环穿越频率满足这一设计值时，上述各驾驶仪部件合成的相位滞后对系统稳定性的影响是可以接受的。因此，如果直接以开环穿越频率而不是振荡根自振频率作为设计约束，就能在

很大程度上避免为方便设计对系统进行简化（如通常忽略舵机、加速度计、角速度陀螺等驾驶仪硬件及结构滤波器动态特性）而带来的设计上的偏差和反复。

基于以上分析，设计中可以取 ω_{CR0} 为系统期望的开环穿越频率值，它与 τ、μ 均是已定的，而取 ω 为待定量。显然对于已定的 τ、μ 及不同的 ω，极点配置完成后的系统总有一个开环穿越频率 ω_{CR} 与之对应，可记作 $\omega_{CR} = f(\omega)$。定义以自振频率 ω 为变量的非线性函数 $F(\omega) = f(\omega) - \omega_{CR0}$，则可得求解 ω 的非线性方程：

$$F(\omega) = f(\omega) - \omega_{CR0} = 0 \tag{3.43}$$

利用非线性方程优化求解算法，如对分法，求解非线性方程 $F(\omega) = 0$，即可得到使系统开环穿越频率满足要求的自振频率 ω。在求解过程中，需要反复调用已知 τ、μ 及不同的 ω 求解 k_g、k_{ac} 及 ω_i 的极点配置算法。

3. 设计实例

引用某导弹在不同特征点处的弹体传函动力学系数，如表 3.7 所示。

表 3.7　不同特征点处的弹体传函动力学系数

H/m	ω_m /（rad·s^{-1}）	a_α /s^{-2}	a_δ /s^{-2}	b_α /s^{-1}	b_δ /s^{-1}
0	25.43	642	555	2.94	0.65
9 150	15.49	240	204	1.17	0.239
15 250	9.95	99.1	81.7	0.533	0.095 7

舵机参数：ω_{act}=220 rad/s，μ_{act}=0.65；陀螺参数 ω_{gyro}=400 rad/s，μ_{gyro}=0.65；加速度计参数 ω_{acce}=300 rad/s，μ_{acce}=0.65；结构滤波器参数 ω_{sf}=314 rad/s，μ_{sf}= 0.5；其他参数取 c=0.68 m，V=915 m/s。

依据通常的设计经验，如果假设三回路驾驶仪结构本身会在穿越频率处带来 70°左右的相位超前是可行的，由表 3.8 给出的驾驶仪各硬件动态特性在不同频率处的相位滞后值可见，当 ω=50 rad/s 时，这些硬件总的相位滞后为 37.7°，如果以此作为开环穿越频率设计值，将基本可以保证设计完成后的系统有 30°以上的相位裕度。因此选定 ω_{CR0}=50 rad/s。

表 3.8　不同频率处驾驶仪各硬件相位滞后值　　　　　　　　　　单位：（°）

硬件	ω=40 rad/s	ω=50 rad/s	ω=60 rad/s
舵机	−13.8	−17.4	−21.1
结构滤波器	−7.44	−9.30	−11.3
加速度计	−5.04	−6.31	−7.65
角速度陀螺	−3.74	−4.74	−5.96
总的相位滞后	−30.0	−37.7	−46.0

取高度为 H=9 150 m 时导弹气动参数进行设计。取时间常数 τ =0.3、阻尼 μ =0.7、穿越频率 ω_{CR0}=50 rad/s 为设计输入指标。要求解非线性方程，取求解精度 $F(\omega) = |f(\omega) - \omega_{CR0}| \leqslant$ 0.001，得到振荡根自振频率 ω=29.6 rad/s，相应的驾驶仪参数为：k_g=0.219，k_{ac}=8.34×10^{-4}，ω_i=16.4。

由系统开环 Bode 图图 3.50 可见，设计完成后的系统开环穿越频率 $\omega_{CR}=$ 50 rad/s，满足穿越频率设计要求。当考虑了舵机、加速度计、角速度陀螺、结构滤波器动态特性之后，系统相位裕度 Pm 由 71.4° 降低到 35.3°，幅值裕度 Gm 由 Inf 降低到 6.93 dB。系统相位裕度满足要求，与设计前的估算值也是相符的。

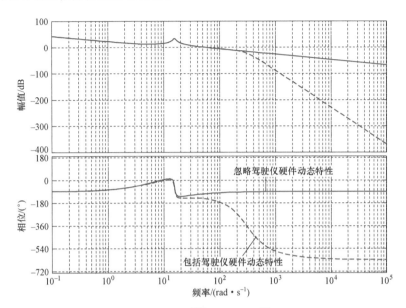

图 3.50　系统开环 Bode 图

取设计参数 τ =0.3，μ =0.7，ω_{CR0} =50 rad/s 不变，对不同高度下的三组气动参数分别进行设计，表 3.9 给出了设计结果。采用开环穿越频率约束的极点配置方法，对于不同的弹体气动参数，设计完成后系统实际时间常数 τ、阻尼 μ 及开环穿越频率 ω_{CR} 值均符合设计输入要求，系统相位裕度也都能保证在 30° 以上。

表 3.9　不同气动参数对应设计结果对比

设计参数	H/m	ω_m / (rad · s^{-1})	τ/s	μ	ω/ (rad · s^{-1})	ω_{CR} / (rad · s^{-1})	Pm/ (°)	Gm/dB
设计约束			0.3	0.7		50.0		
设计结果	0	25.3	0.3	0.7	26.8	50.0	51.8	8.63
	9 150	15.5	0.3	0.7	29.6	50.0	35.3	6.93
	15 250	9.95	0.3	0.7	30.3	50.0	31.1	6.49

由闭环传递函数表达式，不难得到驾驶仪闭环增益表达式：

$$K = \frac{k_{ac}V}{k_g + k_{ac}V} \tag{3.44}$$

由于速度值通常很大，所以有 $k_{ac}V \gg k_g$，因此可认为驾驶仪闭环增益 $K \approx 1$。图 3.51 和图 3.52 给出了系统输出过载，舵偏角及舵偏角速度对 5 g 阶跃过载指令的响应曲线。

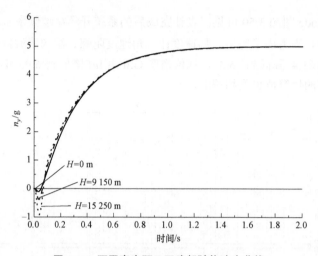

图 3.51　不同高度下三回路驾驶仪响应曲线

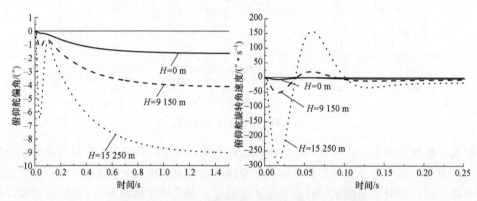

图 3.52　不同高度下舵偏角及舵偏角速度响应曲线

由于选取了相同的闭环主导极点，因此尽管在不同高度下，弹体气动参数不同，但过载响应的过渡过程是一致的。进一步分析舵偏角及角速度变化曲线可见，随着高度的增加，由于控制效率的下降，为响应同样的过载指令需要的舵偏角及角速度值将不断增大。

4. 结论

由于极点配置方法无法决定系统的开环零点，因此要给出开环穿越频率与系统闭环极点间的准确解析表达式是比较困难的。本节中提出的思路是在确定系统主导极点的前提下，以非主导极点为自变量，构造关于穿越频率的非线性方程。然后将极点配置算法嵌入穿越频率非线性方程求解的迭代过程中去，最终求得满足开环穿越频率要求的闭环非主导极点值。

采用穿越频率约束的极点配置方法与传统的极点配置方法相比，能在不改变三回路驾驶仪闭环主导极点的情况下，满足设计完成后的闭环系统对开环穿越频率约束的要求。因此既能通过忽略驾驶仪各硬件及结构滤波器动态特性的方式实现使用极点配置方法对三回路驾驶仪进行设计，又能通过提出合理的开环穿越频率约束要求，使极点配置设计出的驾驶仪在加入各硬件动态特性后仍有合理的稳定裕度。

3.5 伪攻角过载驾驶仪

3.5.1 伪攻角过载驾驶仪典型结构

伪攻角反馈驾驶仪是在空空及地空导弹上可见到的一种驾驶仪结构，其典型结构如图 3.53 所示。

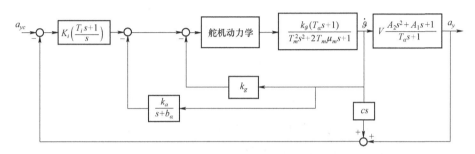

图 3.53 伪攻角反馈过载驾驶仪的典型结构

由图 3.53 可以看出，典型的伪攻角反馈过载驾驶仪一般由角速度反馈回路、伪攻角反馈回路及过载主反馈回路三部分构成，其中伪攻角反馈回路由角速度信号经数学计算得到近似攻角作为反馈信号，因此又称为伪攻角反馈。而角速度信号 $\dot{\vartheta}'$ 和过载信号 a_y' 分别由角速度陀螺和加速度计测量得到。

取某导弹在 $V=680$ m/s、$\alpha=10°$ 特征点弹体动力学参数，如表 3.10 所示。

表 3.10 导弹特定飞行状态下的弹体动力学参数

$V/$ ($\mathrm{m \cdot s^{-1}}$)	弹体频率 $\omega_m /$ ($\mathrm{rad \cdot s^{-1}}$)	$a_\alpha /$ $\mathrm{s^{-2}}$	$a_\delta /$ $\mathrm{s^{-2}}$	$a_\omega /$ $\mathrm{s^{-2}}$	$b_\alpha /$ $\mathrm{s^{-1}}$	$b_\delta /$ $\mathrm{s^{-1}}$
680	20.2	390	840	6.8	2.1	0.8

驾驶仪相关参数：$k_g=0.06$，$k_a=0.9$，$K_i=0.072$，$T_i=0.024$。

由图 3.54 给出的单位阶跃响应曲线可见，驾驶仪是无静差设计，响应曲线类似于三回路驾驶仪。

3.5.2 伪攻角反馈回路分析

伪攻角驾驶仪与两回路驾驶仪最大的区别是引入由角速度信号计算得到的伪攻角反馈回路，因此首先对这一反馈回路进行分析。

对弹体动力学方程进行拉普拉斯变换，有

$$\begin{cases} s^2\vartheta(s) + a_\omega\vartheta(s)s + a_\alpha\alpha(s) = -a_\delta\delta_z(s) \\ \theta(s)s - b_\alpha\alpha(s) = b_\delta\delta_z(s) \end{cases} \tag{3.45}$$

令式（3.45）中两式相除，可得

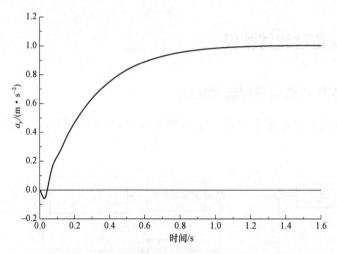

图 3.54 伪攻角反馈过载驾驶仪单位阶跃响应曲线

$$s^2 \vartheta(s)b_\delta + a_\omega \vartheta(s)b_\delta s + a_\alpha \alpha(s)b_\delta = -\theta(s)a_\delta s + b_\alpha \alpha(s)a_\delta \tag{3.46}$$

将 $\theta(s) = \vartheta(s) - \alpha(s)$ 代入式（3.46）中，得到

$$\vartheta(s)s(b_\delta s + (a_\omega b_\delta + a_\delta)) = \alpha(s)(a_\delta s + (b_\alpha a_\delta - a_\alpha b_\delta))$$

有

$$\frac{\alpha(s)}{\dot{\vartheta}(s)} = \frac{b_\delta s + (a_\omega b_\delta + a_\delta)}{a_\delta s + (b_\alpha a_\delta - a_\alpha b_\delta)} \tag{3.47}$$

取 b_δ、a_ω 为小量，将其忽略，则式（3.47）可写为

$$\frac{\alpha(s)}{\dot{\vartheta}(s)} \approx \frac{a_\delta}{a_\delta s + b_\alpha a_\delta} = \frac{1}{s + b_\alpha} \tag{3.48}$$

式（3.45）给出了角速度到攻角的传递函数，驾驶仪中正是取的这一传函由角速度信号近似计算得到攻角并作为反馈量。

进一步地，伪攻角反馈回路可表示为如下形式：

$$\dot{\vartheta}\frac{k_1}{s + b_\alpha} = \dot{\vartheta}\frac{k_1}{b_\alpha}\frac{1}{\dfrac{s}{b_\alpha} + 1} \tag{3.49}$$

取 b_δ 为小量时，近似忽略掉，攻角滞后系数 T_α 表达式可做如下变化：

$$T_\alpha = \frac{a_\delta}{a_\delta b_\alpha - a_\alpha b_\delta} \approx \frac{1}{b_\alpha} \tag{3.50}$$

式（3.50）代入式（3.49）中，得到

$$\dot{\vartheta}\frac{k_1}{s + b_\alpha} = \frac{k_1}{b_\alpha}\frac{\dot{\vartheta}}{T_\alpha s + 1} = \frac{k_1}{b_\alpha}\dot{\theta} \tag{3.51}$$

取过载 $a_y = \dot{\theta}V$，并代入式（3.51）中，则伪攻角反馈回路可表示为

$$\dot{\vartheta}\frac{k_1}{s + b_\alpha} = \left(\frac{k_1}{b_\alpha V}\right)a_y \tag{3.52}$$

由式（3.52）可知，伪攻角反馈等价于对过载的反馈，因此包含角速度及过载反馈的伪攻角驾驶仪内回路相当于一个两回路过载驾驶仪，如图 3.55 所示，其输入信号 a_y' 由过载误差信号通过前向通道 PI 校正网络获得，输出为弹体过载 a_y。

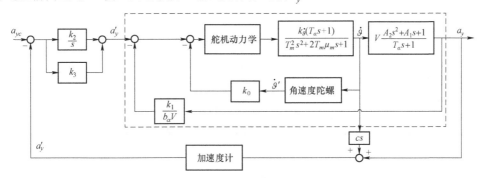

图 3.55　伪攻角反馈过载驾驶仪的典型结构

内回路采用两回路过载驾驶仪结构，其作用与三回路驾驶仪类似，起到增稳的作用，即首先通过对内回路的设计，将原弹体动力学频率提高、阻尼增加，从而得到更理想的等效弹体。由于过载驾驶仪速度快于姿态驾驶仪，因此相比于三回路驾驶仪，伪攻角驾驶仪内回路速度可以设计得非常快。

仅考虑驾驶仪内回路，如图 3.56 所示，同时引入指令放大系数 k_c。由图 3.57 给出的内外回路单位阶跃响应对比曲线可见，内回路的速度远远大于外回路。

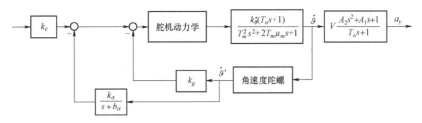

图 3.56　伪攻角驾驶仪内回路结构图

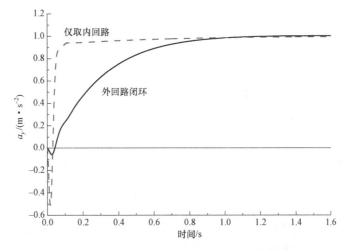

图 3.57　伪攻角驾驶仪内外回路快速性对比曲线

通过分析系统主根变化情况可知，伪攻角内回路使弹体频率由 3.23 Hz 提高至 7.3 Hz，阻尼由 0.22 提高至 0.93，如表 3.11 所示。在本例中，内回路采用高频带设计，主要原因考虑基于提高驾驶仪抗干扰性能的需要。但由于舵机位于内回路当中，过高的频带必然使舵机带来的相滞后加大，从而造成系统稳定性的下降。

表 3.11 伪攻角驾驶仪主根值变化表

弹体		伪攻角内回路		全驾驶仪	
自振频率	阻尼	主根	频率/阻尼	主根	频率/阻尼
3.23 Hz	0.22	$-42.8\pm16.2i$	7.27 Hz 0.93	-12.3	$\tau=0.08$

值得注意的是，从某种意义上来说，由于伪攻角反馈近似过载反馈，因此完全可以将其与真正过载反馈回路合并，从而达到相同的设计结果。

3.5.3 伪攻角驾驶仪快速性设计

伪攻角驾驶仪外回路的主要作用：在内回路基础上，对整个驾驶仪的快速性及稳定性进行调整以满足指标要求。通常为消除静差，前向通道引入 PI 校正网络。

在本例中，PI 校正网络设计取：$0.072\left(\dfrac{0.024s+1}{s}\right)$。

在校正网络后断开，得到系统开环及 PI 校正网络 Bode 图。如图 3.58 所示，在外回路开环穿越频率 ω_c =3.36 rad/s 处，PI 校正网络相滞后达到$-85.5°$，因此可以认为 PI 校正作用相当于积分校正。

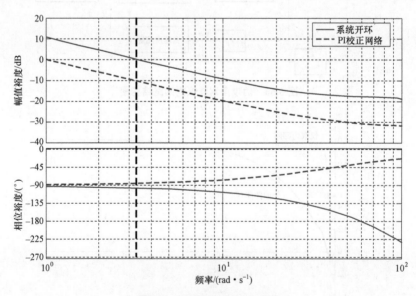

图 3.58 驾驶仪开环 Bode 图

尽管内回路通过伪攻角反馈，使频带设计得很宽，但由于外回路近似串联了一个纯积分校正，从而造成驾驶仪实际响应速度变得很慢。

使用 3.3.2 小节给出的 PI 校正设计方法，在不改变伪攻角内回路的前提下，通过改变校正网络参数，使驾驶仪的响应速度进一步提高。

取期望的校正网络在穿越频率处的相滞后值 $Pm_c = -50°$ 为设计输入，分别选取不同 K 值，相关设计结果及驾驶仪响应曲线如表 3.12 及图 3.59 所示。

表 3.12　不同设计参数对应稳定裕度计算结果

K	T_i	相位裕度/ (°)	幅值裕度/ dB	穿越频率/ (rad·s⁻¹)
0.2	0.076	40.4	13.6	55.4
0.3	0.054	40.2	13.8	55.0
0.4	0.044	39.9	13.9	54.6

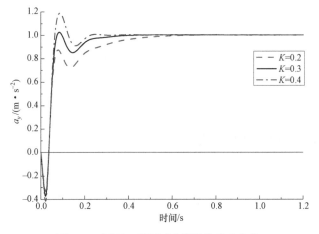

图 3.59　不同 K 值下对应驾驶仪响应曲线

综合对比驾驶仪稳定裕度及时域响应曲线，最终选定新的驾驶仪 PI 校正参数为

$$K = 0.3, \quad T_i = 0.054$$

由时域响应对比曲线图 3.60 及表 3.13 可见，PI 校正重新设计后，驾驶仪速度得到较大

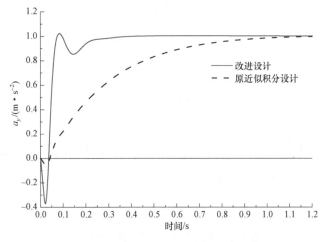

图 3.60　不同校正网络设计对应驾驶仪响应曲线

的提高，上升时间 t_{63} 由原 0.3 s 缩短至 0.05 s，同时驾驶仪开环相位裕度略有降低，但依然可满足通常工程上设计指标要求。

表 3.13　不同校正网络设计驾驶仪特性对比

驾驶仪类型	时域特性		频域特性		
	t_{63}/s	t_{90}/s	相位裕度/（°）	幅值裕度/dB	幅穿越频率/Hz
原设计	0.297	0.626	44.0	9.15	9.05
改进设计	0.053	0.065	40.2	13.5	8.77

以上分别给出了 PI 校正网络取近似积分校正，从而有意放慢驾驶仪速度，以及取快速性设计，维持驾驶仪快速响应两种伪攻角过载驾驶仪设计思路。在实际工程设计中，这两种设计均证明是可行的。通常对于采用雷达导引头的空空、地空导弹来说，受到天线罩寄生回路稳定的影响，前向通道可选择取积分校正来降低驾驶仪快速性；当采用红外等图像制导时，为提高控制系统性能，则可选择标准 PI 校正设计，在消除静差的同时具有较快的驾驶仪响应速度。

3.6　典型过载驾驶仪对比

3.2 节～3.4 节分别围绕两回路、两回路+PI、三回路三种典型结构驾驶仪特点及设计方法进行了研究，取表 3.13 给出的弹体动力学参数，分别在时域、频域及根平面上对这三种典型过载驾驶仪进行对比。

3.6.1　驾驶仪模型与设计结果

图 3.61～图 3.63 分别为三种典型结构过载驾驶仪原理框图。

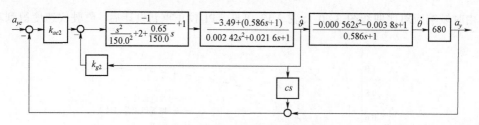

图 3.61　两回路结构驾驶仪原理框图

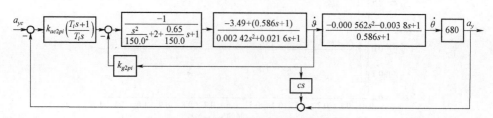

图 3.62　两回路+PI 结构驾驶仪原理框图

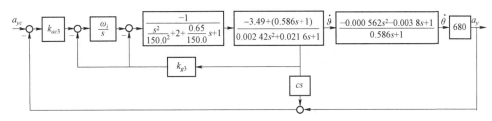

图 3.63　三回路结构驾驶仪原理框图

针对不同类型驾驶仪设计方法，取以下设计输入。

（1）两回路结构驾驶仪：ω =4.2 Hz，μ =0.7。

（2）两回路+PI 结构驾驶仪：在两回路设计的基础上，PI 校正设计输入：K=0.006 5，ϕ=−45°。

（3）三回路结构驾驶仪：τ =0.25 s，μ =0.7，ω_{CR} =8.0 Hz。

3.6.2　分析对比与结论

1. 快速度性对比

图 3.64 和图 3.65 为不同结构驾驶仪时域响应对比曲线，相关参数见表 3.14。其中为便于

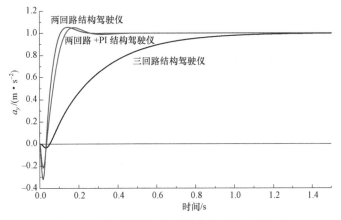

图 3.64　不同结构驾驶仪单位输出响应对比曲线

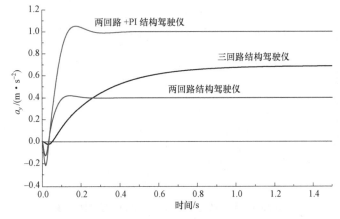

图 3.65　不同结构驾驶仪单位阶跃响应对比曲线

直观对比驾驶仪快速性，两回路及三回路驾驶仪通过调整输入指令大小以实现单位输出。

表 3.14　不同类型驾驶仪时域及频域特性对比

驾驶仪类型	时域特性		频域特性			
	t_{63}/s	闭环增益	相位裕度/（°）	幅值裕度/dB	幅穿越频率/Hz	闭环带宽/Hz
三回路	0.295	0.7	53.0	12.6	8.06	0.65
两回路+PI	0.08	1.0	78.9	26.3	6.47	5.6
两回路	0.06	0.397	78.1	28.2	6.62	7.5

由响应曲线可知：

两回路驾驶仪，响应速度最快，但存在较大的静差。

两回路+PI 驾驶仪，前向通道引入积分，从而消除了静差，设计上尽管期望维持快速性，但还是略慢于两回路驾驶仪。

三回路驾驶仪，响应速度最慢，由一阶主根特性所决定的，响应曲线没有超调。同样存在静差，但很小，且由前文分析可知，闭环增益不受弹体气动特性波动的影响。

2. 频域特性对比

图 3.66 和图 3.67 给出了不同结构驾驶仪开环及闭环 Bode 图对比曲线，分析对比可知：

两回路驾驶仪，由闭环 Bode 图可见，闭环带宽最大，其驾驶仪传递比在非常大的频率范围内都能保持稳定。

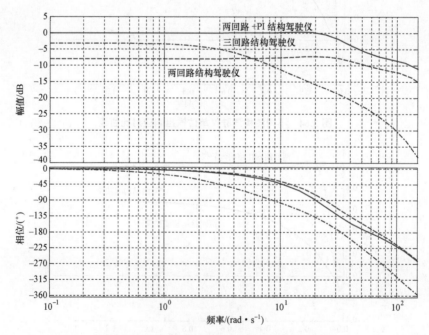

图 3.66　不同结构驾驶仪闭环 Bode 图对比曲线

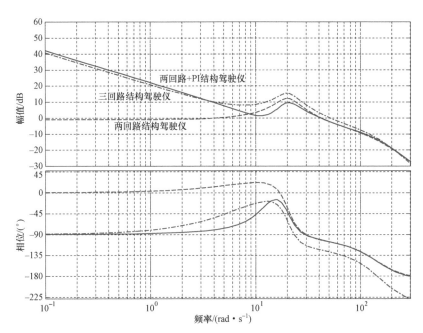

图 3.67　不同结构驾驶仪开环 Bode 图对比曲线

两回路+PI 驾驶仪，闭环带宽略低于两回路驾驶仪，幅值曲线在衰减前一直稳定在 0 dB，这也说明了驾驶仪结构能在加大频率范围保证驾驶仪传递比为 1。就开环稳定裕度来说，由于 PI 校正网络的设计考虑了在消除静差的同时，尽量减小对稳定性的影响，因此两回路+PI 驾驶仪与两回路驾驶仪相比，稳定性差不多。

三回路驾驶仪，由低频段幅值曲线看，其静差小于两回路驾驶仪，这与时域响应曲线是一致的。其带宽相比于两回路及两回路+PI 结构，是最低的，且幅值曲线在中、高频段衰减得非常厉害。在制导控制回路的设计中，三回路驾驶仪的这一特点是值得注意的。

3. 零、极点分布特性对比

图 3.68 为不同结构驾驶仪闭环前后零、极点分布示意图，其中符号"⊗"表示原弹体及舵机闭环极点。由图 3.68 可知，原弹体阻尼是非常低的。引入驾驶仪后，不同类型驾驶仪极点的变化如下。

两回路驾驶仪，见图 3.68（a），其闭环主根依旧是一对振荡根，但相比于原弹体，首先振荡根的自振频率提高较多，响应加快；其次阻尼提高，从而改善了过渡过程品质。因此，从根平面的角度来说，两回路驾驶仪的实质就是调整原弹体的振荡主根，使之频率提高、阻尼增大，从而满足设计期望的快速性及稳定性要求。

两回路+PI 驾驶仪，见图 3.68（b），其基本思想与两回路驾驶仪很接近，调整原弹体振荡根使频率更高、阻尼更大，但 PI 校正引入一对低频的零极点。在闭环情况下，这对零极点基本是对消的，所以驾驶仪的主极点依然是一对振荡根，这也是驾驶仪依旧能保证快速性的原因。

三回路驾驶仪，见图 3.68（c），原来的振荡根依然存在，同时引入一个一阶慢实根，且不像两回路+PI 结构，不存在零点与其对消。因此一阶根变成了系统主根，从而造成了驾驶仪速度偏慢。

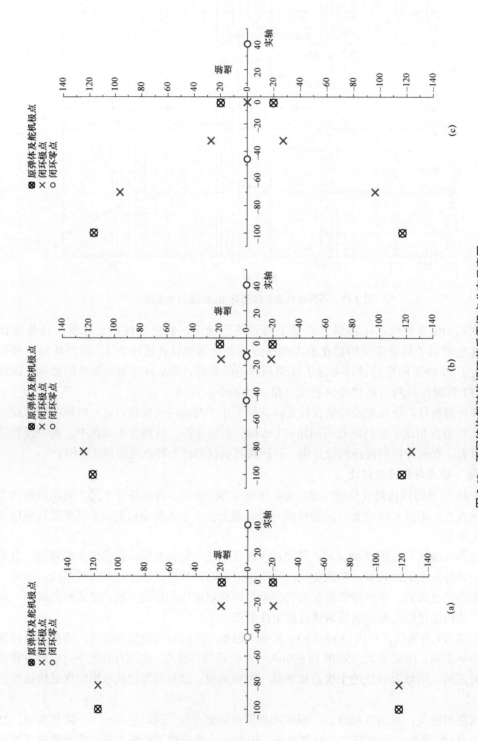

图 3.68 不同结构驾驶仪闭环前后零极点分布示意图

(a) 两回路驾驶仪;(b) 两回路+PI 驾驶仪;(c) 三回路驾驶仪

4. 指令-过载传递系数

由前文的分析可知，PI 校正的两回路驾驶仪是无静差设计，三回路驾驶仪静差较小，也可近似为无静差，而两回路驾驶仪往往存在较大的静差。

三种结构驾驶仪对应的闭环增益可分别表示为

两回路驾驶仪：$K = \dfrac{-k_{\dot\vartheta}k_{ac}V}{1-(k_{ac}k_{\dot\vartheta}V + k_g k_{\dot\vartheta})}$

PI 校正的两回路驾驶仪：$K = 1$

三回路驾驶仪：$K = \dfrac{k_{ac}V}{k_g + k_{ac}V}$

分别取速度波动为 ±10%，在三种驾驶仪结构中，如表 3.15 所示，两回路驾驶仪闭环增益变化最大，三回路驾驶仪则受到的影响较小，近似为稳定的。引入 PI 校正后，由于存在积分项的作用，闭环增益完全不受速度的影响（图 3.68）。

表 3.15　速度波动对不同结构驾驶仪闭环增益的影响

驾驶仪结构	V+10%	V−10%
两回路	7.8%	−8.1%
PI 校正	不变	不变
三回路	0.62%	−0.75%

3.7　小结

本章首先围绕不同飞行状态下驾驶仪设计与工作模式进行介绍，在大攻角飞行状态下，传统认为驾驶仪弹体传递函数不受导弹机动平面变化影响的结论不再适用。在驾驶仪实际设计过程中，需密切注意以一种状态设计的驾驶仪参数，在导弹以其他状态飞行时的适用性问题。

根据传感器安装平面，给出了四种可能的驾驶仪工作模式方案。在实际工程应用当中，导弹惯性传感器多以"+"状态安装。同时为了获得最大的导弹机动能力，往往更多地选择以"x"状态为主机动方式。因此驾驶仪设计中以"x"状态传函为基本设计传函，尽管硬件上将传感器布置与一对舵对应，但一个通道驾驶仪实际上控制两对舵同时工作。

其次对两回路过载驾驶仪进行分析。驾驶仪的角速度反馈近似于加速度的一阶超前校正，采用这一设计的原因是直接对加速度计输出信号微分带来过多的噪声。加速度计的前置布置相当于引入加速度的二阶超前信号，有利于提升系统的稳定性。

过载驾驶仪通常无法实现全状态反馈，定理 3.1 及定理 3.2 是利用输出反馈控制导弹的理论依据，弹体的全状态可观是保证输出反馈与状态反馈进行等价变换的基本属性。采用待定系数的方法，推导了两回路过载驾驶仪极点配置的数值解析算法。通过设计实例证明，采用极点配置等设计方法，两回路驾驶仪同样可完成静不稳定弹体的控制，过载反馈而非内回路设计是实现静不稳定弹控制的基础。但要保持一定的稳定性，相比静稳定状态，静不稳定弹体对舵机频带提出了更高的要求。

雷达制导空地\空空导弹广泛采用三回路驾驶仪,其主要原因是基于天线罩折射误差影响下,制导控制系统回路速度不能太快的考虑。三回路驾驶仪姿态角速度及姿态角内回路近似于姿态驾驶仪,起到增稳的作用;前向通道采用积分校正,一方面降低了驾驶仪静差,另一方面引入一阶慢根有意使驾驶仪速度减慢。

三回路驾驶仪同样可以通过极点配置方法完成设计。本章提出在确定系统主导极点的前提下,以非主导极点为自变量,构造关于穿越频率的非线性方程。然后将极点配置算法嵌入穿越频率非线性方程求解的迭代过程中去,最终求得满足开环穿越频率要求的闭环非主导极点值。从而可以通过提出合理的开环穿越频率约束要求,使极点配置设计出的驾驶仪在加入各硬件动态特性后仍有合理的稳定裕度。

伪攻角过载驾驶仪常见于俄制导弹设计中,伪攻角反馈回路近似于过载反馈回路,内回路相当于两回路过载驾驶仪,起到增稳的作用。不同于三回路驾驶仪,在舵机频带足够大的前提下,内回路可以取高频设计,从而提高了驾驶仪抗干扰能力。

在雷达制导导弹中,主反馈回路校正网络等效为积分校正,有意降低了响应速度,以适应天线罩寄生回路稳定性要求;而对红外制导导弹,通过 PI 校正的设计,驾驶仪可得到较快的响应速度。

第 4 章
倾斜转弯控制

当前，随着对导弹机动性能的要求不断提高，倾斜转弯控制技术得到广泛的应用。一方面，对采用面对称外形+可折叠弹翼远程空地导弹，采用 BTT 控制可有效解决侧向机动能力弱的问题，提高导弹的机动能力；另一方面，对攻击高机动目标空空、地空导弹，冲压发动机的广泛使用对导弹侧滑角提出了苛刻的要求，传统的 STT 控制不再适用；且导弹在非对称平面进行大攻角机动时，易产生强烈的气动耦合干扰，而 BTT 控制的使用，可很好地满足导弹发动机工作约束及以弹体对称平面为机动面的要求[41]。

BTT 控制的导弹大多采用非轴对称弹身以及大展弦比弹翼的气动外形，弹翼外形能在不产生附加阻力的前提下提供额外升力，大大提高了导弹的气动效率和可用过载，同时空气阻力明显降低，使得导弹的升阻比显著提高。但这种高升阻比气动外形会造成弹体偏航方向机动能力过低，很难满足控制要求，是此类气动外形导弹必须采用 BTT 控制的主要原因。面对称气动外形，再加之 BTT 控制存在的滚转角速度使得通道间会出现强烈的交叉耦合，特别是偏航—滚转交叉耦合，侧滑角越大，耦合现象越严重，为减小或抑制偏航—滚转交叉耦合，就必须对其飞行侧滑角进行限制，因此 BTT 控制时，侧向通道须采用协调转弯。

4.1 BTT 控制指令的计算及奇异性

4.1.1 BTT 控制指令计算方法

BTT 控制是一种弹体系下的极坐标控制方式，其工作原理框图如图 4.1 所示，首先根据惯性导航系统或导引头提供的弹目相对信息按照制导律生成惯性坐标系内的俯仰、偏航制导指令 a_{yc}、a_{zc}；经指令转换计算，形成弹体坐标系下的俯仰控制指令 a_{ybc} 和滚转控制指令 γ_c，分别发送给俯仰、滚转驾驶仪。在导弹转弯过程中，偏航驾驶仪侧向过载指令 a_{zbc} 为零，以保证零侧滑角，起到协调转弯的作用。

如果在纵向及侧向均采用比例导引律，并在惯性系下有制导指令 a_{yic}、a_{zic}，而 BTT 飞行器控制是基于极坐标系的，那么需要将制导指令通过指令转换器转换成 BTT 控制所需要的极坐标系指令。根据惯性系与弹体坐标系的转换关系，有

$$\begin{bmatrix} a_{xbc} \\ a_{ybc} \\ a_{zbc} \end{bmatrix} = L(\gamma)L(\psi)L(\vartheta) \begin{bmatrix} a_{xic} \\ a_{yic} \\ a_{zic} \end{bmatrix} \tag{4.1}$$

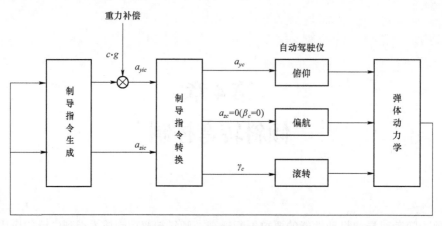

图 4.1　BTT 控制工作原理框图

式（4.1）中，如 $a_{xbc}=a_{zbc}=a_{xic}=0$，同时令 γ 等于滚转角指令 γ_c，则有

$$
\begin{bmatrix} 0 \\ a_{ybc} \\ 0 \end{bmatrix} = L(\gamma_c)L(\psi)L(\vartheta)\begin{bmatrix} 0 \\ a_{yic} \\ a_{zic} \end{bmatrix}
$$

(4.2)

$$
\Rightarrow \begin{cases} a_{ybc} = (\sin\vartheta\sin\psi\sin\gamma_c + \cos\vartheta\cos\gamma_c)a_{yic} + \cos\psi\sin\gamma_c a_{zic} \\ 0 = (\sin\vartheta\sin\psi\cos\gamma_c - \cos\vartheta\sin\gamma_c)a_{yic} + \cos\psi\cos\gamma_c a_{zic} \end{cases}
$$

近似地认为俯仰角 ϑ、偏航角 ψ 均为小角，设 $\sin\vartheta=\sin\psi=0$、$\cos\vartheta=\cos\psi=1$，式（4.2）可简化为

$$
\begin{cases} \tan\gamma_{bc} = \dfrac{a_{zic}}{a_{yic}} \\ a_{ybc}^2 = a_{yic}^2 + a_{zic}^2 \end{cases}
$$

(4.3)

式（4.3）即为 BTT 控制指令逻辑生成基本表达式。根据不同的滚转与过载指令取值约束，常用的 BTT 指令计算方法包含以下三种模式：BTT–45、BTT–90 及 BTT–180，如表 4.1 所示。

表 4.1　不同 BTT 类型控制特点

类型	俯仰通道	偏航通道	滚转通道
BTT–45	产生法向过载，能提供正、负攻角	具有正、负侧滑角的能力	最大滚转角为 45°
BTT–90	产生法向过载，能提供正、负攻角	欲使侧滑角为 0，偏航须与滚转协调	最大滚转角为 90°
BTT–180	产生法向过载，仅能提供正攻角	欲使侧滑角为 0，偏航必须与滚转协调	最大滚转角为 180°

对比三种 BTT 指令计算模式，其中 BTT–45 由于不能在整个平面内进行滚转机动，主升力面的指向受到滚转角的限制，而且必须在偏航通道主动生成侧滑角提供额外的气动过载，才能完成机动，因此一般较少使用。BTT–180 适用于有负攻角限制的飞行器，在需要产生负过载时，飞行器需要进行最大 180° 的滚转。对于常规面对称武器，如果不是下部发动机进气道的限制，负过载并不是不能出现的，因此也不在本书的研究范围之内。而 BTT–90 模式，则较为广泛地应用在各种 BTT 制导飞行器中，以下也主要围绕这一模式进行分析。

在 BTT-90 指令模式下，如图 4.2 所示，允许的最大滚转角的范围为 ±90°，控制的俯仰通道产生正、负过载完成导弹机动。而偏航通道控制导弹侧滑角始终为零，实现协调转弯，以消除在非对称平面机动带来的各种气动耦合。

其对应的数学表达式为

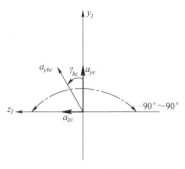

$$\gamma_{bc0} = a\tan\left(\frac{|a_{yc}|}{a_{zc}}\right), \gamma_{bc0} \in [-90°, 90°], \begin{cases} \text{if } a_{yc} > 0: \gamma_{bc} = \gamma_{bc0} \\ \text{if } a_{yc} < 0: \gamma_{bc} = -\gamma_{bc0} \end{cases}$$

$$a_{ybc} = \text{sign}(a_{yc})\sqrt{a_{yc}^2 + a_{zc}^2}$$

图 4.2　BTT-90 逻辑计算示意图

(4.4)

式中，a_{yc}、a_{zc} 为惯性系下俯仰、偏航制导指令；γ_{bc} 为弹体系下滚转控制指令；a_{ybc} 为弹体系下俯仰控制指令。

4.1.2　控制指令计算中的奇异性问题

当导弹采用 BTT 控制时，其在小指令条件下存在奇异性，即当导弹纵向、侧向加速度均较小或者纵向加速度穿越 0 线时，导引头光轴方向的目标发生微小的动作（如目标闪烁灯），可能会导致滚转角控制指令 γ_{bc} 出现大幅的振荡，甚至出现剧烈跳变的现象，这种现象称为"奇异性"。

如图 4.3 所示，以 BTT-90 模式为例，当制导指令 a_{yc} 由正号转变为负号时，而 a_{zc} 保持不变，则计算出的弹体滚转角应由第一象限变化到第二象限。如果相比于 a_{yc}，a_{zc} 较大，这在两通道制导都是小指令状况时是经常容易出现的，则滚转角变化幅度 $\Delta\gamma_{bc}$ 甚至会接近 180°，同时弹体过载指令也应相应地变号。

为计算 γ_{bc} 对其自变量 a_{yc}、a_{zc} 变化的敏感程度，分析奇异性产生的机理，引入偏导数的概念，其物理意义是表示函数关于自变量的变化快慢程度。由式 (4.4)，不难得到 γ_{bc} 关于 a_{yc}、a_{zc} 偏导：

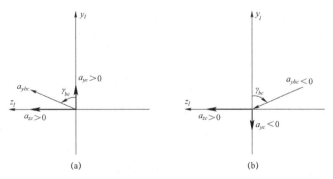

图 4.3　BTT-90 指令计算模式示意图
（a）a_{yc} 为正；（b）a_{yc} 为负

$$\frac{\partial \gamma_{bc}}{\partial a_{yc}} = \frac{a_{zc}}{a_{yc}^2 + a_{zc}^2}, \quad \frac{\partial \gamma_{bc}}{\partial a_{zc}} = \frac{-a_{yc}}{a_{yc}^2 + a_{zc}^2}$$

(4.5)

当 a_{yc} 及 a_{zc} 取不同值时，$\partial\gamma_{bc}/\partial a_{yc}$、$\partial\gamma_{bc}/\partial a_{zc}$ 变化曲线如图 4.4 所示，不难得出如下变化规律：

$$\partial\gamma_{bc}/\partial a_{yc}:\begin{cases} |a_{yc}|\searrow \Rightarrow |\partial\gamma_{bc}/\partial a_{yc}|\nearrow \ , \quad 当|a_{yc}|\neq 0时 \\ |\partial\gamma_{bc}/\partial a_{yc}|\rightarrow \max \quad\quad , \quad 当|a_{yc}|=0时 \end{cases}$$

$$\partial\gamma_{bc}/\partial a_{zc}:\begin{cases} |a_{yc}|\nearrow \Rightarrow |\partial\gamma_{bc}/\partial a_{zc}|\nearrow, \quad 当|a_{yc}|<|a_{zc}|时 \\ |\partial\gamma_{bc}/\partial a_{zc}|\rightarrow \max \ , \quad 当|a_{yc}|=|a_{zc}|时 \\ |a_{yc}|\searrow \Rightarrow |\partial\gamma_{bc}/\partial a_{zc}|\nearrow, \quad 当|a_{yc}|>|a_{zc}|时 \end{cases} \quad (4.6)$$

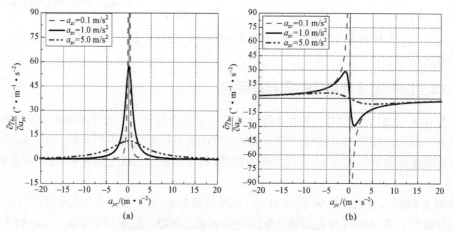

图 4.4 $\partial\gamma_{bc}/\partial a_{yc}$、$\partial\gamma_{bc}/\partial a_{zc}$ 变化曲线

（a）$\partial\gamma_{bc}/\partial a_{yc}$ 变化曲线；（b）$\partial\gamma_{bc}/\partial a_{zc}$ 变化曲线

其中：$\partial\gamma_{bc}/\partial a_{yc}$ 与 $|a_{yc}|$ 呈反比关系，$|a_{yc}|$ 越小，$\partial\gamma_{bc}/\partial a_{yc}$ 越大，当 $|a_{yc}|$ 接近 0 时，$\partial\gamma_{bc}/\partial a_{yc}$ 达到最大，这表明 γ_{bc} 对 $|a_{yc}|$ 在零附近的变化非常敏感；$\partial\gamma_{bc}/\partial a_{zc}$ 变化取决于 a_{yc}、a_{zc} 大小相对关系，当 $|a_{yc}|>|a_{zc}|$，$\partial\gamma_{bc}/\partial a_{zc}$ 随 a_{yc} 增大而减小，而 $|a_{yc}|<|a_{zc}|$ 时则相反；当 $|a_{yc}|=|a_{zc}|$，$\partial\gamma_{bc}/\partial a_{zc}$ 有最大值。以上表明纵向指令 a_{yc} 越小，γ_{bc} 对 a_{yc} 变化敏感度越大；侧向指令 a_{zc} 越小，$\partial\gamma_{bc}/\partial a_{yc_{max}}$、$\partial\gamma_{bc}/\partial a_{zc_{max}}$ 数值越大，即 γ_{bc} 变化的幅度越大。

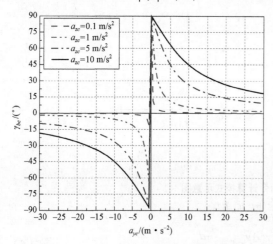

图 4.5 a_{zc} 取不同值时 γ_{bc} 随 a_{yc} 变化曲线

进一步地，图 4.5 给出了 a_{zc} 取不同值时 γ_{bc} 随 a_{yc} 变化曲线。a_{yc} 越小，γ_{bc} 随着 a_{yc} 变化越剧烈，特别在 a_{yc} 过零前后，γ_{bc} 出现 $\pm90°$ 跳变。

以上分析表明，在 BTT-90 逻辑中，俯仰指令 a_{yc} 为小量是导致 BTT 控制奇异性的主要原因，特别在过零附近，滚转指令的变化幅度最大。

如果两通道制导指令均在零附近跳动，则弹体滚转指令必然会出现±90°的跳动，滚转控制系统无法跟踪这一剧烈变化的指令，如图 4.6 给出的某型导弹末端两通道制导指令，根据这两指令计算得到的滚转角指令如图 4.7（a）所示。而跟踪过程中，滚转角速度增大也会给导弹三通道间带来较大的运动学耦合及气动耦合，如图4.7（b）所示，甚至直接导致三通道控制失稳。

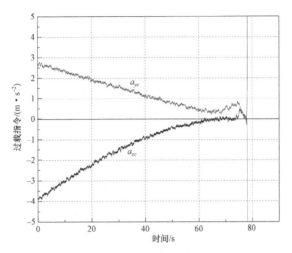

图 4.6　某型导弹末端两通道制导指令

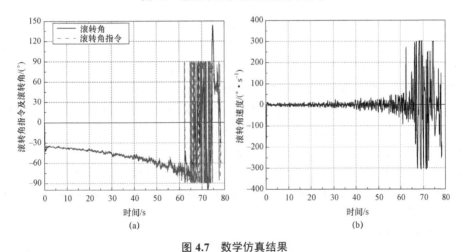

图 4.7　数学仿真结果

（a）滚转角指令及滚转角；（b）滚转角速度

4.1.3　抗奇异性策略设计

1. 相对滚转指令计算

由 BTT 计算指令原理可知，传统的 BTT 滚转指令计算时，以惯性空间为基本坐标系，得到相对惯性空间纵向平面的滚转角。由于严格限制了导弹最大滚转角（如 BTT-90 模式下的±90°），因此带来了导弹出现±90°间滚转的问题。为了解决这一问题，提出了相对滚转BTT 指令模式，即以弹体当前滚转角为指令计算参考面，每一次滚转指令均为相对于参考面的指令增量值，增量值的大小受到限制，但在惯性空间下，并不限制导弹的滚转角。

定义相对 BTT-90 模式，即滚转指令相对弹体当前滚转角误差必须在 ±90° 内，当超过 ±90° 时，相应地通过对过载指令反号实现机动[31]。其指令计算方法如下。

已知惯性系下制导指令 a_{yc}、a_{zc}，通过转换矩阵投影到弹体系下，即有

$$a_{ybc}^* = (\cos\vartheta\cos\gamma)a_{yc} + (\sin\vartheta\sin\psi\cos\gamma + \cos\psi\sin\gamma)a_{zc}$$
$$a_{zbc}^* = (-\cos\vartheta\sin\gamma)a_{yc} + (-\sin\vartheta\sin\psi\cos\gamma + \cos\psi\cos\gamma)a_{zc} \tag{4.7}$$

取俯仰角 ϑ、偏航角 ψ 为小角，式（4.7）可简化为

$$a_{ybc}^* = \cos\gamma a_{yc} + \sin\gamma a_{zc}$$
$$a_{zbc}^* = -\sin\gamma a_{yc} + \cos\gamma a_{zc} \tag{4.8}$$

需要指出的是，如果采用导引头输出视线角速度计算指令，其往往就是相对于弹体系的，因此无须进行以上转换，而可以直接使用。

在弹体系下计算弹体滚转角增量指令 $\Delta\gamma_{bc}$ 及弹体纵向过载指令 a_{ybc}，并定义 $\Delta\gamma_{bc} \in [-90°, 90°]$，从而相应地确定 a_{ybc} 的符号，并有

$$\Delta\gamma_{bc0} = a\tan\left(\frac{|a_{ybc}^*|}{a_{zbc}^*}\right), \Delta\gamma_{bc0} \in [-90°, 90°], \begin{cases} \text{if } a_{ybc}^* > 0 : \Delta\gamma_{bc} = \Delta\gamma_{bc0} \\ \text{if } a_{ybc}^* < 0 : \Delta\gamma_{bc} = -\Delta\gamma_{bc0} \end{cases}$$
$$a_{ybc} = \text{sign}(a_{ybc}^*)\sqrt{(a_{ybc}^*)^2 + (a_{zbc}^*)^2} \tag{4.9}$$

已知滚转角增量 $\Delta\gamma_{bc}$，根据弹体滚转角 γ，则可得到相对惯性系下弹体滚转角指令：

$$\gamma_{bc} = \gamma + \Delta\gamma_{bc} \tag{4.10}$$

由式（4.10）可知，采用相对角度计算模式，只是限制了新的滚转角度指令相对于当前滚转角的变化量在 ±90° 范围内，而并没有限制滚转角在惯性空间下的位置。因此，滚转角指令的变化得到很好的限制，同时配合弹体纵向指令 a_{ybc} 的变化，同样可完成全平面的机动。但存在的问题是，此时可能会出现弹体在 0°～360° 范围内滚转的情况，如导弹采用图像制导，则对导引头成像时消旋能力提出了较高的要求。

取相同的指令及噪声输入，图 4.8 为相对 BTT-90 模式下滚转角及角速度变化曲线。不难发现，滚转指令的跳动得到一定的抑制，且滚转角速度也得到降低，滚转角基本可以跟上指令变化，最大滚转角度值接近 210°。

2. BTT/STT 辅助机动

采用增量计算模式后，奇异性得到一定的抑制，但依然存在指令跳变的情况。进一步对每一次计算的滚转角增量进行限幅，同时引入辅助 STT 的思想，允许一定数值的弹体侧向过载，以消除对滚转限幅后，合过载无法实现的问题。

复合控制模式的计算思路为：首先根据弹体系制导指令计算滚转角增量，然后比较增量值，当 $\Delta\gamma_{bc0} < \Delta\gamma_{bc\max}$ 时，则采用原过载计算方式不变，如图 4.9（a）所示。

当 $\Delta\gamma_{bc0} > \Delta\gamma_{bc\max}$ 时，对 $\Delta\gamma_{bc0}$ 进行限幅，同时根据限幅后的 $\Delta\gamma_{bc0}$，及 a_{ybc}^*、a_{zbc}^* 值，计算得到对应的弹体纵向及侧向过载指令，即在有限滚转变化角度下，附加 STT 控制，如图 4.9（b）所示，计算公式如下：

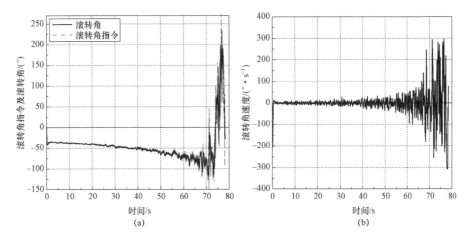

图 4.8　相对 BTT-90 模式下滚转角及角速度变化曲线

（a）滚转角指令及滚转角；（b）滚转角速度

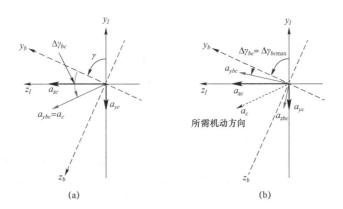

图 4.9　相对 BTT-90+BTT/STT 复合机动模式指令计算示意图

（a）原相对 BTT-90 模式；（b）引入 BTT/STT 辅助机动后相对 BTT-90 模式

$$if(\left| \Delta\gamma_{bc0} \right| > \Delta\gamma_{bc\max}):$$
$$\Delta\gamma_{bc0} = sign(\Delta\gamma_{bc0})\Delta\gamma_{bc\max}$$
$$a_{ybc} = \cos(\Delta\gamma_{bc0})a_{ybc}^{*} + \sin(\Delta\gamma_{bc0})a_{zbc}^{*} \qquad (4.11)$$
$$a_{zbc} = -\sin(\Delta\gamma_{bc0})a_{ybc}^{*} + \cos(\Delta\gamma_{bc0})a_{ybc}^{*}$$

当选取的制导过载指令较小时，采用复合控制模式，从而保证 STT 辅助机动所产生的侧滑角也不会对弹体稳定控制带来过大的影响。

取最大允许滚转增量 $\Delta\gamma_{bc\max} = 5°$，由图 4.10 给出的滚转角指令、响应及角速度曲线可见，引入增量限幅及 STT 组合控制后，滚转指令几乎不会出现跳动的情况，奇异性被完全消除，且末端滚转角速度值小。

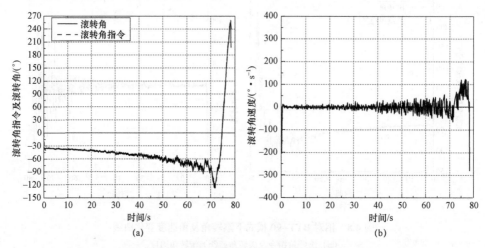

图 4.10　滚转角指令、响应及角速度曲线
（a）滚转指令及滚转角；（b）滚转角速度

4.2　BTT 控制下三通道驾驶仪频带关系

BTT 控制采用极坐标方式生成控制指令，因此导弹在空间的运动必须通过滚转与俯仰两个通道的驾驶仪协调工作完成，在机动的同时偏航通道驾驶仪起到协调转弯的作用，使弹体侧滑角始终为零，以消除各种气动耦合干扰，保证对导弹的稳定控制。因此，三通道驾驶仪间合理的响应速度匹配关系对提高控制系统抗耦合能力及制导回路性能具有非常重要的意义。以下重点分析存在气动耦合、运动学耦合情况下，三通道驾驶仪应采用何种设计频带关系，从而可以在滚转及俯仰同时动作时，耦合对系统性能的影响最小。

仿真时做如下假设。

（1）导弹速度、质量在仿真过程中保持不变。

（2）导弹动力学系数不随导弹飞行状态变化而变化。

以某空地导弹典型飞行条件下动力学参数为例[36]，其具体数值如表 4.2 所示。

表 4.2　某空地导弹典型飞行状态下的弹体动力学参数

俯仰通道	a_α	a_{δ_z}	a_{ω_z}	b_α	b_{δ_z}
	111.0	102	0.45	0.66	0.076
偏航通道	a_β	a_{δ_y}	a_{ω_y}	b_β	b_{δ_y}
	49.1	107.3	0.43	0.13	0.08
滚转通道	c_{δ_x}	c_{ω_x}	c_β		
	286.7	7.02	−573.5		

分析中，俯仰、偏航通道均采用典型的两回路过载驾驶仪，滚转通道采用滚转角驾驶仪。在驾驶仪参数上，无论两回路过载驾驶仪还是滚转姿态驾驶仪均可以通过极点配置方法实现驾驶仪参数的快速设计。考虑到驾驶仪闭环主导极点均为二阶振荡根，并取根的阻尼为 0.75，则只需要调整振荡根频率，即可得到不同快慢的驾驶仪设计。其中 ω_p、ω_{yaw}、ω_{roll} 分别表示俯仰、偏航和滚转驾驶仪闭环主导极点二阶振荡根频率，μ_p、μ_{yaw}、μ_{roll} 则为对应的阻尼。

4.2.1　俯仰–滚转通道快速性指标分析

分析时首先忽略舵机动力学，则理论上三通道驾驶仪的速度可以设计得足够快。取俯仰驾驶仪设计输入 ω_p =15 rad/s，μ_p =0.75。为降低偏航驾驶仪快慢对分析的影响，取偏航通道驾驶仪与俯仰速度相同，即取设计输入 ω_{yaw} =15 rad/s，μ_{yaw} =0.75。

取不同滚转驾驶仪速度，其对应的设计输入如表 4.3 所示。

表 4.3　滚转驾驶仪不同设计输入

速度相对关系	ω_{roll} /（rad·s）	μ_{roll}
滚转驾驶仪速度慢一半	8	0.75
滚转驾驶仪速度相同	15	0.75
滚转驾驶仪速度快 1 倍	30	0.75
滚转驾驶仪速度快 1.5 倍	37.5	0.75

考虑运动学耦合和斜吹力矩耦合，俯仰通道指令 a_{yc} =30 m/s²，滚转通道指令 γ_c =45°，偏航通道指令 a_{zc} =0 m/s²。图 4.11 为对应不同滚转驾驶仪速度下滚转角、俯仰过载、侧滑角、滚转角速度仿真曲线。由图 4.11 可见，当滚转驾驶仪响应比俯仰慢时，三通道驾驶仪均出现较大的振荡。偏航通道受到运动学耦合的影响，产生侧滑角，进而导致斜吹干扰力矩的出现，影响到滚转角响应。由于滚转驾驶仪速度慢，不能很快使滚转角速度降低，又影响到偏航通道。同时受到运动学耦合的影响，俯仰通道也发生振荡。所以放宽滚转通道频带、加快滚转驾驶仪响应速度，是消除耦合影响必须达到的。

而当滚转驾驶仪加快至俯仰通道速度 2 倍以上时，通道间耦合能得到很好的抑制。因此，从消除耦合的影响来看，期望滚转驾驶仪的频带尽量宽，至少应达到俯仰–偏航通道的 2 倍以上。

在实际设计当中，滚转驾驶仪的频带是不可能无限加宽的，因为受到舵机等驾驶仪硬件动力学的影响，过宽的频带必然导致驾驶仪稳定性下降甚至失稳。

引入舵机动力学，其传递函数可表示为

$$\mathrm{sys}_{\mathrm{act}} = \cfrac{1}{\cfrac{s^2}{90^2} + 2\cfrac{0.6}{90}s = 1}$$

图 4.12 为取不同 ω_{roll} 值时，有无舵机下，滚转驾驶仪开环稳定裕度响应曲线。由图 4.12 可见，如果期望滚转驾驶仪具有 40° 以上的相位裕度、8 dB 以上的幅值裕度，则滚转驾驶仪设计频率最大只能取 25 rad/s，此即满足稳定条件下滚转驾驶仪的极速条件。

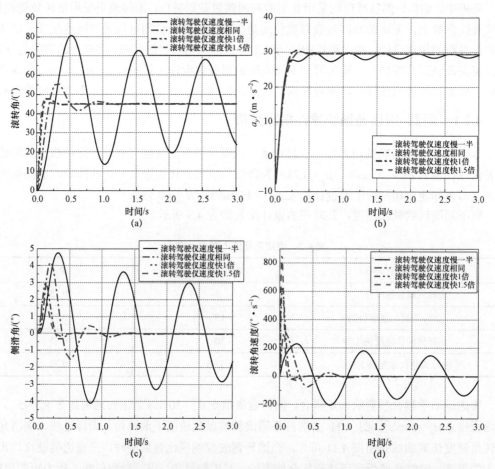

图 4.11 对应不同滚转驾驶仪速度下滚转角、俯仰过载、侧滑角、滚转角速度仿真曲线
（a）滚转角；（b）俯仰过载；（c）侧滑角；（d）滚转角速度

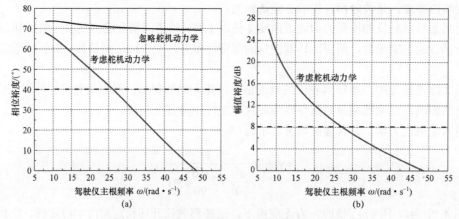

图 4.12 滚转驾驶仪稳定裕度随设计频带变化曲线
（a）相位裕度；（b）幅值裕度

根据俯仰弹体动力学计算，俯仰弹体频率 ω_m =10.55 rad/s，俯仰驾驶仪的设计频率是不能低于弹体频率的，根据以上的分析结论，可以确定俯仰、滚转驾驶仪的设计频率为

俯仰：ω_p =15 rad/s，μ_p =0.75；滚转：ω_{roll} =25 rad/s，μ_{roll} =0.75。

两者的频带比接近 1:1.8，基本符合滚转驾驶仪速度为俯仰驾驶仪 2 倍以上的结论。图 4.13 为按以上指标设计得到的俯仰、滚转驾驶仪单位阶跃响应曲线。

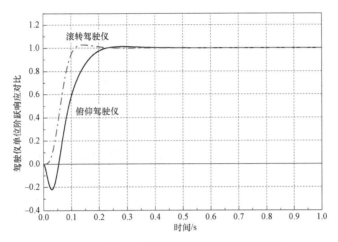

图 4.13　俯仰、滚转驾驶仪单位阶跃响应曲线

按照消除耦合的要求，滚转 - 俯仰通道驾驶仪频带比至少应达到 2:1 的比例，而受到舵机的限制，滚转驾驶仪能达到的最快响应速度是有限的。根据最快速度反推得到的俯仰驾驶仪应达到的响应速度接近弹体频率，如取两回路结构，是不可能得到一个比弹体还慢的驾驶仪的。因此，如果要进一步降低俯仰响应速度，可考虑在俯仰通道采用三回路驾驶仪。

4.2.2　偏航通道快速性指标分析

导弹在以 BTT 方式进行机动时，偏航通道并不需要响应制导指令，其主要作用是消除 BTT 转弯过程中出现的弹体侧滑角，从而降低甚至消除由侧滑角引起的各种气动耦合干扰。考虑到工程可用性，一般采用侧向过载驾驶仪，通过侧向过载指令给零的方式，实现协调转弯[24]。

取 4.1.1 小节中俯仰、滚转驾驶仪设计结果，论证偏航驾驶仪设计频带指标，分析中偏航驾驶仪采用两回路过载驾驶仪结构，并暂时忽略舵机等硬件动力学的影响。设偏航驾驶仪设计二阶根频率 ω_{yaw} 分别取 10 rad/s、14 rad/s、20 rad/s、25 rad/s，即分别按照偏航驾驶仪慢于俯仰驾驶仪、与俯仰驾驶仪同速度、快于俯仰驾驶仪、与滚转驾驶仪同速度四种情况进行驾驶仪设计。不同设计输入下偏航驾驶仪单位阶跃响应曲线如图 4.14 所示。

依然取俯仰通道指令 a_{yc} =30 m/s²，滚转通道指令 γ_c =45°，由图 4.15 给出的仿真结果可知，相比于仅阻尼回路，采用侧向过载驾驶仪，并不断提高驾驶仪的响应速度，对于快速消除由于运动学耦合带来的侧滑角是有利的，而更小的侧滑角，使斜吹力矩对滚转通道的影响变小。但同时应该看到，滚转驾驶仪的速度已经提高到足够快，因此，即使偏航驾驶仪略慢，导致侧滑角在机动过程中较大，对滚转的影响也比降低滚转驾驶仪速度要小得多。

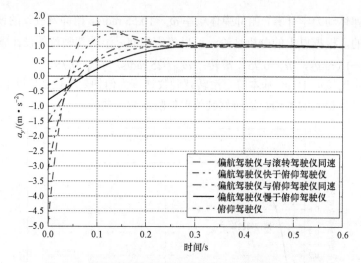

图 4.14 不同设计输入下偏航驾驶仪单位阶跃响应曲线

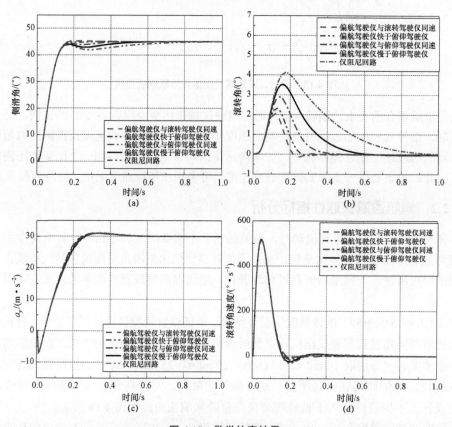

图 4.15 数学仿真结果

（a）侧滑角；（b）滚转角；（c）纵向过载；（d）滚转角速度

4.2.3 结论

综合对三通道频带关系的对比分析，可以得出如下结论。

（1）BTT 回路中，提高滚转驾驶仪频带对消除通道耦合干扰是有益的，应尽量提高滚转驾驶仪速度至俯仰驾驶仪的 2 倍以上。

（2）单纯地利用侧向弹体静稳定性是无法实现 BTT 转弯的，因此必须设计偏航驾驶仪，使侧滑角迅速归零，从而实现协调转弯。

（3）为加快消除侧滑角，减小由此带来的斜吹力矩，偏航驾驶仪的设计频带也应尽量提高，但受到偏航弹体自身的限制（升力面小，弹体频率低），偏航驾驶仪速度的提高潜力是有限的，一般很难达到与滚转驾驶仪相同速度。

（4）即使提高偏航驾驶仪至与滚转驾驶仪相同的速度，也不能保证完全消除侧滑角，因此不应完全靠提高驾驶仪的频带来降低耦合，而应进一步探讨其他前馈等主动去耦合手段。

（5）为保证滚转驾驶仪足够的稳定裕度及与俯仰驾驶仪频带关系比，在满足制导需要的前提下尽可能地降低俯仰驾驶仪的设计频带是有益的，因此俯仰通道驾驶仪可考虑三回路驾驶仪等前向通道带积分校正驾驶仪结构。

4.3 协调转弯控制回路设计

4.3.1 BTT 协同转弯控制原理

当导弹采用 BTT 方式进行转弯时，如图 4.16 所示，首先弹体俯仰平面的升力投影至惯性系的侧向平面，并拉动速度矢量旋转，产生弹道偏角 ψ_V，而此时弹轴并未发生变化。由于速度矢量先于弹轴转动，进而产生侧滑角 β，当导弹具有航向静稳定特性时，侧滑角恢复力矩会使弹轴偏转，使侧滑角减小。由于大的侧滑角极易产生各种气动耦合，特别是滚转耦合力矩，因此在 BTT 控制中，必须通过设计偏航通道协调转弯控制回路，加快弹轴跟随速度轴旋转的速度，达到加快侧滑角归零的目的。

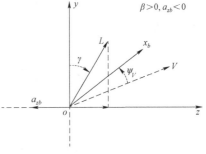

图 4.16 BTT 转弯导弹受力关系图

协调控制方式中最直接的消除侧滑角的方法是引入侧滑角反馈，图 4.17 为此类型系统的方框图，其中内回路为荷兰滚阻尼回路。荷兰滚模态主要是指滚转舵偏转时出现偏航角速度和侧滑角响应的现象，它是由副翼偏转产生滚转角及滚转角速度，滚转角速度又产生偏航力矩所引发的。通常使用速率陀螺测量偏航角速度并将信号送给方向舵的方法来增加荷兰滚阻尼。

侧滑角反馈是实现协调转弯最直接的方式，但是目前侧滑角的准确测量比较困难。理论上讲，侧滑角可以利用惯性导航系统测的角度通过几何计算得到。但侧滑角传感器受噪声影响较大，信号发生器、气流的扰动都会产生噪声。由于侧滑角的测量比较困难，习惯上更常采用的是加速度传感器，用加速度反馈来控制侧滑角。因此有了以过载驾驶仪为基础的协调转弯支路驾驶仪结构，如图 4.18 所示。其基本原理是基于侧滑角是产生弹体侧向加速度的主要原因，因此在转弯过程中始终控制弹体侧向加速度为零，则导弹侧滑角自然被控制到零。

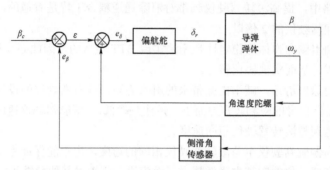

图 4.17 引入侧滑角反馈的侧向自动驾驶仪结构框图

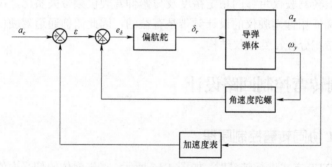

图 4.18 侧向加速度反馈 BTT 自动驾驶仪结构简图

第三种协调转弯的方法是基于在一定的滚转角和飞行速度下，协调转弯时的偏航速度不变这一原理的，其控制基本原理框图如图 4.19 所示。

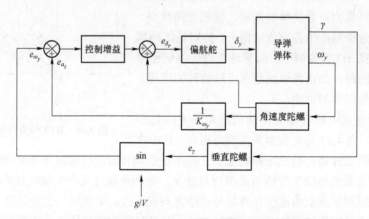

图 4.19 利用计算得到的偏航角速度实现协调转弯控制基本原理框图

协调转弯时升力垂直于弹体 z 轴，升力与重力的合力为向心力 $m\dot{\psi}^2 R$，R 为导弹进行转弯的半径。$m\dot{\psi}^2 R = mV\dot{\psi}$，因此升力在水平方向的分量为

$$L\sin\gamma = mV\dot{\psi}$$

其垂直分量为

$$L\cos\gamma = mg$$

两式相除可得

$$\dot{\psi} = \frac{g \tan \gamma}{V}$$

又有

$$\omega_y = \dot{\psi} \cos \gamma, \omega_z = \dot{\psi} \sin \gamma$$

代入上式得到

$$\omega_y = \frac{g}{V} \sin \gamma$$

如果 V 和 γ 已知，就可以直接计算得到 ω_y，用该信号来驱动偏航舵使偏航角速度保持不变，即可实现协调转弯。

从图 4.19 中可以看到，实际的 ω_y 经单位反馈回输入端，回路增益的变化是通过调节放大器增益得到的。系统似乎增加了两个反馈回路，但是实际上垂直陀螺和正弦回路仅仅是用来产生控制指令 e_{ω_y}。

该系统在协调转弯时明显比前两个系统复杂，因此并不常用。此外，为了保证计算得到的偏航角速度是正确的，控制回路所采用的速度必须是真实的空气速度。如果 g/V 的量值不对，或者滚转角误差较大，则控制指令 e_{ω_y} 的值就不对，这会导致方向舵偏转量不对，从而造成不协调转弯。因此这种结构没有得到广泛的采用。

通过以上几种协调转弯方法的分析，其中使用侧滑角和侧向加速度反馈是比较直观简单的方法。由于侧滑角至今为止依旧难以得到准确的测量，因此还无法在实际工程中得到应用。而侧向加速度反馈由于技术相对成熟是较为常用的一种协调转弯方式。

4.3.2 BTT 转弯过程中偏航弹体特性

由导弹 BTT 转弯机动过程可见，不同于一般的导弹控制，使速度矢量发生变化的力来自弹体纵向升力的投影，并定义其产生的加速度计示为 a_{zd}，忽略俯仰及偏航姿态角，根据几何投影关系有

$$a_{zd} = a_{yb} \sin \gamma \tag{4.12}$$

由式（4.12）可知，以导弹侧向转弯过载 a_{zd} 为输入量，基于线性小角假设，可得到弹体动力学方程如下：

$$\begin{aligned}
\dot{\psi}_V &= -b_\beta \beta + b_\delta \delta - \frac{a_{zd}}{V} \\
\ddot{\psi} &= -a_\beta \beta - a_\omega \dot{\psi} - a_\delta \delta \\
\beta &= \psi - \psi_V
\end{aligned} \tag{4.13}$$

将式（4.13）改写为状态空间表达式的形式，则有

$$\begin{bmatrix} \dot{\psi}_V \\ \ddot{\psi} \\ \dot{\psi} \end{bmatrix} = \begin{bmatrix} b_\beta & 0 & -b_\beta \\ a_\beta & -a_\omega & -a_\beta \\ 0 & 1 & 0 \end{bmatrix} \begin{bmatrix} \psi_V \\ \dot{\psi} \\ \psi \end{bmatrix} + \begin{bmatrix} \dfrac{1}{-V} & b_\delta \\ 0 & -a_\delta \\ 0 & 0 \end{bmatrix} \begin{bmatrix} a_{zd} \\ \delta \end{bmatrix} \tag{4.14}$$

考虑到工程上实际可测量的信息及我们关心的侧滑角值，选取弹体侧向加速度 a_{zb}、偏航角速度 $\dot{\psi}$ 及侧滑角 β 为输出量，得到输出方程为

$$\begin{bmatrix} a_{zb} \\ \dot{\psi} \\ \beta \end{bmatrix} = \begin{bmatrix} b_\beta V & 0 & -b_\beta V \\ 0 & 1 & 0 \\ -1 & 0 & 1 \end{bmatrix} \begin{bmatrix} \psi_V \\ \dot{\psi} \\ \psi \end{bmatrix} + \begin{bmatrix} 0 & b_\delta V \\ 0 & 0 \\ 0 & 0 \end{bmatrix} \begin{bmatrix} a_{zV} \\ \delta \end{bmatrix} \tag{4.15}$$

由式（4.14）及式（4.15），不难得到输入 a_{zd} 到 a_{zb} 的传递函数为

$$\frac{a_{zb}}{a_{zd}} = \frac{-b_\beta(s + a_\omega)}{s^2 + s(a_\omega - b_\beta) + (a_\beta + b_\beta a_\omega)} = \frac{-b_\beta T_m^2(s + a_\omega)}{T_m^2 s^2 + 2\mu_m T_m s + 1} \tag{4.16}$$

令 $\omega_m = 1/T_m$，则在稳态情况下，单位转弯加速度产生的弹体偏航加速度值为

$$a_{zb}^* = \frac{b_\beta}{a_\omega \omega_m^2} \tag{4.17}$$

由式（4.17）可见，弹体航向静稳定度越低，对应弹体频率越小，则转弯过程中弹体过载越大；同时由于表征弹体动导数的参数 a_ω 通常是小量，因此如果不通过驾驶仪的设计，仅依靠弹体本身，则侧向转弯时带来的弹体偏航加速度是很大的，相应地表示导弹侧滑角很大。

a_{zd} 到 $\dot{\psi}$ 的传递函数为

$$\frac{\dot{\psi}}{a_{zd}} = \frac{(-a_\beta)/V}{s^2 + s(a_\omega - b_\beta) + (a_\beta + b_\beta a_\omega)} = -\frac{(T_m^2 a_\beta)/V}{T_m^2 s^2 + 2\mu_m T_m s + 1} \tag{4.18}$$

在稳态情况下，则有

$$\dot{\psi} = -\frac{a_{zd} a_\beta}{V \omega_m^2} \tag{4.19}$$

忽略舵过载及弹体动导数，有 $V\dot{\psi}_V \approx -a_{zd}$，$\omega_m \approx \sqrt{a_\beta}$，代入式（4.19）中，可得 $\dot{\psi} = \dot{\psi}_V$。以上表明，只要航向是静稳定的，在稳态时弹体角速度总会与速度偏角角速度相等。

而对协调转弯支路过载驾驶仪来说，由式（4.17）及式（4.19）给出的转弯过载下弹体加速度及角速度传递函数相当于在驾驶仪内外回路上引入干扰，以典型的两回路驾驶仪为例，忽略舵机动力学，并表示为 −1，协调转弯过程两回路驾驶仪原理框图如图 4.20 所示。在 BTT 转弯过程中，由于纵向升力在侧向投影带来的导弹机动过载产生的弹体角速度及加速度相当于驾驶仪的两个干扰输入。而驾驶仪的设计目标，则是在此两个干扰输入下，使弹体加速度输出 a_{zb} 尽可能小，从而达到降低转弯过程中侧滑角的目的。

4.3.3 协调转弯回路驾驶仪设计

引入协调转弯效率系数 K_β，其物理意义可表示为当导弹以一定的加速度航向转弯时，由侧滑角带来的弹体加速度值，并有

$$K_\beta = a_{zb}/a_{zd}$$

显然，K_β 值越大，则相同转弯过载偏航通道侧滑角越大。

在稳态情况下，将上式代入式（4.12）中，可得

$$(a_{yb} \sin\gamma) K_\beta = a_{zb} \tag{4.20}$$

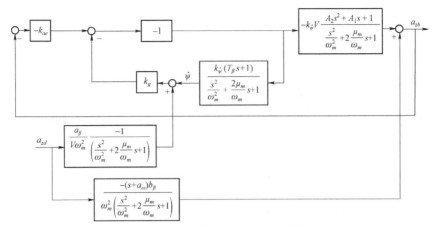

图 4.20　协调转弯过程两回路驾驶仪原理框图

忽略舵过载，并认为弹体过载完全由攻角及侧滑角产生，则有如下近似表达式 $a_{yb} \approx b_\alpha \alpha V$，$a_{zb} \approx b_\beta \beta V$，代入式（4.20）中，可得

$$(b_\alpha \alpha V \sin\gamma)K_\beta = b_\beta \beta V$$

简化，可得

$$\frac{\beta}{\alpha} = \frac{b_\alpha \sin\gamma}{b_\beta}K_\beta \tag{4.21}$$

式（4.21）中，攻角 α 用于产生导弹机动所需的过载，而侧滑角 β 则是 BTT 协调转弯支路设计中希望控制为零的物理量。在一定的攻角下，侧滑角越小，则表明导弹协调转弯的效率越高。同时，侧滑角的大小，与纵向与侧向过载能力比 b_α/b_β、弹体滚转角 γ、协调转弯效率 K_β 及纵向升力面机动攻角 α 有关。K_β 值越低，则相同攻角机动下出现侧滑角越小，因此在设计协调转弯偏航驾驶仪时期望 K_β 值尽量小。

1. 三回路驾驶仪

基于本书 3.4 节给出的三回路驾驶仪结构框图，以转弯过载 a_{zd} 为输入，取式（4.16）及式（4.18）给出的 a_{zd} 到弹体侧向加速度及偏航角速度传递函数，图 4.21 为考虑以上两项输入之后，用于协调转弯控制三回路驾驶仪结构框图，其中同样假设舵机动力学为–1。

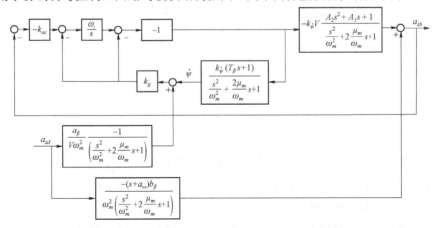

图 4.21　以转弯过载为输入的协调转弯三回路驾驶仪结构框图

将图 4.21 给出的原理框图进行等效变化后，得到简化后的框图，如图 4.22 所示。

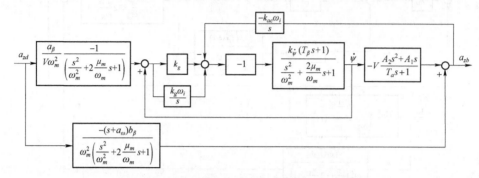

图 4.22 简化的协调转弯三回路驾驶仪结构框图

三回路驾驶仪过载闭环传递函数有

$$
\frac{a_{zb}}{a_{zc}} = [-k_{\dot\vartheta} k_{ac} \omega_i V (A_2 s^2 + A_1 s + 1)] \bigg/ \left[\left(\frac{s^2}{\omega_m^2} + \frac{2\mu_m}{\omega_m} + 1 \right) s - (k_{ac} k_{\psi} \omega_i V A_2 + k_g k_{\psi} T_\alpha) s^2 - \right.
$$
$$
\left. (k_g k_{\psi} + k_g k_{\psi} \omega_i T_\alpha + k_{ac} k_{\psi} \omega_i V A_1) s - (k_{ac} k_{\psi} \omega_i V + k_g k_{\psi} \omega_i) \right]
\tag{4.22}
$$

由图 4.22，不难得到干扰 a_{zd} 到弹体过载输出 a_{zb} 闭环传递函数：

$$
G_{\text{close}} = \frac{1}{\omega_m^2} \left\{ -[s^2 b_\beta + (a_\omega b_\beta + k_g (b_\beta a_\delta - b_\delta a_\beta)) s + k_g \omega_i (b_\beta a_\delta - b_\delta a_\beta)] \bigg/ \left[\left(\frac{s^2}{\omega_m^2} + \frac{2\mu_m}{\omega_m} s + 1 \right) s - \right. \right.
$$
$$
\left. \left. (k_{ac} k_{\psi} \omega_i V A_2 + k_g k_{\psi} T_\alpha) s^2 - (k_g k_{\psi} + k_g k_{\psi} \omega_i T_\alpha + k_{ac} k_{\psi} \omega_i V A_1) s - (k_{ac} k_{\psi} \omega_i V + k_g k_{\psi} \omega_i) \right] \right\}
\tag{4.23}
$$

对比式（4.22）及式（4.23），可见两者的闭环极点是一致的，这表明在干扰下弹体加速度动态特性与原驾驶仪对指令的跟踪特性是一致的。

定义 $K_{a_{zb}/a_{zd}}$ 表示 BTT 导弹单位侧向转弯加速度所产生的驾驶仪稳态加速度输出，则通过计算式（4.23）稳态增益可得到 $K_{a_{zb}/a_{zd}}$ 的数学表达式为

$$
K_{a_{zb}/a_{zd}} = \frac{-k_g \omega_i (b_\beta a_\delta - b_\delta a_\beta)}{-(k_{ac} k_{\psi} \omega_i V + k_g k_{\psi} \omega_i) \omega_m^2}
\tag{4.24}
$$

弹体传递函数系数 k_{ψ}、ω_m 为

$$
k_{\psi} = \frac{b_\beta a_\delta - b_\delta a_\beta}{a_\omega b_\beta + a_\beta}, \quad \omega_m = \sqrt{a_\omega b_\beta + a_\beta}
\tag{4.25}
$$

将式（4.25）代入式（4.24）中，可得

$$
K_{a_{zb}/a_{zd}} = \frac{k_g}{(k_{ac} V + k_g)}
\tag{4.26}
$$

式（4.26）给出的闭环增益表示了单位转弯加速度下对应弹体加速度的数值，其值越大，则在稳态时，协调转弯驾驶仪不能消除的侧滑角越大。由式（4.23）可见，其数值大小由驾驶仪参数 k_{ac}、k_g 及导弹飞行速度 V 决定。由于驾驶仪设计输入不同，则对应的参数同样会发生

变化。考虑到三回路驾驶仪闭环根特点，设驾驶仪二阶振荡根阻尼为 0.7，图 4.23 为取不同二阶振荡根频率及一阶根时间常数，对应闭环增益计算结果。

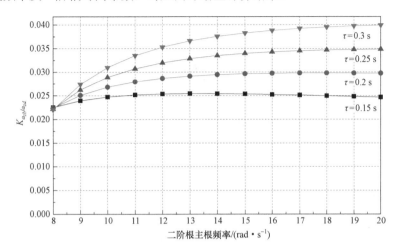

图 4.23　$K_{a_{zb}/a_{zd}}$ 随二阶根主根频率变化曲线

由图 4.23 可见，无论三回路驾驶仪设计速度如何提高，在侧向转弯加速度作用下，弹体侧向加速度总是存在的，即无法保证飞行器以零侧滑角视线协调转弯。对比不同一阶根时间常数 τ、二阶根频率 ω，闭环增益 K_{ayb} 变化曲线，不难得出：τ 取值越小，则 $K_{a_{zb}/a_{zd}}$ 越小，表明提高驾驶仪响应速度，对降低侧向加速度静差是有益的；相同 τ 下，降低二阶根频率 ω，$K_{a_{zb}/a_{zd}}$ 也会略有降低。

2. 两回路驾驶仪

考虑两回路驾驶仪结构，对图 4.20 给出的协调转弯过程两回路驾驶仪原理框图进行合并简化后，结果如图 4.24 所示。

设原两回路驾驶仪闭环特征方程为

$$G = \frac{1}{\left(\dfrac{s^2}{\omega_{\text{auto}}^2} + \dfrac{2\mu_{\text{auto}}}{\omega_{\text{auto}}}s + 1\right)}$$

由图 4.24 不难得到转弯过载到弹体过载闭环传递函数，代入驾驶仪闭环特征方程有

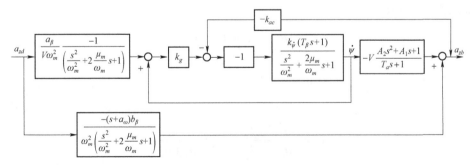

图 4.24　简化的协调转弯过程两回路驾驶仪结构

$$\frac{a_{yb}}{a_{zd}} = \frac{1}{\omega_m^2(1-k_g k_\vartheta - k_\vartheta V k_{ac})} \frac{(b_\alpha s + a_\omega b_\alpha + k_g a_\delta b_\alpha - k_g a_\alpha b_\delta)}{\left(\dfrac{s^2}{\omega_{auto}^2} + \dfrac{2\mu_{auto}}{\omega_{auto}} s + 1\right)} \tag{4.27}$$

对两回路驾驶仪，系数 $K_{a_{zb}/a_{zd}}$ 的数学表达式为

$$K_{a_{zb}/a_{zd}} = \frac{(a_\omega b_\alpha + k_g a_\delta b_\alpha - k_g a_\alpha b_\delta)}{\omega_m^2(1-k_g k_\vartheta - k_\vartheta V k_{ac})} \tag{4.28}$$

取 a_ω 为小量，则有 $a_\omega \approx 0$，同时近似地认为 $\omega_m^2 \approx a_\alpha$，则式（4.28）可写为

$$K_{a_{zb}/a_{zd}} = \frac{k_\vartheta k_g}{(V k_{ac} k_\vartheta + k_\vartheta k_g - 1)} \tag{4.29}$$

计算两回路驾驶仪开环增益，并可得

$$K_{open} = \frac{k_{ac} k_\vartheta V}{k_g k_\vartheta - 1} \tag{4.30}$$

式（4.30）代入式（4.29）中，有

$$K_{a_{zb}/a_{zd}} = \frac{k_\vartheta k_g}{(k_\vartheta k_g - 1)(K_{open} + 1)} \tag{4.31}$$

由式（4.31）可知，$K_{a_{zb}/a_{zd}}$ 大小与驾驶仪开环增益 K_{open} 成反比。因此提高驾驶仪的开环增益，对提高驾驶仪协调转弯控制能力是有益的。

传统的两回路过载驾驶仪采用弹体角速度反馈作为内回路，是考虑到这一物理量可以通过弹体陀螺直接测量，具有很强的工程可实现性。随着惯性导航系统的发展，当前已可以通过惯导输出速度方向计算得到导弹侧滑角，因此下一步将进一步讨论驾驶仪内回路改进为侧滑角速度反馈对协调转弯控制能力的影响。

以 $\dot{\beta}$ 为输出量，由式（4.14）给出的状态方程，得到输出方程为

$$\dot{\beta} = \begin{bmatrix} -b_\beta & 1 & b_\beta \end{bmatrix} \begin{bmatrix} \psi_V \\ \dot{\psi} \\ \psi \end{bmatrix} + \begin{bmatrix} \dfrac{1}{V} & b_\delta \end{bmatrix} \begin{bmatrix} a_{zV} \\ \delta \end{bmatrix} \tag{4.32}$$

δ 到 $\dot{\beta}$ 的传递函数为

$$\frac{\dot{\beta}}{\delta} = \frac{k_a s(B_1 s + 1)}{\dfrac{s^2}{\omega_m^2} + \dfrac{2\mu_m}{\omega_m} s + 1}$$

式中

$$k_a = -\frac{a_\delta + a_\omega b_\delta}{a_\beta - a_\omega b_\beta}, \quad B_1 = \frac{b_\delta}{a_\delta + a_\omega b_\delta}$$

以侧滑角速度反馈为内回路，两回路驾驶仪框图如图 4.25 所示。

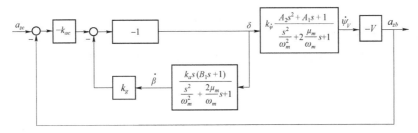

图 4.25　侧滑角速度反馈两回路驾驶仪框图

根据输出方程，不难得到 a_{zd} 到 $\dot{\beta}$ 的传递函数为

$$\frac{\dot{\beta}}{a_{zd}} = \frac{1}{V}\frac{s(s+a_\omega)}{s^2+s(a_\omega-b_\beta)+(a_\beta+b_\beta a_\omega)} = \frac{1}{V\omega_m^2}\frac{s(s+a_\omega)}{\dfrac{s^2}{\omega_m^2}+2\dfrac{\mu_m}{\omega_m}s+1} \tag{4.33}$$

由式（4.33）可见，当稳态时，侧向转弯过载产生的侧滑角速度是零。取 1 g 转弯过载为输入，对应两种结构，其所产生的不同角速度干扰变化对比曲线如图 4.26 所示。由于弹体偏航恢复力矩的作用，最终弹体偏航角速度等于速度矢量转弯角速度，而侧滑角角速度干扰值则可收敛至零。由此可见，在导弹侧向持续转弯时，偏航角速度的干扰输入是始终存在的。而改用侧滑角角速度内回路后，等效于驾驶仪干扰输入则随着时间变化会逐渐减小，从而有利于驾驶仪对弹体加速度的控制。

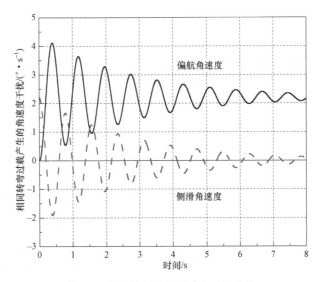

图 4.26　不同角速度干扰变化对比曲线

据式（4.20）与式（4.35），不难得到采用不同内回路反馈形式两回路驾驶仪在 BTT 转弯下工作原理框图，如图 4.27 所示。

由图 4.28 给出的转弯过载到弹体加速度输出闭环 Bode 图可见，在低频段，侧滑角速度内回路驾驶仪增益明显低于偏航角速度内回路驾驶仪，这表明同样的转弯过载干扰输入下，侧滑角速度内回路驾驶仪实现控制的弹体加速度更小，即侧滑角更小，因此拥有更好的协调转弯控制能力；而在中高频段（$\omega > 10\ \mathrm{Hz}$），偏航角速度内回路驾驶仪拥有更大的增益衰减和相滞后，因此对干扰的鲁棒性更强。但考虑到导弹一般不可能以如此高的频率进行机动，因此仅就通常的低频段来看，侧滑角速度内回路要好于偏航角速度内回路。

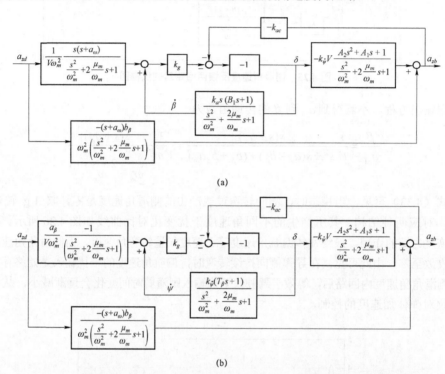

(a)

(b)

图 4.27　采用不同内回路反馈形式两回路驾驶仪在 BTT 转弯下工作原理框图

（a）侧滑角速度内回路；（b）偏航角速度内回路

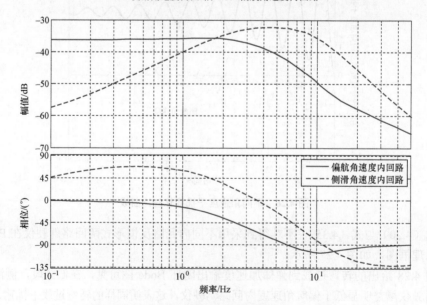

图 4.28　转弯过载到弹体加速度输出闭环 Bode 图

3. 小结

通过以上分析，我们可以得出如下结论。

（1）导弹在 BTT 转弯中，弹体升力在惯性系侧向投影产生导弹的转弯力，从而使导弹的速度矢量先于弹体轴转动，并产生侧滑角。对于航向静稳定弹体，偏航恢复力矩会使弹轴跟踪速度矢量的旋转，并最终使侧滑角不致继续增大。

（2）BTT 这一运动过程表明航向侧滑角的出现不是导弹运动所必需的，而由其产生的各种气动耦合却往往严重影响到导弹稳定控制，因此必须设计协调转弯支路控制侧滑角，使之迅速减小至零。

（3）考虑到弹体各种运动参数的可量测性，采用偏航过载驾驶仪，通过使弹体侧向过载归零的方式控制侧滑角至零，是比较成熟及可靠的协调转弯驾驶仪方案。

（4）对过载驾驶仪设计来说，BTT 转弯的过程类似于外界对速度矢量直接作用干扰力下的鲁棒性问题，并可等效为由干扰力产生的弹体干扰角速度及加速度；而驾驶仪必须在此干扰作用下尽可能地响应零过载的指令。

（5）对比不同结构过载驾驶仪，三回路驾驶仪用于协调转弯控制时侧滑角稳态误差最大，且必须设计足够快的响应速度才能降低误差，这与驾驶仪本身的特点是不符的；而两回路驾驶仪同样存在稳态误差，通过设计 PI 校正或滞后校正网络，提供驾驶仪开环增益，可有效地降低稳态误差，因此协调转弯支路采用带 PI 校正的两回路过载驾驶仪方案是可行的。

（6）将两回路驾驶仪内回路由弹体角速度反馈改为侧滑角速度反馈，对提高协调转弯控制能力是有益的，但依然存在侧滑角速度如何量测的问题。

4.3.4　协调转弯控制中的回路补偿策略

通过 4.3.3 小节的分析可知，将驾驶仪内回路改进为侧滑角速度反馈对提高协调转弯控制能力是有益的。但当前工程上很难直接测量侧滑角及角速度，通过直接几何关系计算，则存在角速度计算误差较大、给信号微分带来噪声等问题。本小节将讨论通过前馈补偿的方式近似地构造侧滑角角速度反馈内回路的方法。

1. 运动学补偿

根据导弹运动方程，弹体系下三向速度有如下方程。

$$\begin{cases} m\left(\dfrac{\mathrm{d}V_{xb}}{\mathrm{d}t} + V_{zb}\omega_{yb} - V_{yb}\omega_{zb} \right) = F_{CA} \\[2mm] m\left(\dfrac{\mathrm{d}V_{yb}}{\mathrm{d}t} + V_{xb}\omega_{zb} - V_{zb}\omega_{xb} \right) = F_{CN} \\[2mm] m\left(\dfrac{\mathrm{d}V_{zb}}{\mathrm{d}t} + V_{yb}\omega_{xb} - V_{xb}\omega_{yb} \right) = F_{CZ} \end{cases} \tag{4.34}$$

近似认为 $V_{xb} = V = \mathrm{const}$，则式（4.34）中关于 V_{zb} 项可表示为

$$\frac{\mathrm{d}V_{zb}}{V_{xb}\mathrm{d}t} = \omega_{yb} - \frac{V_{yb}}{V_{xb}}\omega_{xb} + \frac{F_{CZ}}{mV_{xb}} \tag{4.35}$$

又因有

$$\tan\alpha = -V_{yb}/V_{xb} \tag{4.36}$$

式（4.36）代入式（4.35），并近似地取 $\beta = V_{zb}/V_{xb}$ ，可得

$$\dot{\beta} = \omega_{yb} + \omega_{xb}\tan\alpha + \frac{F_{CZ}}{mV_{xb}} \tag{4.37}$$

式（4.37）中侧滑角速度由三项构成，其中，偏航角速度即为原两回路驾驶仪内回路反馈信号；而 $\omega_{xb}\tan\alpha$ 则为通常所称的运动学耦合；最后项为弹体侧向过载，即驾驶仪的主反馈信号。因此如果在偏航通道对运动学耦合进行前馈补偿，即可近似实现我们期望的侧滑角速度反馈的效果。

2. 重力补偿

当考虑存在的重力影响时，侧向力 F_{CZ} 可表示为

$$F_{CZ} = F_{CZb} + G\cos\vartheta\sin\gamma$$

代入式（4.37）中，可得

$$\dot{\beta} = \omega_{yb} + \omega_{xb}\tan\alpha + \frac{G\cos\vartheta\sin\gamma}{mV_{xb}} + \frac{F_{CZb}}{mV_{xb}} \tag{4.38}$$

其中， $\dfrac{G\cos\vartheta\sin\gamma}{mV_{xb}}$ 表示由于重力作用使速度矢量偏转，进而造成的侧滑角变化。

近似取 $V \approx V_{xb}$ ，则重力补偿项可表示为

$$\frac{G\cos\vartheta\sin\gamma}{V} \tag{4.39}$$

考虑重力补偿项后，偏航角速度反馈可表示为

$$\omega_{yback} = \omega_{yb} + \omega_{xb}\tan\alpha + \frac{G\cos\vartheta\sin\gamma}{V} \tag{4.40}$$

由于协调转弯侧向加速度指令为 0，因此作用在弹体偏航通道除重力外理论上没有气动力，即 F_{CZb} =0。对比式（4.37）及式（4.40），可以发现引入运动学耦合补偿及重力补偿项后，驾驶仪角速度反馈回路相当于侧滑角速度反馈。因此，引入两种补偿的本质相当于构造侧滑角速度反馈，从而使偏航驾驶仪消除侧滑角性能达到最好。

4.3.5 结论

综合以上分析，可得如下结论。

（1）驾驶仪采用过载驾驶仪结构，外回路为过载反馈，协调转弯过程中，通过过载指令给 0，实现侧滑角始终为 0。

（2）驾驶仪内回路反馈信号由以下构成：

$$\omega_{yback} = \omega_{yb} + \omega_{xb}\tan\alpha + \frac{G\cos\vartheta\sin\gamma}{V}$$

其中， ω_{yb} 为弹体偏航角速度信号，通过角速度陀螺测量得到； $\omega_{xb}\tan\alpha$ 为运动学耦合补偿项，

ω_{xb} 通过滚转角速度陀螺测量得到， α 根据弹体纵向过载及气动力参数估算得到； $\dfrac{G\cos\vartheta\sin\gamma}{V}$

为重力补偿项，姿态角 ϑ、γ 及导弹飞行速度 V 均可通过弹上惯导得到。

对比反馈信号组成与侧滑角速度计算表达式，可以发现两者是相同的。因此可以认为此时内回路本质上相当于侧滑角速度反馈。

（3）运动学耦合补偿项对降低最大侧滑角具有很明显的作用，通过对其中攻角估计值可能存在不同误差的分析，补偿项对误差具有很强的鲁棒性。但必须防止攻角计算时出现反号的情况。

（4）重力补偿项可消除重力在弹体侧向的分量带来的侧滑角静差，且其计算表达式所需物理量均可通过弹上器件直接测量得到，因此也应该得到采用。

4.4　小结

本章围绕 BTT 控制技术，系统地介绍了 BTT 控制系统的总体设计思路，并对指令转换、三通道控制设计匹配以及协调转弯控制设计问题进行分析。

首先，针对 BTT 控制指令转换计算问题，分析了奇异性产生的机理及主要影响因素，通过基于偏导的灵敏度分析可知，两通道处于小指令是导致滚转指令计算奇异性的根本原因，且以俯仰指令影响程度最大。进而在传统的 BTT-90 指令计算模式下，提出了一种改进的相对 BTT-90 逻辑，以滚转角增量指令代替直接计算绝对滚转指令的方式，很好地解决了过零的问题。引入 STT 辅助机动，并配合采用滚转增量限幅，消除小制导指令带来的滚转指令振荡。

其次，分析了 BTT 控制回路三通道驾驶仪速度匹配关系。分析结论指出提高滚转驾驶仪频带对消除通道耦合干扰是有益的，应尽量提高滚转驾驶仪速度至俯仰驾驶仪的两倍以上；同时偏航驾驶仪的设计频带也应尽量加宽，但往往受到较慢的偏航弹体的限制。

最后，分析了 BTT 转弯过程中导弹动力学规律，提出产生侧滑角的根本原因是弹体升力在惯性系侧向投影产生的导弹的转弯力使导弹的速度矢量先于弹体轴转动。对于协调转弯驾驶仪设计，等效于由偏向转弯过载产生的弹体干扰角速度及加速度下依旧能保持弹体零过载输出的鲁棒性问题。分析了不同类型过载驾驶仪结构应用于协调转弯控制性能特点，提高驾驶仪开环增益是实现协调转弯控制的关键，因此在相同转弯过载下两回路+PI 结构过载驾驶仪对侧滑角的控制误差最小。分析了采用侧滑角速度反馈替代原偏航速度内回路对提高协调转弯支路控制能力的机理。基于工程可实现性要求，根据侧滑角速度计算原理，提出在偏航角速度回路中引入运动学耦合及重力前馈补偿信号以近似获得侧滑角速度反馈的控制策略。

第 5 章
比例导引与最优制导律

在导弹飞行过程中，制导系统以理想弹道为基准来测量导弹实际飞行弹道相对理想弹道的飞行偏差，然后按照一定的制导律形成控制指令，从而制导导弹使之尽可能地沿理想弹道飞行。目前，常用的制导律可分为两类，一类是遥控制导律，如三点法；另一类是自导引制导律，如比例导引律、积分型比例导引律等。随着现代战争技术水平的发展，要求实现"打了不管"，自导引制导律成为导弹在末端制导阶段使用的主要导引律类型。因此，深入了解比例导引律及以此为基础发展的各种最优制导律特性，具有非常重要的意义。

5.1 比例导引制导律

5.1.1 比例导引制导回路建模

在导弹发展初期，工程师们在实践中把比例导引律用于导弹的制导中，相对于之前的制导律，比例导引律大幅提高了导弹的制导性能，它在对付静止或慢速运动目标时非常有效。20 世纪 60 年代，数学家从最优控制的角度证明了比例导引律是理想系统下（无动力学）对付不机动目标的最优制导律。比例导引律推导框图如图 5.1 所示，以初始弹目线为基准，z 为

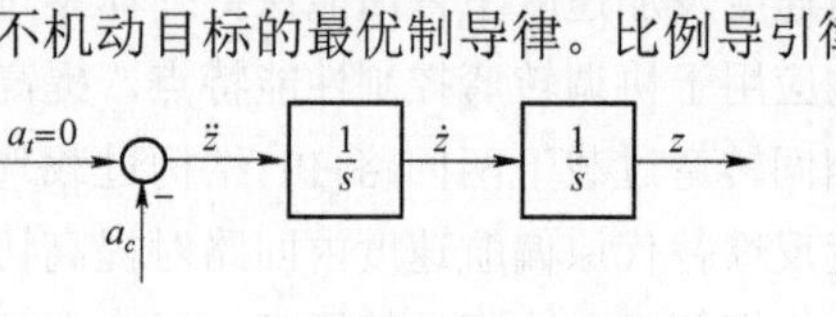

图 5.1 比例导引律推导框图

弹目相对位置，$\dot{z}$ 为弹目相对速度，$\ddot{z}$ 为弹目相对加速度，a_t 为目标机动加速度，a_c 为导弹加速度指令，a_m 为导弹加速度响应，假设制导系统理想，目标不机动，即 $a_t=0$。

根据图 5.1 可把弹目相对运动方程写成状态空间的形式：

$$\begin{bmatrix} \dot{z} \\ \ddot{z} \end{bmatrix} = \begin{bmatrix} 0 & 1 \\ 0 & 0 \end{bmatrix} \begin{bmatrix} z \\ \dot{z} \end{bmatrix} + \begin{bmatrix} 0 \\ -1 \end{bmatrix} a_c \tag{5.1}$$

在末端零脱靶量以及最小控制能量的约束下，可得比例导引律的表达式：

$$a_c = \frac{N}{t_{go}^2} \left[z + t_{go}\dot{z} \right] \tag{5.2}$$

式中，t_{go} 为剩余飞行时间，$t_{go} = t_f - t$，t 为当前时间，t_f 为末制导时间。$N=3$ 时，式（5.2）即是对付不机动目标的最优制导律。设弹目视线角为 q，弹目接近速度为 V_r，小角条件下有

$$q \approx \frac{z}{V_r t_{go}} \tag{5.3}$$

对式（5.3）两端求导得

$$\dot{q} = \frac{z + \dot{z} t_{go}}{V_c t_{go}^2} \tag{5.4}$$

把式（5.3）和（5.4）代入式（5.2）中，可得比例导引律在工程中应用时的表达式：

$$a_c = N V_r \dot{q} \tag{5.5}$$

由式（5.5）可知比例导引法所要实现的基本导引关系是保持导弹机动加速度与目标视线转动角速度成一定比例，这种导引方法精度高并且易于实现，目前已被广泛应用于自导引制导的导弹。比例导引制导系统本身具有非线性，分析起来非常复杂，但是在末制导段，弹目距离比较近时，比例导引制导导弹的理想弹道应该接近于直线，假设目标机动、外界干扰和导弹瞄准误差等因素的影响为使导弹偏离理想弹道的小扰动，则可以将比例导引制导系统线性化。

图 5.2 为比例导引制导系统末制导段的弹目相对位置几何关系。图 5.2 中 Y 方向表示与初始弹目视线垂直的方向，$R = (T - t)V_r$ 是导弹与目标的相对距离，V_r 是导弹与目标之间沿初始弹目视线方向的相对速度，V 表示导弹速度，对静止目标有 $V_r = V$，ε 是导弹初始瞄准误差，q 是弹目视线角。

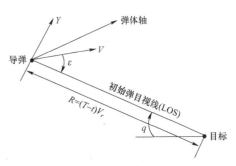

图 5.2　比例导引制导系统末制导段的弹目相对位置几何关系

目前许多战术导弹都开始采用平台稳定导引头来测量比例导引所需要的目标视线角速度信号。这里将这种类型导引头的数学模型简化为下面的二阶传函形式：

$$\frac{\dot{q}_s(s)}{\dot{q}(s)} = \frac{1}{T_s^2 s^2 + 2 T_s \mu_s s + 1} \tag{5.6}$$

其中，$\dot{q}$ 为目标视线角速度；$\dot{q}_s$ 为导引头进动角速度（即导引头的输出信号）；T_s、μ_s 分别为导引头时间常数和阻尼。

根据式（5.5）给出的比例导引制导律表达形式，其给出的制导指令正是弹体过载控制指令。由此可见，与比例导引制导律相匹配的自动驾驶仪结构应为过载自动驾驶仪。这里认为过载自动驾驶仪近似为下面的二阶振荡环节：

$$\frac{a_m(s)}{a_c(s)} = \frac{1}{T_g^2 s^2 + 2 T_g \mu_g s + 1} \tag{5.7}$$

其中，T_g 和 μ_g 分别为过载自动驾驶仪的时间常数和阻尼。若没有自动驾驶仪，弹体阻尼都较小，通常在 0.1 左右；若有自动驾驶仪，响应速度会提高，即时间常数 T_g 会减小，并且阻尼 μ_g 也会极大改善。

根据前面的假设，将初始瞄准误差、噪声、目标机动的影响看作使导弹偏离理想弹道的小扰动，就可以对制导回路运动学环节进行线性化。在导弹攻击目标的飞行末段，目标机动不是很大的条件下，导弹在击中目标前比例导引的弹道通常接近于直线，因此小扰动假设是一个合理的近似方法。由此可以建立比例导引制导系统线性时变数学模型，如图 5.3 所示。

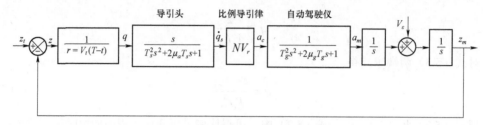

图 5.3　比例导引制导系统数学模型

图 5.3 中，T 为末制导时间；t 为比例导引开始后经历的时间；$T-t$ 为剩余飞行时间；z_m 和 z_t 分别为导弹和目标的位置，其余参数的定义同前。从图 5.3 中可以看出，自动驾驶仪的输入、输出皆为过载信号，而比例导引制导律给出的制导指令也正是过载指令，弹体响应的过载经过两次积分引入制导大回路。

5.1.2　制导回路分析

在 5.1.1 小节所建立的比例导引制导回路简化模型中，导引回路的干扰为导弹初始速度方向误差角 ε，在没有制导指令的开环系统中，初始速度方向误差即导弹的初始瞄准误差，将会造成导弹的位置误差随时间线性增加，因此认为这个干扰项相当于在 $\dot{z}_m$ 节点处的阶跃速度输入 $V\varepsilon$，如图 5.2 所示。但由于系统的阶数比较高，很难求出解析解，为了更清楚地了解比例导引制导系统的物理本质，这里先对导引头和自动驾驶仪响应速度无限快的理想情况进行解析研究。

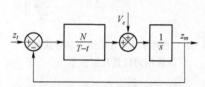

图 5.4　理想的比例导引系统

如果不考虑导引头及自动驾驶仪动力学滞后，此时系统简化为图 5.4 形式。

进一步地，可以将图 5.4 中比例导引制导系统数学模型化简为下面闭环传递函数形式：

$$\frac{z_m}{V\varepsilon} = \frac{1}{s + N/(T-t)} \tag{5.8}$$

式（5.8）可以变换为一阶微分方程的形式：

$$\dot{z}_m + \frac{N}{T-t} z_m = V\varepsilon \tag{5.9}$$

式（5.9）是一个非齐次线性微分方程，解之可得其通解：

$$
\begin{aligned}
z_m &= \mathrm{e}^{\int -\frac{N}{T-t}\mathrm{d}t}\left[\int V\varepsilon\, \mathrm{e}^{\int \frac{N}{T-t}\mathrm{d}t}\mathrm{d}t + C\right] \\
&= (T-t)^N\left[\frac{V\varepsilon}{N-1}(T-t)^{-N+1} + C\right] \\
&= \frac{V\varepsilon}{N-1}(T-t) + C(T-t)^N
\end{aligned}
\tag{5.10}
$$

当 $t=0$ 时，沿 Z 方向位移的初始值 $z_m(0)=0$，代入式（5.10）中，得

$$C = \frac{V\varepsilon}{N-1}T^{1-N} \tag{5.11}$$

将式（5.11）代入式（5.10），解出导弹沿 Z 方向位移的解析解为

$$z_m = V\varepsilon\frac{T-t}{N-1}\Big[1-(1-t/T)^{N-1}\Big] \tag{5.12}$$

将式（5.12）通过两次微分，得导弹法向过载的解析解为

$$\ddot{z}_m = -V\varepsilon\frac{N}{T}(1-t/T)^{N-2} \tag{5.13}$$

对式（5.13）进行无量纲标准化，可得无量纲的比例导引法向过载为

$$\overline{f} = -\frac{f_y T}{V\varepsilon} = -\frac{\ddot{z}_m T}{V\varepsilon} = N(1-t/T)^{N-2} \tag{5.14}$$

当比例导引系数 N 取值分别为 1、2、3、4、5、6 时，根据式（5.14）可以分别画出标准化法向过载 $\overline{f}$ 随标准化时间 t/T 变化的曲线，如图 5.5 所示。

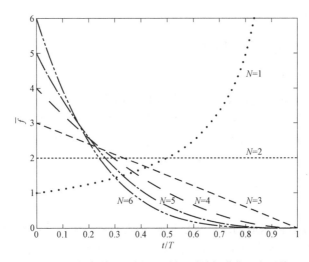

图 5.5　理想条件下比例导引制导系统标准化法向过载

从图 5.5 可以看出：

（1）当 $N<2$ 时，法向过载随时间不断增大，最终趋向于无穷大，必然会在制导后期出现过载饱和而造成脱靶，因此比例导引系数取值不能小于 2。

（2）当 $N=2$ 时，标准化法向过载始终为常值。

（3）当 $N>2$ 时，导弹法向过载由初始时刻的最大值逐渐减小到零，其中，$N=3$ 对应的比例导引制导系统的法向过载随导引时间线性减小。比例导引系数越大，初始时刻的法向过载就越大，初始阶段法向过载随时间减小的速度也越快，同时弹道末端附近的法向过载越接近于零，也就是末段弹道越平直。

一般地，从希望降低比例导引末制导段对导弹法向过载的要求的角度出发，比例导引系数越大越好，这样可以利用比例导引方法的特点，尽可能提早消除误差，因而使终点附近的弹道接近于直线。但是，比例导引系数也不能太大，否则，会使比例导引制导大回路稳定性降低，也有可能在比例导引初始阶段出现过长时间过载饱和，而这都不是我们所希望的。由此可见，比例导引系数一般取 2 到 6 之间时比较好。

根据图 5.3 给出的比例导引制导系统数学模型，还可以看出比例导引制导律的基本特征，其特点总结如下。

（1）比例导引系统是一个线性时变系统，原则上说，过去线性定常控制系统的设计方法不适用于分析比例导引系统。

（2）比例导引系统有两个重要的设计参数：比例导引系数 N 和末制导时间 T。当 T 足够大时，系统的过渡过程可以结束，因此，过载在末段比较小，脱靶量较小。当 T 不够时，系统的过渡过程没有结束，因此，过载在末段较大，脱靶量也较大。

（3）比例导引是I型（一个 $\frac{1}{s}$）系统，当 $T-t$ 为一般值时，不存在稳定性问题，因此比例导引回路里一般不使用校正网络。但当 $T-t \to 0$，开环增益趋近于 ∞，所以系统肯定失稳。而对实际系统而言，关键是系统失稳造成的偏差有多大，能否接受。因此，对比例导引系统而言，由于末段导弹的剩余运动时间已经很小，故导弹的脱靶量很小。因此，尽管此时系统已经失稳，但我们仍然能够接受。

5.1.3 积分型比例导引制导律

早期的战术导弹，考虑到目标运动速度低，故目标视线旋转角速度很低，对导引头的设计指标及对电路的要求都较高，受当时硬件水平的限制，视线角速度难以直接测量得到，同时自动驾驶仪也受硬件水平的限制，无法测量导弹质心加速度信息。因此，一些导弹没有直接采用正常比例导引制导律，而是采用姿态自动驾驶仪结构及其匹配的近似积分型比例导引制导律，这是由当时的硬件水平决定的。

正常比例导引的制导指令计算模型可表示为

$$a_c = NV_r\dot{q} \tag{5.15}$$

当目标为静止或者低速运动时，可以近似地认为弹目相对速度与弹自身速度相同，及 $V \cong V_r$；同时，忽略控制系统响应动力学情况下，近似地有 $a_c = a \cong \dot{\theta}V$。代入式（5.15）中，可得比例导引的理想导引关系式：

$$\dot{\theta} = N\dot{q} \tag{5.16}$$

假设攻角 α 很小，近似常数，则

$$\dot{\vartheta} = \dot{\theta} + \dot{\alpha} \approx \dot{\theta}$$

因此，近似有

$$\dot{\vartheta} = N\dot{q}$$

上式积分可得

$$\vartheta = N(q - q_0) + \vartheta_0 \tag{5.17}$$

早期的战术导弹由于受当时硬件水平的限制，视线角 q 不能由视线角速度 $\dot{q}$ 直接积分得到，而是采用 $q = \vartheta - \phi$ 间接得到，其中姿态角 ϑ 由姿态陀螺输出，框架角 ϕ 由导引头框架角传感器测量得到。初制导使弹轴跟踪弹目视线，当出现弹轴指向目标、导引头框架角 $\phi_0 = 0$ 时，记录当时 q_0 值（同时有 $\vartheta_0 = q_0$）。因此，将 $q = \vartheta - \phi$ 代入式（5.17），整理可得近似积分型比例导引的第一种工程实现方法：

$$\vartheta = N/(N-1)\phi + \vartheta_0$$

随着导引头硬件水平的发展，当前导引头水平应以可以准确测量弹目线旋转角速度，因此，现在的视线角 q 可由 $\dot{q}$ 直接积分得到，由此可得近似积分型比例导引的第二种工程实现方法：

$$\vartheta = N(q - q_0) + \vartheta_0$$

随着自动驾驶仪硬件水平的提高，弹质心速度信息可以直接测量得到，如通过惯导解算得到，从而出现对弹速度矢量直接控制的自动驾驶仪。对于采用速度矢量驾驶仪的导弹来说，与之相匹配地，发展出了积分型比例导引制导律。

式（5.16）等式两边同时积分可得

$$\theta = N(q - q_0) + \theta_0 \tag{5.18}$$

同样地，当视线角 q 不能由视线角速度 $\dot{q}$ 直接积分得到，而是采用 $q = \vartheta - \phi$ 间接得到，其中姿态角 ϑ 由姿态陀螺输出，框架角 ϕ 由导引头框架角传感器测量得到。将 $q = \vartheta - \phi$ 代入式（5.18），整理可得积分型比例导引的第一种工程实现方法：

$$\theta = N(\vartheta - \phi - q_0) + \theta_0$$

随着导引头硬件水平的发展，当前导引头水平应以可以准确测量弹目线旋转角速度，因此，现在的视线角 q 可由 $\dot{q}$ 直接积分得到，由此可得积分型比例导引的第二种工程实现方法：

$$\theta = N(q - q_0) + \theta_0$$

这两种方法中的初始值 q_0 的获得与近似积分型比例导引中获得初始值的方法一样，而初始值 θ_0 可通过初始惯导对准和解算获得。

5.2　比例导引的性能分析

5.2.1　方法介绍

1. 时间尺度变换法

时间尺度变换法可使被研究的系统减少一个与系统快慢有关的参数。该方法的基本思想为：若将一线性定常动力学系统的输入及系统传函同时变换同一时间比例尺，则其输出将为改变同一时间比例的变换前输出。

设有线性系统

$$\xrightarrow{z_c(t)}\boxed{G(s)}\xrightarrow{z(t)}$$

引入新时间比例尺 $\bar{t} = t/T$，则有：

（1）变换输入的自变量 t 为 $\bar{t}$，使 $\bar{z}_c(\bar{t}) = z_c(t)$。

（2）变换动力学系统的自变量 s 为 $\bar{s}$，$s = \mathrm{d}/\mathrm{d}t$，$\bar{s} = \dfrac{\mathrm{d}}{\mathrm{d}\bar{t}} = \dfrac{\mathrm{d}}{\mathrm{d}t}\dfrac{\mathrm{d}t}{\mathrm{d}\bar{t}} = Ts$，即 $\bar{s} = Ts$。变换后动力学系统为 $\bar{G}(\bar{s})$：

$$\xrightarrow{\bar{z}_c(\bar{t})}\boxed{\bar{G}(\bar{s})}\xrightarrow{\bar{z}(\bar{t})}$$

则有 $\overline{z}(\overline{t}) = z(t)$ 。

图 5.6 表明了两种时间比例尺下系统输入和输出的关系。

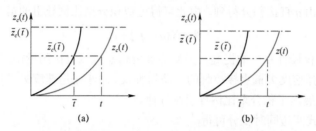

(a)　　　　　　　(b)

图 5.6　两种时间比例尺下系统输入和输出的关系

（a）系统输入信号变换前后对比；（b）系统输出信号变换前后对比

2. 传递函数变换法

我们在时间尺度变换法的基础上，为了得到无量纲化系统，还必须知道传递函数变换规则。以下面的系统结构图图 5.7（a）为例。

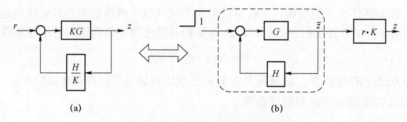

(a)　　　　　　　　　　　　(b)

图 5.7　LTI 系统传函的变换

（a）系统结构图；（b）等价结构图

系统闭环传递函数为 $\dfrac{KG}{1+\dfrac{H}{K}KG} = \dfrac{G}{1+HG} \cdot K$ ，从而得到等价结构图 5.7（b）。

K 值是原动力学系统中的相关参数，原系统的输出 z 不但与输入 r 有关而且与 K（在系统中可能是好几个参数）有关；而我们通过传递函数变换，将 K 提出，同时将输入变换为单位阶跃输入，研究图 5.7（b）虚线框中的线性系统输出 $\overline{z}$ ， $z = r \cdot K \cdot \overline{z}$ 。从而简化系统的分析工作及更清楚地了解输出 z 与各参数的影响。

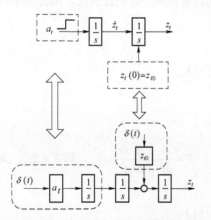

图 5.8　阶跃输入和初始条件能用脉冲输入来代替

3. 伴随法

对任何一个线性时变系统都能从它的原始系统方块图导出一个它的伴随系统。导出步骤如下。

（1）将原系统所有输入变换为脉冲输入；伴随法的原理是基于系统的脉冲响应的。图 5.8 描述了一个阶跃输入和一个通过积分器的脉冲输入在积分器输出端是等效的；而且，一个初始条件和有脉冲输入的积分器在积分器输出端是等效的。

（2）在所有随时间变化的参数变量中将 t 用

$T-\tau$ 替代；要强调的是，能将伴随法完美地运用于使用比例导引的自寻的导弹制导回路的分析设计中，是因为原系统的时变量中正好只有 $T-t$，将 t 用 $T-\tau$ 替代得到 τ。在伴随系统中 τ 就是原系统中给定的不同末制导时间 T。这样就能有效利用伴随法的优势，仅一次运行得到脱靶量。在随后的脱靶量分析中会体现出这一点。

如果原系统的时变量中存在 t，那么将 t 用 $T-\tau$ 替代后就是 $T-\tau$。在这种情况下，伴随法的优势就不能体现出来，不能仅运行一次计算机就得到我们想要的指标。这是因为在伴随模型的时变量中含有 T，要想得到结果，每一次运行都必须给定一个 T 值。从表 5.1 中的 $b(t)$ 和 $b(T-t)$ 模块中会体现出区别。

（3）将所有信号流向反向，将节点重新定义为求和点，并将求和点定义为节点。表 5.1 表明在原始系统转化为伴随系统时，求和点和节点是怎样转换的；反之亦然。

表 5.1　伴随模型将分支点和节点重新定义

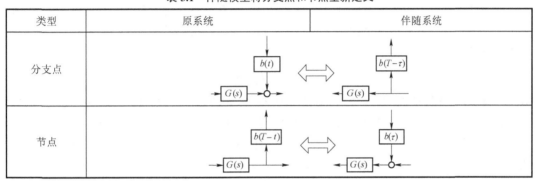

使用上面的规则，就可以得到原系统的伴随系统，从而仅运行一次仿真就能分析制导系统的性能。

下面将在以上所述的理论方法基础上，分别研究不同误差源对比例导引制导系统性能的影响。

5.2.2　仿真结果

令 HE 表示初始指向误差角，V_m 为导弹速度，利用图 5.9 可分别得到初始指向误差和目标机动引起的无量纲需用过载变化曲线，如图 5.10 和图 5.11 所示。由图 5.10 可知，存在初始指向误差下，当 $N>2$ 时比例导引律的需用过载逐渐变小，在末端收敛为零。由图 5.11 可知，在对付机动目标时，比例导引律需用过载在逐渐增大，在末端达到最大值，随 N 增大，末端需用过载减小。末端需用过载过大会导致过载饱和，过载饱和是引起脱靶量增大的重要原因，为减小过载饱和的影响，在对付机动目标时，N 要大于 4，为抑制噪声的影响，N 不能取得太大，通常要小于 6。

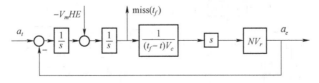

图 5.9　考虑目标机动的比例导引制导回路

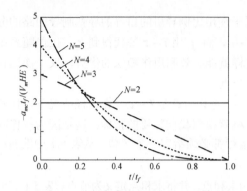

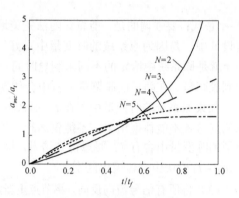

图 5.10 初始指向误差引起的无量纲
需用过载变化曲线

图 5.11 目标机动引起的无量纲
需用过载变化曲线

比例导引律推导时没有考虑制导动力学，但实际系统都有动力学滞后。在研究动力学的影响时，一个比较好的方法是把制导时间常数和动力学阶数的影响分开，可采用一个多项式动力学模型，如式（5.19）所示。

$$a_m / a_c = 1 / \left(T_g s / n + 1 \right)^n \tag{5.19}$$

式中，a_m 为导弹加速度响应；T_g 为制导动力学；n 为动力学阶数。图 5.12 为考虑动力学影响的比例导引制导框图。对图 5.12 进行伴随变化，可得伴随框图，如图 5.13 所示。定义无量纲参数，令 $\bar{t} = t/T_g$，$\bar{t}_f = t_f/T_g$，$\bar{s} = sT_g$，把它们代入图 5.12 可得无量纲伴随框图，如图 5.14所示。令 $N=4$，由图 5.14 可得不同动力学阶数下由初始指向误差和目标机动引起的无量纲脱靶量随末制导时间变化规律，如图 5.15 和图 5.16 所示。

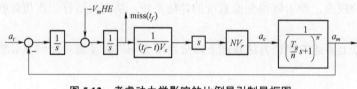

图 5.12 考虑动力学影响的比例导引制导框图

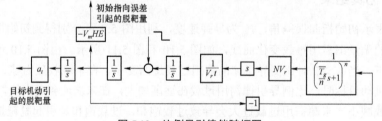

图 5.13 比例导引律伴随框图

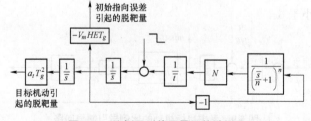

图 5.14 比例导引律无量纲伴随框图

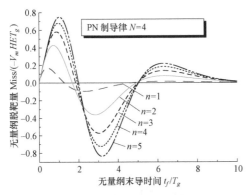

图 5.15　初始指向误差引起的无量纲脱靶量

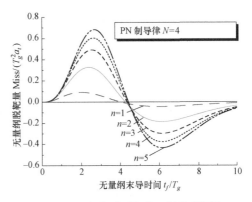

图 5.16　目标机动引起的无量纲脱靶量

由图 5.15 和图 5.16 可知，相同制导时间常数下，动力学阶数越高，脱靶量越大，为在高阶动力学下使脱靶量收敛，末制导时间应至少为 10 倍的制导动力学时间常数。

根据图 5.14，在 $N=4$ 时可分别得到初始指向误差和目标机动引起的导弹无量纲加速度指令的变化规律，如图 5.17 和图 5.18 所示。

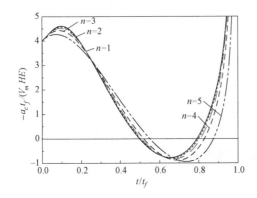

图 5.17　初始指向误差引起的无量纲加速度　　　　图 5.18　目标机动引起的无量纲加速度

由图 5.17 和图 5.18 可知，在制导动力学的影响下，加速度指令在末端呈发散趋势。为使比例导引制导下脱靶量满足指标要求，应使导弹具有足够大的可用过载，以推迟末端加速度饱和时间，减小加速度饱和引起的脱靶量。

5.3　机动目标攻击制导律

5.3.1　增强型比例导引律

为弥补比例导引律在对付大机动目标时需付出大过载的缺陷，学者在比例导引律中引入对目标机动的补偿项，这就是增强比例导引律，以下简称 APN。这个制导律被证明是在系统理想条件下对付常值机动目标的最优制导律。增强比例导引律的推导框图如图 5.19 所示，系统理想，目标存在常值机动加速度 a_t。

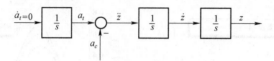

图 5.19 增强比例导引律的推导框图

根据图 5.19 可把弹目相对运动方程写成状态空间的形式：

$$\begin{bmatrix} \dot{z} \\ \ddot{z} \\ \dot{a}_t \end{bmatrix} = \begin{bmatrix} 0 & 1 & 0 \\ 0 & 0 & 1 \\ 0 & 0 & 0 \end{bmatrix} \begin{bmatrix} z \\ \dot{z} \\ a_t \end{bmatrix} + \begin{bmatrix} 0 \\ -1 \\ 0 \end{bmatrix} a_c \qquad (5.20)$$

在末端脱靶量为零以及最小控制能量的约束下，可得增强比例导引律：

$$a_c = \frac{N}{t_{go}^2}\left[y + t_{go} v_y + 0.5 t_{go}^2 a_t \right] \qquad (5.21)$$

与比例导引律类似，式（5.21）可以写成较实用的形式：

$$a_c = N V_r \dot{q} + 0.5 N a_t \qquad (5.22)$$

增强比例导引律在比例导引律基础上，仅对目标机动进行了修正，动力学对它也有较大影响，考虑动力学影响的增强比例导引律框图如图 5.20 所示。对图 5.20 进行无量纲伴随变化，可得增强比例导引律无量纲伴随框图，如图 5.21 所示。

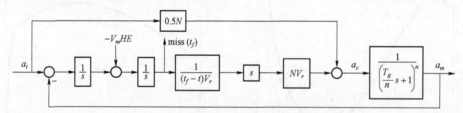

图 5.20 考虑动力学影响的增强比例导引律框图

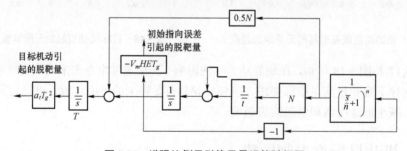

图 5.21 增强比例导引律无量纲伴随框图

令 N=4，由图 5.21 可得不同制导动力学阶数下由目标机动引起的无量纲脱靶量和目标机动引起的无量纲加速度，分别如图 5.22 和图 5.23 所示。

由图 5.22 可知，受制导动力学的影响，末制导时间至少应为 10 倍的制导动力学时间常数时，增强比例导引律的脱靶量才会收敛。由图 5.23 可知，受制导动力学影响，增强比例导引律末端需用加速度也不能收敛为零，在接近目标时，需用加速度会发散。虽然增强比例导引律补偿了目标机动，但与比例导引律一样，制导动力学对其影响仍很严重，末端加速度仍会出现饱和现象，不能解决比例导引律末端过载大的问题。

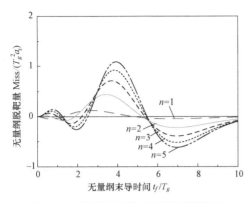

图 5.22 目标机动引起的无量纲脱靶量

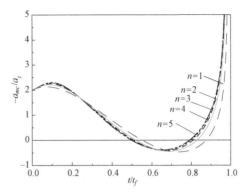

图 5.23 目标机动引起的无量纲加速度

5.3.2 目标机动与动力学修正的最优制导律

1. 制导律推导

制导动力学是引起脱靶量的重要因素，而比例导引律和增强比例导引律并未补偿制导动力学。为降低动力学的影响，使用比例导引律或增强比例导引律时要求拦截末制导时间 t_f 和制导动力学时间常数 T_g 应满足

$$t_f \geqslant 10T_g \tag{5.23}$$

拦截高速或隐身目标时，式（5.23）的关系就难以得到保证。为了减小动力学的影响，在增强比例导引律的基础上，引入对制导动力学的最优补偿项，可得到最优制导律。本小节给出其详细的推导过程。

假设驾驶仪具有一阶动力学特性，设动力学时间常数为 T_g，则有

$$G(s) = \frac{a(s)}{a_c(s)} = \frac{1}{T_g s + 1} \tag{5.24}$$

则基于等效弹体动力学模型，可建立等效一阶动力学制导模型框图，如图 5.24 所示。

取状态变量 $\boldsymbol{X} = [\boldsymbol{x}_1, \ \boldsymbol{x}_2, \ \boldsymbol{x}_3] = [z, \dot{z}, a_m]$，则考虑目标机动并带有一阶弹体动力学环节的制导系统状态方程为

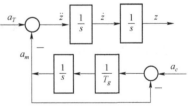

$$\begin{aligned}
\dot{x}_1 &= \boldsymbol{x}_2 \\
\dot{x}_2 &= a_T(t) - \boldsymbol{x}_3 \\
\dot{x}_3 &= -\frac{1}{T_M}\boldsymbol{x}_3 + \frac{1}{T_M}\boldsymbol{u}
\end{aligned} \tag{5.25}$$

图 5.24 等效一阶动力学制导模型框图

初始条件设为

$$\boldsymbol{x}_1(t_0) = x_{10}$$
$$\boldsymbol{x}_2(t_0) = x_{20}$$
$$\boldsymbol{x}_3(t_0) = x_{30}$$

式中，$\boldsymbol{x}_1$ 为视线法向的相对位置；$\boldsymbol{x}_2$ 为视线法向的相对速度；$\boldsymbol{x}_3$ 为导弹沿视线法向的加速度；$\boldsymbol{u}$ 为控制量，即加速度指令。

取二次型性能指标最小推导最优制导律，使之在给定的制导时间内将系统由初态转移到终态：

$$J(\boldsymbol{u}) = \frac{1}{2}\boldsymbol{x}^{\mathrm{T}}(t_f)\boldsymbol{x}(t_f) + \frac{1}{2}\int_0^{t_f}\boldsymbol{u}^{\mathrm{T}}(t)\,\gamma\boldsymbol{u}(t)\mathrm{d}t \tag{5.26}$$

式中，t_f 为名义制导时间。

项 $\frac{1}{2}\boldsymbol{x}^{\mathrm{T}}(t_f)\boldsymbol{x}(t_f)$ 为终端约束，使在终态导弹脱靶量为 0。目标函数选择为使法向过载平方的积分最小，其物理意义是使控制导弹的能量最小。由于法向过载正比于导弹的攻角，而导弹的诱导阻力与攻角的平方成正比，因此目标函数也能够使诱导阻力造成的速度损失最小。

构造汉密尔顿（Hamiltonian）函数，有

$$H = \frac{1}{2}\boldsymbol{u}^{\mathrm{T}}(t)\,\gamma\boldsymbol{u}(t) + \boldsymbol{\lambda}_1^{\mathrm{T}}\boldsymbol{x}_2(t_f) + \boldsymbol{\lambda}_2^{\mathrm{T}}[a_T - \boldsymbol{x}_3(t_f)] + \boldsymbol{\lambda}_3^{\mathrm{T}}\left(-\frac{1}{T_M}\boldsymbol{x}_3(t_f) + \frac{1}{T_M}\boldsymbol{u}(t)\right) \tag{5.27}$$

极值条件为

$$\frac{\partial H}{\partial \boldsymbol{u}} = \gamma\boldsymbol{u}(t) + \frac{1}{T_M}\boldsymbol{\lambda}_3(t) = 0 \tag{5.28}$$

由极值条件，可得最优控制条件为

$$\boldsymbol{u}(t) = -\frac{1}{\gamma T_M}\boldsymbol{\lambda}_3(t)$$

协状态方程（正则方程）为

$$\begin{aligned}
\dot{\boldsymbol{\lambda}}_1(t) &= -\partial H/\partial\boldsymbol{x}_1 = 0 \\
\dot{\boldsymbol{\lambda}}_2(t) &= -\partial H/\partial\boldsymbol{x}_2 = -\boldsymbol{\lambda}_1 \\
\dot{\boldsymbol{\lambda}}_3(t) &= -\partial H/\partial\boldsymbol{x}_3 = -\boldsymbol{\lambda}_2 + \boldsymbol{\lambda}_3/T_M
\end{aligned} \tag{5.29}$$

取式（5.29）积分得

$$\begin{aligned}
\boldsymbol{\lambda}_1(t) &= c_1 \\
\boldsymbol{\lambda}_2(t) &= -\boldsymbol{\lambda}_1 t + c_2 = -c_1 t + c_2 \\
\boldsymbol{\lambda}_3(t) &= \mathrm{e}^{\frac{t}{T_M}}\left[\int(c_1 t - c_2)\,\mathrm{e}^{-\frac{t}{T_M}}\mathrm{d}t + c_3\right]
\end{aligned}$$

终端约束条件为

$$\begin{aligned}
\boldsymbol{\lambda}_1(t_f) &= \boldsymbol{x}_1(t_f) \\
\boldsymbol{\lambda}_2(t_f) &= 0 \\
\boldsymbol{\lambda}_3(t_f) &= 0
\end{aligned} \tag{5.30}$$

由以上条件可解得

$$\begin{aligned}
c_1 &= \boldsymbol{x}_1(t_f) \\
c_2 &= \boldsymbol{x}_1(t_f)t_f
\end{aligned}$$

因此有

$$\boldsymbol{\lambda}_3(t) = \mathrm{e}^{\frac{t}{T_M}}\left[\int(c_1 t - c_2)\,\mathrm{e}^{-\frac{t}{T_M}}\mathrm{d}t + c_3\right] = \boldsymbol{x}_1(t_f)T_M\mathrm{e}^{\frac{t}{T_M}}\left\{\left[(t_f - t)\,\mathrm{e}^{-\frac{t}{T_M}} - T_M\mathrm{e}^{-\frac{t}{T_M}} + c_3/\boldsymbol{x}_1(t_f)\right]\right\}$$

根据 $\lambda_3(t_f) = 0$ ，有 $c_3 = T_M \mathrm{e}^{-\frac{t_f}{T_M}} \boldsymbol{x}_1(t_f)$

所以有

$$\lambda_1(t) = \boldsymbol{x}_1(t_f)$$

$$\lambda_2(t) = \boldsymbol{x}_1(t_f)(t_f - t)$$

$$\lambda_3(t) = \boldsymbol{x}_1(t_f) T_M [t_f - t - T_M + T_M \mathrm{e}^{-\frac{t_f-t}{T_M}}]$$

则最优控制可写为

$$\boldsymbol{u}(t) = -\frac{1}{\gamma T_M} \lambda_3(t) = -\frac{1}{\gamma} \boldsymbol{x}_1(t_f)[t_f - t - T_M + \mathrm{e}^{-\frac{t_f-t}{T_M}}]$$

又由状态方程第三式有

$$\dot{x}_3 = -\frac{1}{T_M} \boldsymbol{x}_3 + \frac{1}{T_M} \boldsymbol{u} = -\frac{1}{T_M} \boldsymbol{x}_3 - \frac{1}{\gamma T_M} \boldsymbol{x}_1(t_f)[t_f - t - T_M + T_M \mathrm{e}^{-\frac{t_f-t}{T_M}}]$$

所以有

$$\dot{x}_3 + \frac{1}{T_M} \boldsymbol{x}_3 = -\frac{1}{\gamma T_M} \boldsymbol{x}_1(t_f)[t_f - t - T_M + T_M \mathrm{e}^{-\frac{t_f-t}{T_M}}]$$

对其进行积分得

$$\boldsymbol{x}_3(t) = \frac{aT_M}{2} \mathrm{e}^{\frac{t}{T_M}} + bT_M(t_f - t) + c\mathrm{e}^{-\frac{t}{T_M}}$$

其中 $a = -\dfrac{1}{\gamma} \boldsymbol{x}_1(t_f)\mathrm{e}^{-\frac{t_f}{T_M}}$ ， $b = -\dfrac{1}{\gamma T_M} \boldsymbol{x}_1(t_f)$ 。

由初始条件 $\boldsymbol{x}_3(0) = x_{30}$ 得

$$c = x_{30} - \frac{aT_M}{2} - bT_M(t_f - 0) = x_{30} - \left(\frac{a}{2} + bt_f\right)T_M$$

即 $\boldsymbol{x}_3(t) = \dfrac{aT_M}{2} \mathrm{e}^{\frac{t}{T_M}} + bT_M(t_f - t) + \left[x_{30} - \left(\dfrac{a}{2} + bt_f\right)T_M\right]\mathrm{e}^{-\frac{t}{T_M}}$

由状态方程第二式有

$$a_T - \dot{x}_2 = \boldsymbol{x}_3 = \frac{aT_M}{2} \mathrm{e}^{\frac{t}{T_M}} + bT_M(t_f - t) + x_{30}\mathrm{e}^{-\frac{t}{T_M}} - \left(\frac{a}{2} + bt_f\right)T_M\mathrm{e}^{-\frac{t}{T_M}}$$

积分得

$$\int_0^t a_T \mathrm{d}t - \boldsymbol{x}_2 = \frac{aT_M^2}{2} \mathrm{e}^{\frac{t}{T_M}} + bT_M\left(t_f t - \frac{t^2}{2}\right) - x_{30}T_M\mathrm{e}^{-\frac{t}{T_M}} + \left(\frac{a}{2} + bt_f\right)T_M^2\mathrm{e}^{-\frac{t}{T_M}}\} + c_4$$

由初始条件 $\boldsymbol{x}_2(0) = x_{20}$ 得

$$c_4 = -x_{20} - \frac{aT_M^2}{2} + x_{30}T_M - \left(\frac{a}{2} + bt_f\right)T_M^2 = -x_{20} + x_{30}T_M - (a + bt_f)T_M^2$$

所以有

$$\int_0^t a_T \mathrm{d}t - \boldsymbol{x}_2(t) = \frac{aT_g^2}{2}\mathrm{e}^{\frac{t}{T_g}} + bT_g\left(t_f t - \frac{t^2}{2}\right) - x_{30}T_g\mathrm{e}^{\frac{t}{T_g}} + \left(\frac{a}{2} + bt_f\right)T_g^2\mathrm{e}^{\frac{t}{T_g}} - x_{20} + $$
$$x_{30}T_g - (a + bt_f)T_g^2$$

由状态方程第一式 $\dot{x}_1 = \boldsymbol{x}_2$ 有

$$\int_0^t a_T \mathrm{d}t - \boldsymbol{x}_2 = \int_0^t a_T \mathrm{d}t - \dot{x}_1$$
$$= \frac{aT_g^2}{2}\mathrm{e}^{\frac{t}{T_g}} + bT_g\left(t_f t - \frac{t^2}{2}\right) - x_{30}T_g\mathrm{e}^{\frac{t}{T_M}} + \left(\frac{a}{2} + bt_f\right)T_g^2\mathrm{e}^{\frac{t}{T_g}} - x_{20} + x_{30}T_g - (a + bt_f)T_g^2$$

上面等式两边同时积分得

$$\int_0^t \int_0^t a_T \mathrm{d}t \mathrm{d}t - \boldsymbol{x}_1 =$$
$$\frac{aT_g^3}{2}\mathrm{e}^{\frac{t}{T_g}} + bT_g\left(\frac{1}{2}t_f t^2 - \frac{t^3}{6}\right) + x_{30}T_g^2\mathrm{e}^{\frac{t}{T_g}} - \left(\frac{a}{2} + bt_f\right)T_g^3\mathrm{e}^{\frac{t}{T_g}} - x_{20}t + x_{30}T_g t - (a + bt_f)T_M^2 t + c_5$$

由初始条件 $\boldsymbol{x}_1(0) = x_{10}$ 得

$$c_5 = -x_{10} - \frac{aT_g^3}{2} - x_{30}T_g^2 + \left(\frac{a}{2} + bt_f\right)T_g^3 = -x_{10} - x_{30}T_g^2 + bt_f T_g^3$$

则

$$\int_0^t \int_0^t a_T \mathrm{d}t \mathrm{d}t - \boldsymbol{x}_1 = -x_{10} - x_{20}t + x_{30}T_g t + x_{30}T_g^2\mathrm{e}^{\frac{t}{T_g}} - x_{30}T_g^2 + $$
$$\frac{aT_g^3}{2}\mathrm{e}^{\frac{t}{T_g}} + bT_g\left(\frac{1}{2}t_f t^2 - \frac{t^3}{6}\right) - \left(\frac{a}{2} + bt_f\right)T_g^3\mathrm{e}^{\frac{t}{T_g}} - (a + bt_f)T_g^2 t + bt_f T_g^3$$

代入 a、b 的表达式，并令 $t = t_f$，则可求得 $\boldsymbol{x}_1(t_f)$：

$$\boldsymbol{x}_1(t_f) = \frac{x_{10} + x_{20}t_f - x_{30}T_g(t_f + T_g\mathrm{e}^{\frac{t_f}{T_g}} - T_g) + \int_0^{t_f}\int_0^t a_T \mathrm{d}t \mathrm{d}t}{1 - \dfrac{T_g^3}{\gamma}\left[\dfrac{1}{2} + \dfrac{1}{3}\dfrac{t_f^3}{T_g^3} - \dfrac{1}{2}\mathrm{e}^{\frac{2t_f}{T_g}} - \dfrac{t_f}{T_g}\mathrm{e}^{\frac{t_f}{T_g}} - \dfrac{t_f}{T_g}\mathrm{e}^{\frac{t_f}{T_g}} - \left(\dfrac{t_f}{T_g}\right)^2 + \dfrac{t_f}{T_g}\right]}$$

所以 $t_0 = 0$ 时，开环制导律为

$$\boldsymbol{u}(t) = -\frac{1}{\gamma T_g}\boldsymbol{\lambda}_3(t) = -\frac{1}{\gamma}\boldsymbol{x}_1(t_f)\left[t_f - t - T_g + \mathrm{e}^{\frac{t_f - t}{T_g}}\right] =$$

$$-\frac{x_{10} + x_{20}t_f - x_{30}T_g(T_g\mathrm{e}^{\frac{t_f}{T_g}} + t_f - T_g) + \int_0^{t_f}\int_0^t a_T \mathrm{d}t \mathrm{d}t}{\gamma - T_g^3\left[\dfrac{1}{2} + \dfrac{1}{3}\dfrac{t_f^3}{T_g^3} - \dfrac{1}{2}\mathrm{e}^{\frac{2t_f}{T_g}} - \dfrac{t_f}{T_g}\mathrm{e}^{\frac{t_f}{T_g}} - \dfrac{t_f}{T_g}\mathrm{e}^{\frac{t_f}{T_g}} - \left(\dfrac{t_f}{T_g}\right)^2 + \dfrac{t_f}{T_g}\right]}(t_f - t - T_g + T_g\mathrm{e}^{\frac{t_f - t}{T_g}})$$

$t_0 = t$ 时，设新的制导时间变量设为 t'，则开环制导律为

$$u(t+t') =$$

$$-\frac{x_1(t)+x_2(t)(t_f-t)-x_3(t)\ T_g(T_g\mathrm{e}^{\frac{t_f-t}{T_g}}+(t_f-t)-T_g)+\int_0^{t_f-t}\int_0^t a_T \mathrm{d}t\mathrm{d}t}{\gamma-\frac{1}{3}(t_f-t)^3-\frac{1}{2}T_g^3+T_g(t_f-t)^2-T_g^2(t_f-t)+2T_g^2(t_f-t)\,\mathrm{e}^{-\frac{t_f-t}{T_g}}+\frac{1}{2}T_g^3\mathrm{e}^{-\frac{2(t_f-t)}{T_g}}}$$

$$(t_f-t-t'-T_g+T_g\mathrm{e}^{\frac{t_f-t-t'}{T_g}})$$

$t_0 = t$ 时，闭环制导律（$t'=0$）为

$$u(t) = -\frac{T_g\left(\dfrac{t_{go}}{T_g}-1+\mathrm{e}^{\frac{t_{go}}{T_g}}\right)}{\gamma+T_g^3\left(-\dfrac{1}{3}\dfrac{t_{go}^3}{T_g^3}-\dfrac{1}{2}+\dfrac{t_{go}^2}{T_g^2}-\dfrac{t_{go}}{T_g}+2\dfrac{t_{go}}{T_g}\mathrm{e}^{-\frac{t_{go}}{T_g}}+\dfrac{1}{2}\mathrm{e}^{-\frac{2t_{go}}{T_g}}\right)}\mathrm{ZEM}$$

其中，剩余飞行时间 $t_{go}=t_f-t$；ZEM 表示制导律零控脱靶量，并有

$$\mathrm{ZEM} = x_1+x_2 t_{go}-x_3 T_M(T_M\mathrm{e}^{\frac{t_{go}}{T_M}}+t_{go}-T_M)+\int_0^{t_{go}}\int_0^t a_T\mathrm{d}t\mathrm{d}t$$

若获得精确命中，令加权因子 $\gamma \to 0$，则有

$$u(t) = \frac{N(x)}{t_{go}^2}\mathrm{ZEM}$$

其中，有效导航比：

$$N(x) = \frac{6x^2(\mathrm{e}^{-x}-1+x)}{2x^3-6x^2+6x+3-12x\mathrm{e}^{-x}-3\mathrm{e}^{-2x}}, \quad x=t_{go}/T_M \tag{5.31}$$

当目标沿视线参考线法向做匀加速运动时有

$$\int_0^{t_{go}}\int_0^t a_T\mathrm{d}t\mathrm{d}t = \frac{1}{2}a_T t_{go}^2$$

此时

$$a_c = u(t) = \frac{N(x)}{t_{go}^2}[z+\dot{z}t_{go}+0.5a_T t_{go}^2-a_m T_g^2(\mathrm{e}^{-x}+x-1)] \tag{5.32}$$

考虑导弹与目标的相对运动，则 z_M 和 $\dot{z}_M$ 为

$$z = z_T-z_m$$

$$z_M = z_T(t)-z$$

$$\dot{z}_M(t) = \dot{z}_T(t)-\dot{z}$$

当弹目视线角 q 为很小值时，有

$$q \approx \tan q = \frac{z_T-z_M}{t_{go}V_r} = \frac{z}{t_{go}V_r}$$

因此：

$$\dot{q} = \frac{z}{t_{go}^2 V_r} + \frac{\dot{z}(t)}{t_{go} V_r} \tag{5.33}$$

式（5.33）代入式（5.32）中，得到

$$a_c = N(x)[V_r\dot{q} + 0.5a_T - a\frac{T_g^2(e^{-x}+x-1)}{t_{go}^2}]$$

$$N(x) = \frac{6x^2(e^{-x}-1+x)}{2x^3 - 6x^2 + 6x + 3 - 12xe^{-x} - 3e^{-2x}}, \quad x = \frac{t_{go}}{T_g} \tag{5.34}$$

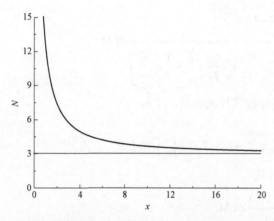

图 5.25　最优制导律有效导航比随无量纲时间变化曲线

最优制导律可由三部分构成。

$N(x)V_r\dot{q}$：比例导引项，其中导引系数为 $N(x)$，是无量纲时间 x 的函数。

$0.5N(x)a_T$：目标加速度修正项，实际使用中需要获得目标当前加速度值 a_T。

$-N(x)a\frac{T_g^2(e^{-x}+x-1)}{t_{go}^2}$：制导控制回路动力学滞后修正项。

由式（5.34）可知，最优制导律的导引系数 N 不再是常值，而是与时间相关的变化的量。图 5.25 为 N 随 x 的变化曲线，当导弹和目标相距较远时（T 较大），N 趋近于 3，而随导弹和目标距离接近，N 逐渐增大，在末端有效导航比会变得很大。

当制导动力学时间常数无穷小时，即 $T \to \infty$，$N \to 3$，此时式（5.34）即退化为增强比例导引律的形式。

2. 仿真结果

OPN 推导时假设驾驶仪动力学为一阶动力学，但实际上制导动力学可能是高阶，考虑高阶动力学影响的 OPN 框图如图 5.26 所示。

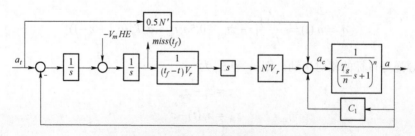

图 5.26　考虑高阶动力学影响的 OPN 框图

对图 5.26 进行无量纲伴随变换，具体方法介绍可见本书 5.3.1 小节，可得无量纲伴随框图，如图 5.27 所示。利用图 5.26 和图 5.27 仿真，可得不同制导动力学阶数下目标机动引起的无量纲脱靶量和无量纲需用加速度随无量纲时间变化规律，如图 5.28 和图 5.29 所示。

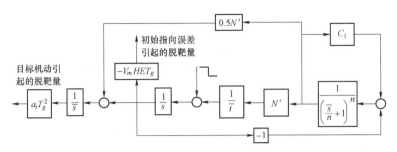

图 5.27 最优制导律无量纲伴随框图

由图 5.28 和图 5.29 可知，虽然 OPN 是在一阶滞后模型下推导出来的，但它对高阶动力学也有很好的校正效果，末制导时间为 5 倍的制导动力学时间常数时即可收敛，这比没有动力学校正的比例导引律和增强比例导引律缩短了近一半。由过载曲线可知，当动力学阶数为高阶时，经过短暂的初始过渡过程需用过载指令即可收敛到最优需用过载指令上，但在末端所需过载也会发散，但其发散时间相对于比例导引律已大幅延后，此时末端过载发散对脱靶量的影响会非常小。

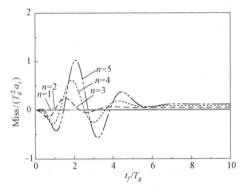

图 5.28 目标机动引起的无量纲脱靶量

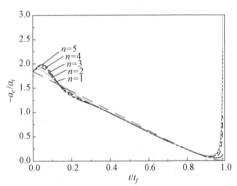

图 5.29 目标机动引起的无量纲需用加速度

5.4 制导指令的控制回路实现

比例导引及以其为基础得到的各类最优制导律（如本书给出的 APN、OPN）是战术导弹普遍采用的制导律。在最优制导律推导过程中，过载指令 a_c 指向相对弹目连线垂直方向，因此严格地说这一类制导律均是工作在视线坐标系下的。但在多数应用中，往往忽略了视线坐标系与驾驶仪工作坐标系的差异，a_c 直接就作为驾驶仪指令来使用了。甚至有部分工程技术人员，将制导指令定义为惯性坐标系或者速度坐标系下垂直指令来使用。因此有必要分析，制导指令在不同坐标系下工作时性能的差异。为便于分析，本节以最常用的比例导引为例，所得到的结论在其他最优制导律下也是适用的。

本节中所涉及的角度定义的几何关系如图 5.30 所示。

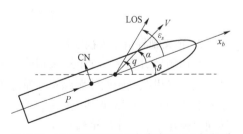

图 5.30 本节中所涉及的角度定义的几何关系

其中，ε_s 表示视线轴与弹轴夹角，当导弹头光轴指向视线轴时，夹角为导引头框架角，在纵向平面有 $\varepsilon_s = q - \vartheta$；$P$ 表示导弹推力；CN 表示作用在弹体上气动法向力。

另外，a_{yb}、a_{yV}、$a_{y\text{LOS}}$ 分别表示垂直于弹体轴、速度轴及视线轴加速度值。

5.4.1　比例导引指令不同实现方案对比

通常来说，为便于工程实现，弹上加速度计及角速度陀螺沿导弹弹体安装，弹上驾驶仪以加速度计输出弹体过载为主反馈，因此其跟踪的过载指令都是定义在弹体坐标系下的。当定义比例导引在不同的坐标系下工作时，有如下指令计算方案。

1. 定义制导指令为弹体系

制导律弹体系工作原理框图如图 5.31 所示，比例导引指令直接给驾驶仪，驾驶仪控制舵面偏转产生垂直于弹轴的法向过载以响应过载指令，因此制导律是基于弹体系工作的。不难看出，这种工作方式下，制导控制回路结构最为简单，根据导引头信号计算的制导指令无须进行任何的坐标系转换计算即输出至驾驶仪。

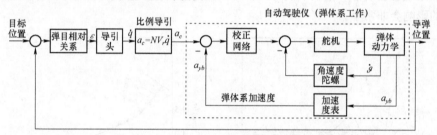

图 5.31　制导律弹体系工作原理框图

2. 定义制导指令为速度系

另一种可采用的方案是定义制导指令为速度坐标系，如图 5.32 所示，a_c 经转换矩阵变换至速度坐标系，再输出至驾驶仪。其中设想弹体系与速度坐标系转换所需的攻角及侧滑角信息由弹上惯性导航系统计算得到。

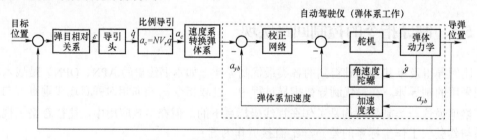

图 5.32　制导律速度系工作原理框图

3. 定义制导指令为视线系

与比例导引推导过程中定义相同，a_c 指向垂直于弹目连线的方向，制导指令工作在视线系。由于导引头光轴始终跟踪实际弹目视线方向，因此根据框架角量测量及导引头跟踪回路角误差信号，可近似建立视线坐标系与弹体坐标系转换矩阵，如图 5.33 所示，制导律指令由视线系转换至弹体系后，输出至驾驶仪。

定义离轴角为目标运动方向与导弹发射时初始速度方向的夹角，并以 ϕ_0 来表示。以空空导弹为例，分别取离轴发射角 ϕ_0 =10°、70°两种典型攻击条件，目标初始速度 V_{x0} =300 m/s，图 5.34 及图 5.35 为比例导引工作在不同坐标系下仿真结果对比曲线。

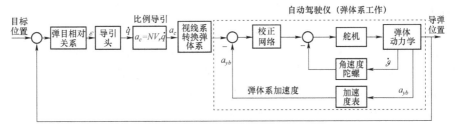

图 5.33　制导律视线系工作原理框图

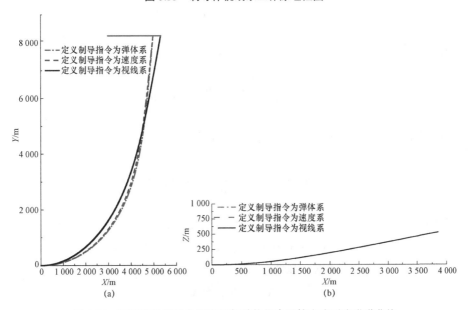

图 5.34　不同离轴发射角下不同驾驶仪指令计算方式对应弹道曲线

（a）离轴角 70°；（b）离轴角 10°

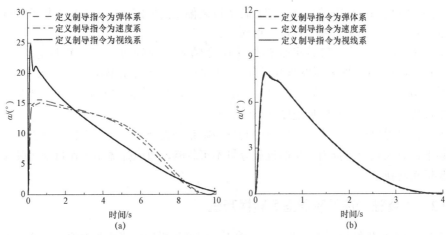

图 5.35　不同离轴发射角下不同驾驶仪指令计算方式对应攻角曲线

（a）离轴角 70°；（b）离轴角 10°

当取小离轴角发射条件时，如图 5.34（b）及图 5.35（b）所示，制导律取不同坐标系工作对应的弹道及攻角曲线基本是一致的。这也证明了当小离轴角时，不同坐标系的差异就制导律层面上基本可以忽略。

当离轴发射角增大至 70°时，如图 5.34（a）及图 5.35（a）所示，由于大离轴条件下带来了导弹大攻角飞行及较大的导引头框架角，不同坐标系的差异变得非常明显。相比弹体系及速度系，比例导引工作在视线系显示出更好的性能，表现为初始转弯过载更大，导弹能以较大的转弯角速度完成转弯，弹道更为平直，末端攻角更小。

进一步地，给出弹体系及速度系到视线系的转换矩阵：

$$\boldsymbol{L}_{qb} = \begin{bmatrix} \cos\varepsilon_s & -\sin\varepsilon_s & 0 \\ \sin\varepsilon_s & \cos\varepsilon_s & 0 \\ 0 & 0 & 1 \end{bmatrix}, \quad \boldsymbol{L}_{qV} = \begin{bmatrix} \cos(\varepsilon_s - \alpha) & -\sin(\varepsilon_s - \alpha) & 0 \\ \sin(\varepsilon_s - \alpha) & \cos(\varepsilon_s - \alpha) & 0 \\ 0 & 0 & 1 \end{bmatrix}$$

当弹体系工作时，有 $a_{yb} = NV_r\dot{q}$，则投影至视线系加速度为

$$a_{y\text{LOS}} = \boldsymbol{L}_{qb} \begin{bmatrix} P/m \\ a_{yb} \\ 0 \end{bmatrix} = \frac{P\sin\varepsilon_s}{m} + a_{yb}\cos\varepsilon_s \tag{5.35}$$

当速度系工作时，有 $a_{yV} = NV_r\dot{q}$，则投影至视线系加速度为

$$a_{y\text{LOS}} = \boldsymbol{L}_{qV} \begin{bmatrix} a_{xV} \\ a_{yV} \\ 0 \end{bmatrix} = \frac{P\sin\varepsilon_s}{m} + a_{yV}\cos(\varepsilon_s - \alpha) \tag{5.36}$$

由式（5.35）及式（5.36）不难发现，比例导引的实际导航比分别改变为

弹体系：$N^*_b = N\cos\varepsilon_s$，速度系：$N^*_V = N\cos(\varepsilon_s - \alpha)$

当框架角 ε_s 及攻角 α 不大时，显然有

$$N^*_b \approx N^*_V \approx N \tag{5.37}$$

而随着离轴角的增大，式（5.37）的关系不再成立。图 5.36 为 70° 离轴攻击仿真过程中等效导航比变化曲线，不难看出，在初始阶段 N^*_b 及 N^*_V 小于给定的比例导引系数，这也是为何弹体系及速度系工作方案仿真中初始转弯过载偏低的原因。而随着导弹接近目标，攻角逐渐减低，实际导引系数也就与设计值相同了。

在导弹控制中，通常制导指令总是使速度轴先于弹轴旋转指向视线方向，因而有 $\cos(\varepsilon_s - \alpha) > \cos(\varepsilon_s)$，因此速度系方案对导航比的影响要小于弹体系工作方案。

同时应指出的是，当导弹处于主动段工作时，存在推力常值项 $P\sin\varepsilon_s/m$，在制导指令坐标系转换过程中，应引入轴向加速度项以将其消去。

综上分析可得出如下结论：空空导弹制导控制系统设计中，应定义比例导引制导律工作在视线系下，且大攻角时推力产生的过载分量不可忽略，对应弹体系工作自动驾驶仪，需做相应的坐标系转换。

5.4.2 大离轴条件下制导指令转换方法

由 5.4.1 小节分析结论可知，大离轴条件下，比例导引应定义为视线系下工作，因此根据导引头输出框架角信息，将制导指令转换至弹体坐标系以作为驾驶仪指令。

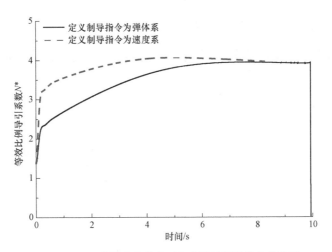

图 5.36　70°离轴攻击仿真过程中等效导航比变化曲线

定义视线坐标系：原点 O 取在导弹的质心上；Ox_q 轴与弹目视线重合；Oy_q 轴位于弹体纵向对称面内与 Ox_q 轴垂直，指向上为正；Oz_q 轴垂直于 $Ox_q y_a$ 平面，其方向按右手直角坐标系确定。视线坐标系与弹目视线固联，是动坐标系，忽略导引头跟踪误差的情况下，视线坐标系与导引头内框坐标系相重合。如图 5.37 所示，定义 ϑ_s 为俯仰框架角，ψ_s 为偏航框架角，则按照如下步骤由弹体系旋转至视线系（即内框坐标系）。

（1）沿弹体系 y_b 轴旋转 ψ_s 角，得到导引头外框坐标系 $ox_{\text{sout}} y_{\text{sout}} z_{\text{sout}}$。

（2）沿外框坐标系 z_{sout} 轴旋转 ϑ_s 角，得到导引头内框坐标系 $ox_q y_q z_q$。

因此有视线坐标系与弹体坐标系转换关系：

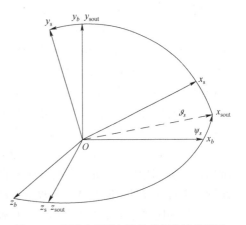

图 5.37　视线坐标系与弹体坐标转换关系图

$$\begin{bmatrix} a_{x\text{LOS}} \\ a_{y\text{LOS}} \\ a_{z\text{LOS}} \end{bmatrix} = \boldsymbol{L}_{qb} \begin{bmatrix} a_{xb} \\ a_{yb} \\ a_{zb} \end{bmatrix} \tag{5.38}$$

其中

$$\boldsymbol{L}_{qb} = \begin{bmatrix} \cos(\vartheta_s)\cos(\psi_s) & \sin(\vartheta_s) & -\cos(\vartheta_s)\sin(\psi_s) \\ -\sin(\vartheta_s)\cos(\psi_s) & \cos(\vartheta_s) & \sin(\vartheta_s)\sin(\psi_s) \\ \sin(\psi_s) & 0 & -\cos(\psi_s) \end{bmatrix}$$

由式（5.38），可得

$$\begin{cases} a_{y\text{LOS}} = -\sin(\vartheta_s)\cos(\psi_s)a_{xb} + \cos(\vartheta_s)a_{yb} + \sin(\vartheta_s)\sin(\psi_s)a_{zb} \\ a_{z\text{LOS}} = \sin(\psi_s)a_{xb} + \cos(\psi_s)a_{zb} \end{cases} \tag{5.39}$$

令 $a_{yc}=a_{yLOS}$、$a_{zc}=a_{zLOS}$，则由式（5.39）可得

$$\begin{cases} a_{yb}=\dfrac{1}{\cos(\vartheta_s)}a_{yc}+\dfrac{\tan(\vartheta_s)}{\cos(\psi_s)}a_{zc}+(\tan(\vartheta_s)\cos(\psi_s)-\tan(\vartheta_s)\sin(\psi_s)\tan(\psi_s))a_{xb} \\[2mm] a_{zb}=\dfrac{a_{zc}}{\cos(\psi_s)}+\tan(\psi_s)a_{xb} \end{cases}$$

$$(5.40)$$

式（5.40）即为视线下比例导引到弹体系下驾驶仪加速度指令转换表达式，在导弹主动段，可取 $a_{xb}=P/m$，被动段时取 $a_{xb}=0$。

5.5　小结

本章系统地分析了比例导引及其制导回路特性，并针对机动目标制导问题，推导了增强比例导引和目标机动与动力学修正的最优比例导引。

根据实际问题的物理意义假设导弹初始侧向瞄准误差为小扰动，建立了简化的比例导引制导系统线性时变模型；进一步分析了比例导引制导系统标准化脱靶量与标准化时间之间的关系，仿真结果表明制导精度主要由制导系统动力学（包括导引头动力学和自动驾驶仪动力学）中的慢环节决定，为保证末制导精度所需的最小标准化末制导时间为10，比例导引系数一般取2～6之间时比较好。

在比例导引基础上，分别考虑目标常值机动和控制系统动力学修正，基于二次型性能指标的增强型比例导引和目标机动与动力学修正的最优比例导引。分析表明，虽然APN补偿了目标机动，但与比例导引律一样，制导动力学对其影响仍很严重，末端加速度仍会出现饱和现象，不能解决比例导引律末端过载大的问题。而OPN很好地补偿了目标机动和导弹控制系统动力学对制导过程的影响，在攻击机动目标时，末端过载可以收敛。

传统的比例导引以视线坐标系为基础推导得到，在大离轴攻击过程中，较大的导引头框架角及导弹攻角，使视线坐标系与弹体坐标系的差异无法以小角假设的方式忽略。通过仿真对比分析，应定义比例导引制导律工作在视线系下，且大攻角时推力产生的过载分量不可忽略，对应弹体系工作自动驾驶仪，需做相应的坐标系转换。

第6章

终端多约束最优制导律

以比例导引为典型代表的传统制导律主要解决终端位置约束制导问题，即确保导弹精确命中目标。终端多约束最优制导律是在比例导引基础上，解决包含终端位置和角度约束的新型制导律，在当前飞行器末制导控制中得到广泛应用。

6.1 制导律建模与推导

6.1.1 具有终端位置和角度约束的制导问题建模与推导

以空面战术导弹为代表的飞行器末制导段二维平面内的运动关系如图 6.1 所示，其中在惯性坐标系 OXY 为二维制导坐标系，导弹在其中的运动方程可描述为[42]

$$\begin{cases} \dot{y}(t) = V_m(t)\sin(\theta(t)) \\ \dot{\theta}(t) = a(t)/V_m(t) \end{cases} \quad (6.1)$$

在线性化小角假设下，导弹的运动方程组即

$$\begin{cases} \dot{y}(t) = V_m(t)\theta(t) \\ \ddot{y}(t) = V_m(t)\dot{\theta}(t) = a(t) \end{cases} \quad (6.2)$$

考虑到末制导段导弹速度变化量相对较小，可假设导弹初始弹目线方向上的速度投影为常

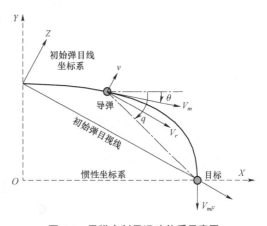

图 6.1　导弹末制导运动关系示意图

值，即 $V_r = \text{const}$，在已知目标点相对于导弹的位置后，引入末制导时间，可将惯性坐标系 OXY 内的二维制导问题简化为初始弹目线坐标系中的一维制导问题。此时，导弹状态空间微分方程可表示为[43-44]

$$\dot{x} = Ax + Bu \quad (6.3)$$

式中，x 为状态变量；A 为 2×2 系统矩阵；B 为 2×1 的控制矩阵。且

$$x = \begin{bmatrix} z \\ \dot{z} \end{bmatrix}, \quad A = \begin{bmatrix} 0 & 1 \\ 0 & 0 \end{bmatrix}, \quad B = \begin{bmatrix} 0 \\ 1 \end{bmatrix}, \quad u = a_c \quad (6.4)$$

为保证终端位置和角度均达到期望约束，可将终端角度约束转化为法向速度约束，从状态量上直接控制终端约束，故终端约束为

$$x_F = \begin{bmatrix} 0 \\ \dot{z}_F \end{bmatrix} \tag{6.5}$$

该制导问题转化为寻找最优控制量 u，使得以下目标函数最小[45]：

$$J = \frac{1}{2}[x(t_F) - x_{t_F}]^T S_F [x(t_F) - x_{t_F}] + \frac{1}{2}\int_0^{t_F} u^T(\tau) R u(\tau) \, d\tau \tag{6.6}$$

式中，S_F 为罚函数矩阵；R 为控制权矩阵。且

$$S_F = \begin{bmatrix} s_1 & 0 \\ 0 & s_2 \end{bmatrix}, \quad R = 1 \tag{6.7}$$

为了避免计算终端状态值和罚函数矩阵，引入单位矩阵 D，则终端时刻状态与终端约束满足关系[46]：

$$DX(t_F) = X_F \tag{6.8}$$

其中

$$D = \begin{bmatrix} 1 & 0 \\ 0 & 1 \end{bmatrix} \tag{6.9}$$

采用递推法可获得上述制导问题的最优解为[47]

$$u(t) = R^{-1}B^T F G^{-1}(F^T x - x_F) \tag{6.10}$$

其中

$$\begin{cases} \dot{F} = -A^T F, & F(t_F) = I \\ \dot{G} = -F^T BB^T F, & G(t_F) = 0 \end{cases} \tag{6.11}$$

将式（6.4）和式（6.5）代入式（6.11）可得到

$$F = e^{A^T(t_F-t)} D^T \begin{bmatrix} 1 & 0 \\ t_{go} & 1 \end{bmatrix} \tag{6.12}$$

$$\dot{G} = F^T BB^T F = (F^T B)(B^T F)^T = \begin{bmatrix} -t_{go} \\ -1 \end{bmatrix} \begin{bmatrix} -t_{go} & -1 \end{bmatrix} = \begin{bmatrix} t_{go}^2 & t_{go} \\ t_{go} & 1 \end{bmatrix} \tag{6.13}$$

对式（6.13）进行积分，可得

$$G = \begin{bmatrix} -\dfrac{1}{3}t_{go}^3 & -\dfrac{1}{2}t_{go}^2 \\ -\dfrac{1}{2}t_{go}^2 & -t_{go} \end{bmatrix} \tag{6.14}$$

将式（6.4）、式（6.5）、式（6.12）和式（6.14）代入式（6.10）即得该制导问题的最优解[48]为

$$\begin{aligned} u(t) &= R^{-1}B^T F G^{-1}(F^T x - x_F) \\ &= \begin{bmatrix} 0 \\ 1 \end{bmatrix}^T \begin{bmatrix} 1 & 0 \\ t_{go} & 1 \end{bmatrix} \begin{bmatrix} -\dfrac{1}{3}t_{go}^3 & -\dfrac{1}{2}t_{go}^2 \\ -\dfrac{1}{2}t_{go}^2 & -t_{go} \end{bmatrix}^{-1} \left(\begin{bmatrix} 1 & t_{go} \\ 0 & 1 \end{bmatrix} \begin{bmatrix} z \\ \dot{z} \end{bmatrix} - \begin{bmatrix} 0 \\ \dot{z}_F \end{bmatrix} \right) \\ &= -\frac{1}{t_{go}^2}(6z + 4t_{go}\dot{z} + 2t_{go}\dot{z}_F) \end{aligned} \tag{6.15}$$

式（6.15）即为具有终端位置和角度约束的最优制导律，该最优制导律是以状态量 z、$\dot{z}$，终端约束 $\dot{z}_F$ 和剩余飞行时间 t_{go} 表述。

从状态反馈角度看，具有终端位置和角度约束的最优制导律是一个跟踪控制系统，图 6.2 为最优制导律的状态反馈结构示意图[49]。其表达式可改写为

$$u^*(t) = -(Kx + K_F x_F) \qquad (6.16)$$

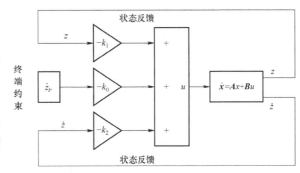

图 6.2　基于状态反馈与终端约束的最优制导律系统示意图

其中，k_1 和 k_2 构成状态反馈增益矩阵 K，k_0 为终端约束矩阵的速度约束项，即

$$K = \begin{bmatrix} k_1 \\ k_2 \end{bmatrix} = \begin{bmatrix} 6/t_{go}^2 \\ 4/t_{go} \end{bmatrix}, K_F = \begin{bmatrix} \Theta \\ k_0 \end{bmatrix} = \begin{bmatrix} \Theta \\ 2/t_{go} \end{bmatrix} \qquad (6.17)$$

需要说明的是位置控制是归零问题，故位置约束的反馈增益值 Θ 已经不需研究。

在小角假设下，$\dot{z}_F = V_r q_F$，式（6.15）中以状态反馈和终端约束形式给出的最优制导律可等价变换为以位置零控脱靶量和角度零控脱靶量表述的形式：

$$
\begin{aligned}
a(t) &= -4\frac{1}{t_{go}^2}\left(z(t) + \dot{z}(t) t_{go}\right) - 2\frac{1}{t_{go}^2}\left(z(t) + V_r q_F t_{go}\right) \\
&= -\left(4\frac{1}{t_{go}^2}\text{ZEM} + 2\frac{1}{t_{go}^2}\text{ACM}\right)
\end{aligned}
\qquad (6.18)
$$

其中，位置零控脱靶量 $\text{ZEM} = z(t) + \dot{z}(t) t_{go}$，即表示当前状态下不施加制导指令导弹到制导时刻终端时产生的脱靶量[50-51]。角度零控脱靶量 $\text{ACM} = z(t) + V_r q_F t_{go}$，即表示当前状态下导弹按照期望落角对应的法向速度飞行到制导时刻终端产生的脱靶量。

由该形式给出的制导律不难看出制导指令是零控脱靶量和角控脱靶量等价为加速度量纲后的线性叠加而成，其物理意义是以最优比例消除位置和角度控制引起的脱靶量，以确保精确命中目标，同时满足角度约束条件。

6.1.2　多约束最优制导律的工程应用

式（6.15）是以法向位移 $z(t)$、法向速度 $\dot{z}(t)$、剩余飞行时间 t_{go} 和终端约束条件 z_F、$\dot{z}_F$ 表示的最优制导律。由于导弹的法向位移、法向速度等状态量在飞行过程中不便于直接实时测量，因此由式（6.15）表示的最优制导律在工程上不易实现。但是当弹目视线角较小时，可以近似认为弹目视线角的正切值与弹目视线角相等，这样可以将法向位移 $z(t)$、法向速度 $\dot{z}(t)$ 用弹目视线角和角速度两个量测量来代替。图 6.3 为导弹与目标之间的相对运动几何关系。其中，$V(t)$ 为导弹运动速度；V_r 为导弹与目标之间沿弹目视线方向的相对速度；z 为导弹法向位移；v 为导弹法向速度，即 $v = \dot{z}$；R 为弹目间的相对距离；q_F 为期望落角；ε 为初始速度指向误差角；a_m 为导弹合过载。此外，q、$\dot{q}$、a_z 分别表示弹目视线角、弹目视线角速度、导弹法向过载。

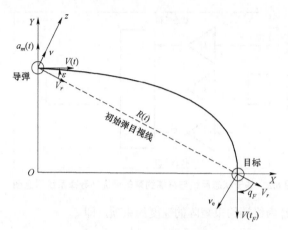

图 6.3 弹目交汇几何关系图

当弹目视线角 q 较小时，存在下面近似关系：

$$q(t) \approx \tan q(t) = -\frac{z(t)}{(t_F - t)V_r} = -\frac{z(t)}{t_{go}V_r}$$

（6.19）

$$\dot{q}(t) \approx -\frac{\dot{z}(t)}{(t_F - t)V_r} - \frac{z(t)}{(t_F - t)^2 V_r} = -\frac{\dot{z}(t)}{t_{go}V_r} - \frac{z(t)}{t_{go}^2 V_r}$$

（6.20）

由式（6.19）得

$$z(t) = -q(t)t_{go}V_r$$

（6.21）

由式（6.20）得

$$\dot{z}(t) = -\dot{q}(t)t_{go}V_r - z(t)/t_{go}$$

（6.22）

将式（6.21）代入式（6.22）得

$$\dot{z}(t) = -\dot{q}(t)t_{go}V_r + q(t)V_r$$

（6.23）

将式（6.21）、式（6.23）代入式（6.15）得便于工程实现的多约束最优制导律：

$$a(t) = 4V_r\dot{q}(t) + 2V_r(q(t) - q_F)/t_{go}$$

（6.24）

由式（6.24）可知，多约束最优制导律由两部分组成，即确保命中位置的比例导引项 $4V_r\dot{q}(t)$ 和确保命中落角的角度约束项 $2V_r(q(t) - q_F)/t_{go}$。

在实际工程制导问题中，多约束最优制导律可通过以下方案实现[52]。

1. 比例导引项中所需的弹目视线角速度 $\dot{q}(t)$

对配备末制导导引头的导弹，$\dot{q}(t)$ 可由导引头直接测得，对全程采用组合导航制导或者导引头捕获目标之前的中制导段，$\dot{q}(t)$ 由组合导航信息中的导弹位置、速度以及目标点位置等信息解算获取。

2. 落角约束项所需的弹目视线角 $q(t)$

在导引头捕获目标前的中制导，$q(t)$ 可由组合导航信息中的导弹和目标位置信息解算得到；对尚未采用组合导航系统而只有导引头末制导体制的导弹，$q(t)$ 可由导引头框架角和弹上姿态陀螺测出的弹体姿态角信息解算得到。

3. 弹目相对运动速度 V_r

V_r 为导弹与目标沿初始弹目线的相对接近速度，对于静止或者相对于导弹运动速度较小的目标，可以用导弹当前速度 V_m 代替 V_r，V_m 可由弹载组合导航系统解算得到。

4. 剩余飞行时间 t_{go}

对于终端期望落角相对初始速度指向误差角不是太大的制导问题，末端弹道相对平直，剩余飞行时间可采用经典算法解算，即

$$t_{go} \approx R_{LOS}/V_r = \frac{\sqrt{(X_m - X_t)^2 + (Y_m - Y_t)^2 + (Z_m - Z_t)^2}}{V_r}$$

（6.25）

其中，R_{LOS} 为弹目距离，目标位置 (X_t, Y_t, Z_t) 已知，导弹位置 (X_m, Y_m, Z_m) 由惯导解算。

对于终端期望落角相对初始速度指向误差角较大的制导问题，末端弹道相对弯曲，剩余飞行时间采用经典算法估算时误差相对较大，因而为了确保导弹尽早完成位置和角度调整，应采用基于弯曲弹道的剩余飞行时间估算策略，这类策略按照等价参数不同分为弯曲弹道路径积分和平均飞行速度估算两类[52-53]。

基于弯曲弹道路径积分的剩余飞行时间估算策略：

$$t_{\mathrm{go}} = \frac{\hat{R}}{V_r} = \frac{R}{V_r}\left[1 + \frac{\theta_{m\mathrm{LOS}}^2 + \theta_{m\mathrm{LOSF}}^2}{15} - \frac{\theta_{m\mathrm{LOS}}\theta_{m\mathrm{LOSF}}}{30} - \frac{\theta_{m\mathrm{LOS}}^4 + \theta_{m\mathrm{LOSF}}^4}{140} + \right.$$
$$\left. \frac{\theta_{m\mathrm{LOS}}\theta_{m\mathrm{LOSF}}\left(\theta_{m\mathrm{LOS}}^2 + \theta_{m\mathrm{LOSF}}^2 - \theta_{m\mathrm{LOS}}\theta_{m\mathrm{LOSF}}\right)}{280}\right] \tag{6.26}$$

基于平均飞行速度的剩余飞行时间估算策略：

$$t_{\mathrm{go}} = \frac{R}{\hat{V}_r} = R\left/\left\{V_r\left[1 - \frac{\theta_{m\mathrm{LOS}}^2 + \theta_{m\mathrm{LOSF}}^2}{15} + \frac{\theta_{m\mathrm{LOS}}\theta_{m\mathrm{LOSF}}}{30} + \frac{\theta_{m\mathrm{LOS}}^4 + \theta_{m\mathrm{LOSF}}^4}{420} - \right.\right.\right.$$
$$\left.\left.\left.\frac{\theta_{m\mathrm{LOS}}\theta_{m\mathrm{LOSF}}\left(\theta_{m\mathrm{LOS}}^2 + \theta_{m\mathrm{LOSF}}^2 - \theta_{m\mathrm{LOS}}\theta_{m\mathrm{LOSF}}\right)}{840}\right]\right\}\right. \tag{6.27}$$

式中，$\theta_{m\mathrm{LOS}}$ 为导弹速度矢量与初始弹目线 LOS 的夹角；$\theta_{m\mathrm{LOSF}}$ 为导弹落点期望速度矢量方向与初始弹目线 LOS 的夹角。

但是受组合导航系统测量的误差和目标定位误差等因素影响，导弹位置 (x, y, z)、目标位置 (x_t, y_t, z_t) 偏差会引起弹目距离 R_{LOS} 计算偏差，从而导致剩余飞行时间 t_{go} 的计算误差，因而在工程实际制导问题设计中，还应对剩余飞行时间 t_{go} 做一定限制，防止因其接近或小于零而导致制导发散。

综合以上分析可知，具有终端位置和角度约束的多约束最优制导律在工程上是完全可以实现的，该制导律可应用于现有主流制导体制下的实际工程制导问题。

6.1.3　制导律非线性大角度仿真验证

终端多约束最优制导律是在线性化小角假设下推导的，为了验证制导律在非线性大角度制导问题中的适应性，忽略制导系统动力学特性，取纵向平面内的质点模型如下[54-55]：

$$\begin{cases} \dot{V} = (-X - mg\sin\theta)/m \\ \dot{\theta} = (Y - mg\cos\theta)/(mV) \\ \dot{x} = V\cos\theta \\ \dot{y} = V\sin\theta \end{cases} \tag{6.28}$$

式中，阻力 $X = c_x qS = 0.5qS$，法向力 $Y = a_c g$，取阻力系数 $c_x = 0.5$，参考面积 $S = 0.107\ 5\ \mathrm{m}^2$，质量 $m = 500\ \mathrm{kg}$。

取初始投弹条件：高度 H_0=1 000 m，速度 V_0=250 m/s，水平投弹。目标位置为：X_t=5 000 m，Y_t=0 m，期望落角 q_F 分别为 0°、−30°、−60°、−90°。

图 6.4～图 6.7 分别为弹道曲线、法向过载曲线、弹目视线角曲线和弹道倾角曲线。

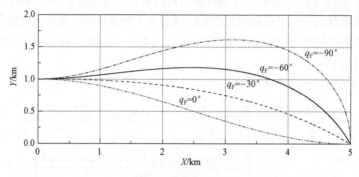

图 6.4 弹道曲线

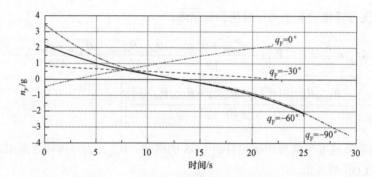

图 6.5 法向过载曲线

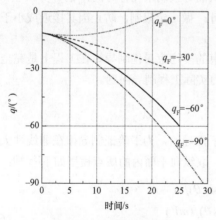

图 6.6 弹目视线角曲线

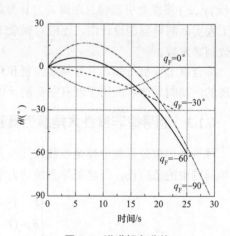

图 6.7 弹道倾角曲线

上述仿真结果表明：

（1）多约束最优制导律可解决具有命中精度和落角期望的制导问题。该最优制导律虽然是在线性化小角假设下推导的，但其强大的鲁棒性确保了同样可以适用于非线性大角度实际工程制导问题中，这是多约束最优制导律可工程化使用的关键性质。

（2）虽然多约束最优制导律在大角度、非线性情况下仍可用，并可达到期望的制导结果，但是并不能代表该制导律所建立的目标函数在大角度、非线性情况下仍为最优，而是能确保完成期望的制导实际问题，这点性质与比例导引制导律完全相同。

6.2　无动力学系统过载与弹道特性

6.2.1　无量纲过载特性

1. 基于初始状态和终端状态的加速度指令推导

式（6.15）所给出的最优制导律是以 t 时刻和 t_F 时刻的状态和关系递推得到的，为了分析制导律的过载随制导时间变化特性，不妨以初始时刻 $t=0$ 和 t_F 时刻的状态关系进行递推[56]，便可获得基于初始状态和终端状态的制导指令表述形式。

此时，式（6.10）表述的由 $t=0$ 时刻到 t_F 时刻的状态转移矩阵即为

$$F_0 = \begin{bmatrix} 1 & 0 \\ t_F & 1 \end{bmatrix} \tag{6.29}$$

式（6.15）即

$$G = \begin{bmatrix} -\dfrac{1}{3}t_F^3 & -\dfrac{1}{2}t_F^2 \\ -\dfrac{1}{2}t_F^2 & -t_F \end{bmatrix} \tag{6.30}$$

将式（6.4）、式（6.5）、式（6.12）和式（6.30）代入式（6.10）即获得基于初始状态 z_0、$\dot{z}_0$ 和终端约束 $\dot{z}_F$ 的制导指令表述形式：

$$
\begin{aligned}
u(t) &= R^{-1} B^T F G^{-1} (F_0^T x - x_F) \\
&= \begin{bmatrix} 0 \\ 1 \end{bmatrix}^T \begin{bmatrix} 1 & 0 \\ t_{go} & 1 \end{bmatrix} \begin{bmatrix} -\dfrac{1}{3}t_F^3 & -\dfrac{1}{2}t_F^2 \\ -\dfrac{1}{2}t_F^2 & -t_F \end{bmatrix}^{-1} \left(\begin{bmatrix} 1 & t_F \\ 0 & 1 \end{bmatrix} \begin{bmatrix} z_0 \\ \dot{z}_0 \end{bmatrix} - \begin{bmatrix} 0 \\ \dot{z}_F \end{bmatrix} \right) \\
&= -\dfrac{1}{t_F^3} [(12t_{go} - 6t_F)z_0 + (6t_{go} - 2t_F)t_F \dot{z}_0 + (6t_{go} - 4t_F)t_F \dot{z}_F]
\end{aligned} \tag{6.31}
$$

由式（6.31）可知，多约束最优制导律制导指令由以下三部分引起。

（1）由初始位置偏差引起的制导指令：

$$a(t)\big|_{z_0} = \frac{1}{t_F^3}(12t_{go} - 6t_F)z_0 = \frac{2}{t_F^2}\dot{z}_0\left(3 - 6\frac{t}{t_F}\right) \tag{6.32}$$

（2）由初始法向速度引起的制导指令：

$$a(t)\big|_{\dot{z}_0} = \frac{1}{t_F^3}(6t_{go} - 2t_F)t_F \dot{z}_0 = \frac{2}{t_F}\dot{z}_0\left(2 - 3\frac{t}{t_F}\right) \tag{6.33}$$

（3）由终端期望法向速度引起的制导指令：

$$a(t)\big|_{\dot{z}_F} = \frac{1}{t_F^3}(6t_{go} - 4t_F)t_F \dot{z}_F = \frac{2}{t_F}\dot{z}_F\left(1 - 3\frac{t}{t_F}\right) \tag{6.34}$$

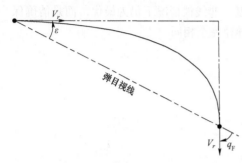

图 6.8　制导相对角度关系示意图

由于该制导问题是在初始弹目线系下进行分析的，所以一般情况下初始位置偏差 $z_0 = 0$，以下分析中不再考虑由初始位置偏差引起的制导指令 $a(t)\big|_{z_0}$。

2. 基于相对角度关系的无量纲加速度

如图 6.8 所示，在小角假设下，初始法向速度可用弹目线方向上的弹目相对接近速度 V_r 与初始速度指向误差角 ε 表示，即 $\dot{z}_0 = V_r \varepsilon$，而终端法向速度可用 V_r 与终端落角 q_F 表示，即，$\dot{z}_F = V_r q_F$。

故以初始速度指向误差角 ε 和终端落角 q_F 表述的多约束最优制导律制导指令为

$$a(t) = 2\frac{V_r q_F}{t_F}\left(3\frac{t}{t_F}-1\right) + 2\frac{V_r \varepsilon}{t_F}\left(3\frac{t}{t_F}-2\right) \tag{6.35}$$

为分析方便，取初始速度指向误差角 ε 和终端落角 q_F 的关系为

$$k = \varepsilon / q_F \tag{6.36}$$

相对角度比 k 在物理上反映了制导过程需要完成的角度调整，因而制导过程付出的制导指令大小将与其密切相关，对于空地侵彻导弹而言，其末制导段速度指向误差角与落角约束之比满足 $-2 \leqslant k \leqslant 2$。

取无量纲时间：

$$\bar{t} = t / t_F \tag{6.37}$$

则以终端落角 q_F 和相对角度 k 表述的多约束最优制导律无量纲加速度为

$$\frac{a(\bar{t})t_F}{V_r q_F} = 2(3\bar{t}-1) + 2k(3\bar{t}-2) \tag{6.38}$$

图 6.9 为不同 k 对应的无量纲加速度曲线。

由式（6.38）可知，当 $k = -1$ 时，无量纲加速度为常值，对应弹道为圆弧，其中有一条典型圆弧弹道，如图 6.10 所示，即垂直于初始弹目线的法向加速度等于重力投影，则

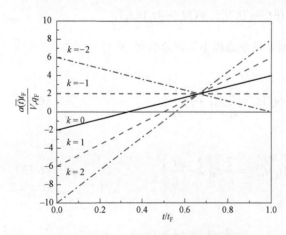

图 6.9　不同 k 对应的无量纲加速度曲线

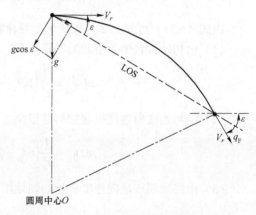

图 6.10　依靠重力完成角度调整弹道示意图

$$a(\bar{t})\big|_{k=-1} = 2\frac{V_r q_F}{t_F} = -g\cos\theta = -g\cos\varepsilon = -g\cos q_F \tag{6.39}$$

故给定制导时间和飞行速度后可得弹目视线系下依靠重力转弯弹目视线角为

$$\frac{q_F}{\cos q_F} = -\frac{g}{2V_r}t_F \tag{6.40}$$

假设某型导弹末制导段飞行时间为 $t_F = 20\text{ s}$ ，飞行速度为 $V_r = 250\text{ m/s}$ ，则有

$$\frac{q_F}{\cos q_F} = -20\frac{9.8}{500} = -0.392 \tag{6.41}$$

根据图 6.11 所示的期望落角与其余弦之比随期望落角变化曲线即可确定出最佳期望落角，如本例中最佳期望落角为 $q_F = -21°$ ，故惯性系下终端期望落角的最佳值为 $q_{F-IF} = q_F - \varepsilon = -42°$ 。当然，这是在无阻力理想情况下设计的值，考虑阻力后可通过无控弹道仿真确定依靠重力转弯调整落角的弹道，即零需用气动过载弹道。若惯性系下的终端期望落角大于 $q_{F-IF} > -42°$ ，则仅靠重力作用是不能完成弹道期望落角调整的，需要制导系统付出气动过载去实现落角要求。

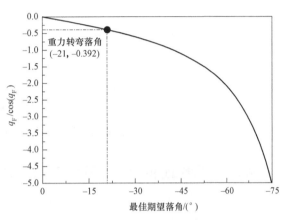

图 6.11　依靠重力完成最佳落角设计

6.2.2　无量纲弹道特性

对以式（6.35）表述的加速度进行积分，并考虑初始法向速度，即初始速度在法向的投影 $v_0 = V_r\varepsilon$ ，可得到法向速度为

$$v(t) = \int_0^t a(t)\mathrm{d}t + v_0 = V_r q_F\left(3\left(\frac{t}{t_F}\right)^2 - 2\frac{t}{t_F}\right) + V_r\varepsilon\left(3\left(\frac{t}{t_F}\right)^2 - 4\frac{t}{t_F} + 1\right) \tag{6.42}$$

将式（6.36）和式（6.37）代入式（6.42）可得以终端落角 q_F 和相对角度 k 表述的多约束最优制导律无量纲速度为

$$\frac{v(\bar{t})}{V_r q_F} = (3\bar{t}^2 - 2\bar{t}) + k(3\bar{t}^2 - 4\bar{t} + 1) \tag{6.43}$$

同理，对以式（6.42）表述的法向速度进行积分，并考虑初始位置 z_0 ，可得到法向位置，即一维弹道为

$$z(t) = \int_0^t v(t)\mathrm{d}t + z_0 = V_r t_F\left(\frac{t}{t_F} - 1\right)\left(\varepsilon\left(\frac{t}{t_F}\right)^2 - \varepsilon\frac{t}{t_F} + q_F\left(\frac{t}{t_F}\right)^2\right) + z_0 \tag{6.44}$$

因为该制导问题是在初始弹目系下分析的，不妨取 $z_0 = 0$ ，并将式（6.36）和式（6.37）代入式（6.44），可得以终端落角 q_F 和相对角度 k 表述的多约束最优制导律无量纲一维弹道为

$$\frac{z\left(\bar{t}\right)}{V_r t_F q_F} = (\bar{t}-1)\left(k\bar{t}^2 - k\bar{t} + \bar{t}^2\right) \tag{6.45}$$

图 6.12 为不同 k 对应的无量纲一维弹道曲线。

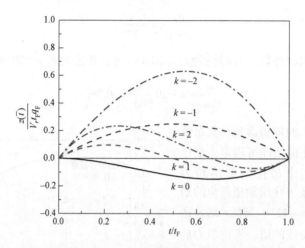

图 6.12 不同 k 对应的无量纲一维弹道曲线

6.2.3 无量纲弹目视线角及其旋转角速度特性

在分析了弹道成型制导的无量纲加速度、速度和位置的基础上，不难进一步对弹目视线角及其变化率进行分析。根据线性小角假设，将式（6.44）代入式（6.19）有

$$q\left(t\right) = \frac{-z\left(t\right)}{V_r\left(t_F - t\right)} = \varepsilon\left(\frac{t}{t_F}\right)^2 - \varepsilon\frac{t}{t_F} + q_F\left(\frac{t}{t_F}\right)^2 \tag{6.46}$$

故以终端落角 q_F 和相对角度 k 表述的多约束最优制导律无量纲弹目视线角为

$$\frac{q\left(\bar{t}\right)}{q_F} = k\bar{t}^2 - k\bar{t} + \bar{t}^2 \tag{6.47}$$

对式（6.46）求导，即可获得多约束最优制导律制导过程中对应的弹目视线角速度为

$$\dot{q}\left(t\right) = \frac{\mathrm{d}q}{\mathrm{d}t} = \frac{1}{t_F}\left(2\frac{t}{t_F}\varepsilon + 2\frac{t}{t_F}q_F - \varepsilon\right) \tag{6.48}$$

同理，以终端落角 q_F 和相对角度 k 表述的弹道成型的无量纲弹目视线角速度为

$$\frac{\dot{q}\left(\bar{t}\right)}{q_F / t_F} = 2k\bar{t} + 2\bar{t} - k \tag{6.49}$$

当 $k<0$ 时，弹目视线角从正向趋近于期望值；当 $k>0$ 时，先向相反方向运动，之后在过载指令的修正下再趋向于期望值。图 6.13 为典型 k 对应的无量纲弹目视线曲线角和角速度变化曲线。

至此，获得了多约束最优制导律无动力学系统的无量纲加速度、法向速度、一维弹道、弹目视线角及其旋转角速度等描述运动学特性的重要特征量的变化规律。

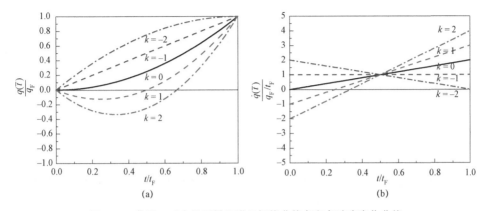

图 6.13　典型 k 对应的无量纲弹目视线曲线角和角速度变化曲线
（a）不同 k 对应的无量纲弹目视线曲线角；（b）不同 k 对应的角速度变化曲线

6.2.4　比例导引项与落角约束项过载分配特性

在对弹道成型制导无动力学系统的运动学特性分析的基础上，工程上更关心制导律实现过程中两大组成部分，即比例导引项和落角约束项在制导过程中发挥的作用及其大小关系。将式（6.48）代入比例导引项，即获得比例导引项加速度为

$$a_p(t) = 4V_r \dot{q}(t) = 4V_r q_F \frac{1}{t_F}\left(2\frac{t}{t_F}k + 2\frac{t}{t_F} - k\right) \tag{6.50}$$

将式（6.48）代入落角约束项，即获得落角约束项加速度为

$$a_q(t) = \frac{2V_r}{t_F - t}(q(t) - q_F) = -2q_F \frac{V_r}{t_F}\left[k\frac{t}{t_F} + \left(\frac{t}{t_F} + 1\right)\right] \tag{6.51}$$

故比例导引项与落角约束项加速度之比为

$$\frac{a_p(t)}{a_q(t)} = \frac{4V_r \dot{q}(t)}{2V_r/(t_F - t)(q(t) - q_F)} = -2\frac{[2(t/t_F) - 1]k + 2(t/t_F)}{(t/t_F)k + [(t/t_F) + 1]} \tag{6.52}$$

将式（6.36）和式（6.37）代入式（6.50）～式（6.52），可得到以落角约束 q_F 和相对角度关系 k 表述的比例导引项、落角约束项以及两者之比的无量纲加速度：

$$\frac{a_p(\bar{t})t_F}{V_r q_F} = 4(2k\bar{t} + 2\bar{t} - k) \tag{6.53}$$

$$\frac{a_q(\bar{t})t_F}{V_r q_F} = -2(k\bar{t} + \bar{t} + 1) \tag{6.54}$$

$$\frac{a_p(\bar{t})}{a_q(\bar{t})} = -2\frac{2(k+1)\bar{t} - k}{(k+1)\bar{t} + 1} \tag{6.55}$$

图 6.14～图 6.16 分别为不同相对角度关系下比例导引项无量纲加速度、落角约束项无量纲加速度以及两者之比。

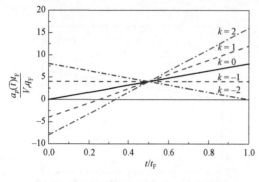

图 6.14　比例导引项无量纲加速度　　　　图 6.15　落角约束项无量纲加速度

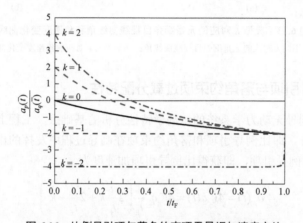

图 6.16　比例导引项与落角约束项无量纲加速度之比

初始时刻与命中时刻比例导引项与落角约束项加速度之比的关系如下。

（1）初始时刻，$t/t_F = 0$，即 $\overline{t} = 0$，此时式（6.55）即为

$$\frac{a_p(\overline{t} = 0)}{a_q(\overline{t} = 0)} = 2\frac{\varepsilon}{q_F} = 2k \tag{6.56}$$

式（6.56）说明，初始时刻比例导引项与落角约束项的加速度之比只取决于相对角度比值 k。速度指向误差角越大，初始段比例导引项相对于落角约束项加速度越大。

（2）命中时刻，$t/t_F = 1$，即 $\overline{t} = 1$，此时式（6.56）即为

$$\frac{a_p(\overline{t} = 1)}{a_q(\overline{t} = 1)} = -2\frac{2k + 2 - k}{k + 1 + 1} = -2 \tag{6.57}$$

图 6.16 仿真结果表明：无论制导初始条件和终端约束条件如何变化，导弹接近目标过程中比例导引项与落角约束项的过载之比逐渐趋向于 2，且方向相反。这一结论与多约束最优制导律的表述形式是统一的，具体证明如下。

在小角假设下，弹目视线角速度即为

$$\lim_{t \to t_F} \frac{q(t) - q_F}{t_F - t} = -\lim_{t \to t_F} \frac{q(t) - q(t_F)}{t - t_F} = -\lim_{t \to t_F} \frac{dq}{dt} = -\dot{q}(t_F) \tag{6.58}$$

故比例导引项与落角约束项加速度之比为

$$\frac{a_p(t_{\mathrm{F}})}{a_q(t_{\mathrm{F}})} = \lim_{t \to t_{\mathrm{F}}} \frac{4V_r \dot{q}(t)}{\dfrac{2V_r}{t_{\mathrm{F}}-t}(q(t)-q_{\mathrm{F}})} = \frac{4V_r \dot{q}(t_{\mathrm{F}})}{-2V_r \dot{q}(t_{\mathrm{F}})} = -2 \qquad (6.59)$$

至此，全面分析了不考虑制导系统动力学环节时，多约束最优制导律中比例导引项与落角约束项过载无量纲特性以及在整个制导过程中两者相对关系变化特性，为分析制导律的过载分配奠定了理论基础。

6.3 一阶动力学系统脱靶量特性

伴随法广泛运用于导弹末制导回路的初步设计中。它与相当耗费时间的蒙特卡洛（Monte Carlo）仿真方法区别在于，仅需运行一次就能得到在不同误差源情况下导弹的制导性能指标，从而可快速分析评估制导武器性能。Zarchan 提到伴随法早在 20 世纪 20 年代就应用于计算弹道的散布情况。伴随法的原理是基于系统的脉冲响应，它不但能提供总的脱靶量均方根值，还能得到各种干扰在总的脱靶量均方根值中所占的比重[57]。

需要注意的是，相对于只保证命中位置的最优制导律（比例导引），衡量具有终端位置和角度约束的最优制导律（弹道成型）脱靶特性时不再单单关心命中点位置脱靶量，同时必须考虑命中点的落角偏差，暂且将其称为落角脱靶量。

下面从多约束最优制导律原系统出发，采用文献［58］中给出的伴随系统获取方法获取相应的伴随系统，在此基础上利用时间尺度变换法得到无量纲系统，分别从初始速度指向误差和终端落角约束两个确定性误差源来分析无量纲位置脱靶量和无量纲角度脱靶量。

6.3.1 无量纲位置脱靶量

对于静止或低速运动目标，将控制系统等价为一阶动力学环节基本能够反映其主要特性，图 6.17 为包含一阶动力学滞后的多约束最优制导律结构框图。其中，Z_t 为目标位置；T_g 为一阶延迟时间常数；Z_{miss} 表示位置脱靶量；Q_{miss} 表示角度脱靶量。

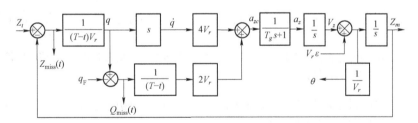

图 6.17　包含一阶动力学滞后的多约束最优制导律结构框图

图 6.18 为由伴随法得到的包含一阶动力学的弹道成型制导系统位置脱靶量的伴随系统。

令 $\overline{T} = T/T_g$，$\overline{s} = sT_g$，通过时间尺度变换法对图 6.18 得到的无量纲系统进行无量纲化，并代入 $\varepsilon = kq_{\mathrm{F}}$，则可得到图 6.19 所示无量纲化的位置脱靶量伴随系统。

图 6.20 和图 6.21 分别为由 ε 和 q_{F} 引起的无量纲位置脱靶量。

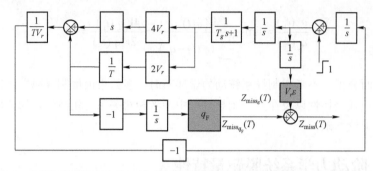

图 6.18 由伴随法得到的包含一阶动力学的弹道成型制导系统位置脱靶量的伴随系统

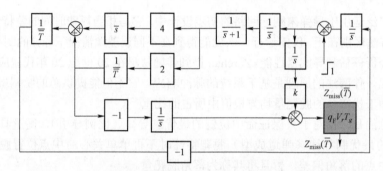

图 6.19 无量纲化的位置脱靶量伴随系统

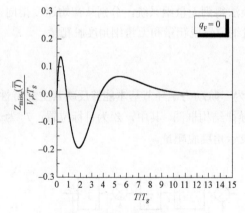

图 6.20 速度指向误差引起的
无量纲位置脱靶量

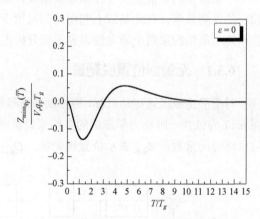

图 6.21 落角约束引起的无量纲位置脱靶量

图 6.22 为空地制导武器在相对角度比 $k = -2 \sim 2$ 时，由初始速度指向误差角 ε 和终端约束角 q_F 共同引起的无量纲位置脱靶量。

通过对多约束最优制导律的无量纲位置脱靶量分析可知：

（1）单由初始速度指向误差角 ε 和终端约束角 q_F 引起的位置脱靶量随无量纲末制导时间的增加而收敛，在 12 倍的末制导时间处，单由初始速度指向误差角 ε 和终端约束角 q_F 引起的位置脱靶量归零。

（2）由两者共同引起的无量纲位置脱靶量随无量纲末制导时间增大而收敛，约在 12 倍的末制导时间处基本收敛到零。

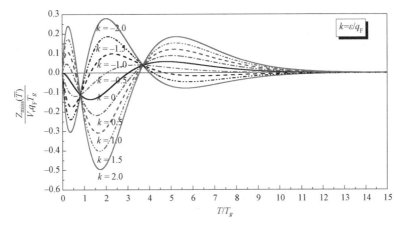

图 6.22　不同相对角度关系两项角度引起的总位置脱靶量

（3）对包含速度指向误差角和终端约束角的双输入问题，其无量纲位置脱靶量与两者之间的相对关系 k 密切相关，当 k 为负时，两者方向相反，此时位置脱靶量明显小于两者同号时的情况，所以对空地侵彻制导武器，以初始速度指向误差角 ε 和终端约束角 q_F 反号的形式进入末制导会大大提高制导精度。

6.3.2　无量纲角度脱靶量

由式（6.19）可知，当存在脱靶量 Z_{miss} 时，有

$$q(t_F) = \lim_{t_{go} \to 0} \tan \frac{Z_{miss}}{V_r t_{go}} = \begin{cases} \pi/2, & Z_{miss} > 0 \\ 0, & Z_{miss} = 0 \\ -\pi/2, & Z_{miss} < 0 \end{cases} \qquad (6.60)$$

因而只要脱靶量 $Z_{miss} \neq 0$，则终端弹目视线角为三个常值，而不是期望落角值。考虑到在工程上对带落角约束的制导问题人们更关心终端速度矢量方向，即弹道倾角，故采用弹道倾角替代弹目视线角更具有实际工程意义。故图 6.17 即可转化为图 6.23 所示的以弹道倾角与期望弹目视线角误差为落角偏差的制导系统。

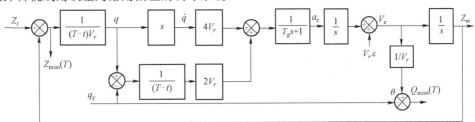

图 6.23　包含一阶动力学滞后的变权系数弹道成型结构等效变换框图

图 6.24 为根据伴随法得到的基于脉冲输入时包含一阶动力学环节的多约束最优制导律制导系统角度脱靶量伴随系统。

图 6.25 为根据伴随法得到的基于单位阶跃输入时包含一阶动力学环节的多约束最优制导律制导系统角度脱靶量伴随系统。

令 $\bar{T} = T/T_g$，$\bar{s} = sT_g$，通过时间尺度变换法进行无量纲化，则变为无量纲化的模型。如

图 6.26 所示。

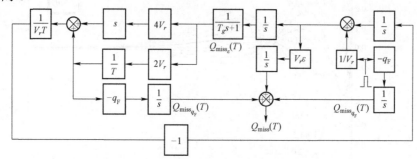

图 6.24　基于脉冲输入的角度脱靶量伴随系统

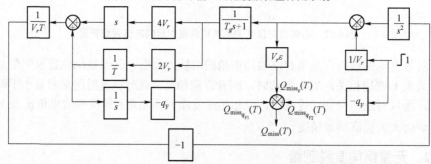

图 6.25　基于单位阶跃输入的角度脱靶量伴随系统

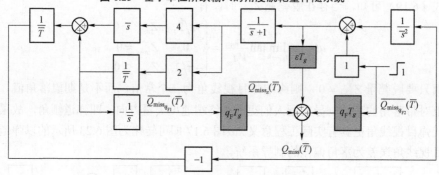

图 6.26　无量纲角度脱靶量伴随系统

因为 $\varepsilon = k q_{\mathrm{F}}$，则图 6.26 可等效变换为图 6.27。

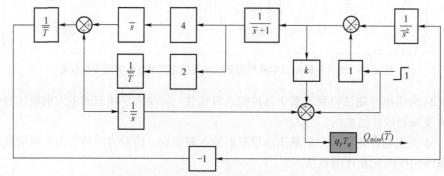

图 6.27　无量纲化的角度脱靶量伴随系统等效变换

图 6.28 和图 6.29 分别为由速度指向误差角 ε 和终端约束角 q_F 引起的无量纲角度脱靶量。

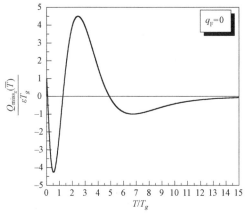

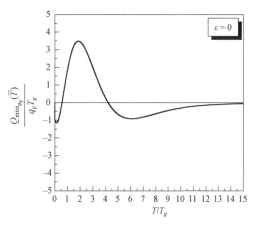

图 6.28　速度指向误差角 ε 引起的
无量纲角度脱靶量

图 6.29　终端约束角 q_F 引起的
无量纲角度脱靶量

图 6.30 为空地侵彻制导武器在相对角度比 $k = -2 \sim 2$ 时，由初始速度指向误差角 ε 和终端约束角 q_F 共同引起的无量纲角度脱靶量。

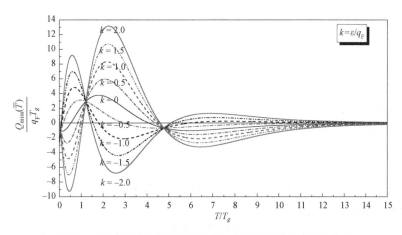

图 6.30　不同相对角度关系两项角度引起的无量纲角度脱靶量

由上述仿真结果可知：

（1）单由初始速度指向误差角 ε 和终端约束角 q_F 引起的角度脱靶量随无量纲末制导时间的增加而收敛，在 14 倍的末制导时间处，单由初始速度指向误差角 ε 和终端约束角 q_F 引起的角度脱靶量归零。

（2）由两者共同引起的无量纲角度脱靶量随无量纲末制导时间增大而收敛，约在 14 倍的末制导时间处基本收敛到零。

（3）同无量纲位置脱靶量，无量纲角度脱靶量与相对关系 k 密切相关，当 k 为负时，速度指向误差角与落角约束方向相反，此时角度脱靶量明显小于两者同号时的情况，因而为了降低落角偏差，末制导启控最好选在两者异号的情况。

6.4 制导律权系数的工程最优性

多约束最优制导律的最优权系数是在线性化小角假设下推导获得的，在实际非线性大角度的工程制导问题中，其最优性能指标往往是被破坏的，因而工程师能否按照理论推导的最佳比例导引项和落角约束项权系数取 4 和 2 去进行工程设计需要进行深入分析。首先定义权系数，再对无动力学环节时权系数变化对弹道、过载和制导耗能的影响，以及考虑一阶动力学时的位置和角度脱靶量进行对比分析。

6.4.1 权系数定义与使用范围

设比例导引项权系数 N_p 和落角约束项权系数 N_q。对多约束最优制导律，当取最优权系数时 $N_p = 4$，$N_q = 2$，对应的制导律如式（6.24）；当取非最优权系数时，可获得一般形式的多约束最优制导律：

$$a(t) = N_p V_r \dot{q}(t) + N_q V_r / t_{\mathrm{go}}\left(q(t) - q_F\right) \tag{6.61}$$

需要说明的是，虽然从形式上将多约束最优制导律从"比例导引+落角约束"的形式扩展成式（6.61）形式，但是比例导引项权系数 N_p 和落角约束项权系数 N_q 不能随意取，否则将不能完成同时对位置和角度的制导需求。结合对比例导引的认识和对落角精度的需求，一般取两项权系数的区间为

$$\begin{cases} 2 \leqslant N_p \leqslant 6 \\ 1 \leqslant N_q \leqslant 3 \end{cases} \tag{6.62}$$

式（6.61）所给的一般多约束最优制导律在式（6.62）所给的可选权区间内的制导特性如何，将在以下两小节展开介绍。

6.4.2 权系数对无动力学环节的制导指令影响

无动力学滞后系统是验证制导律在不存在外界影响下自身制导特性的平台，本小节对一般多约束最优制导律的权系数对弹道和过载、两项制导指令比值和制导能耗的影响进行分析。

1. 权系数对弹道和过载的影响

在线性化小角假设下，将一般形式的弹道成型转换为以状态反馈表述形式，即

$$\begin{aligned} a(t) &= N_p V_r \dot{q}(t) + N_q V_r / t_{\mathrm{go}}\left(q(t) - q_F\right) \\ &= -\frac{1}{t_{\mathrm{go}}^2}\left[N_p t_{\mathrm{go}} \dot{z}(t) + (N_p + N_q) z(t) + N_q t_{\mathrm{go}} \dot{z}_F\right] \end{aligned}$$

$$\tag{6.63}$$

对比式（6.63）和式（6.15）可知，一般形式多约束最优制导律改变了式（6.17）最优状态反馈矩阵 $\boldsymbol{K}$，因而对应的弹道和过载将不再最优。

为了分析一般多约束最优制导律特性，如图 6.31 所示，取典型投弹条件，即 H_0=3 km，

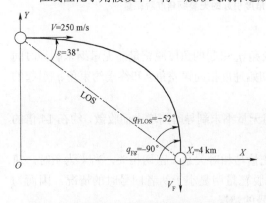

图 6.31 空面侵彻导弹典型投弹条件示意图

V=250 m/s 水平投弹，垂直侵彻 X_t=4 km 处静止目标。

为了分析权系数对弹道和末端制导指令的影响，将比例导引项权系数取为 4，而落角约束项权系数在 1~3 之间变化，图 6.32 为不考虑弹体动力学环节时的弹道曲线、弹目视线角曲线、弹道倾角曲线和法向加速度曲线。

仿真结果说明，比例导引项和落角约束项权系数 4 和 2 是终端双约束问题的唯一最优解，在工程上使用时不能随意破坏其具体数值和组成比例。当最优权系数被破坏后，若落角约束项权系数偏大，将使得落角约束项在初始段产生较大加速度，从而导致初始段过载指令变大，使得弹道相对抬高，弹目视线角趋向于期望值的趋势更为明显，但是位置与速度之间的匹配关系不合适，使得接近目标时角度项有可能出现超出期望值的现象，从而使得制导指令在接近目标时向相反方向发散。相反，若落角约束项权系数偏小，会出现相反现象。

因而，理论推导得到的最优权系数在工程应用时不能随意改变，否则，对于有过载限制的工程问题，非最优权系数将使得接近目标时的制导指令发散而导致脱靶。

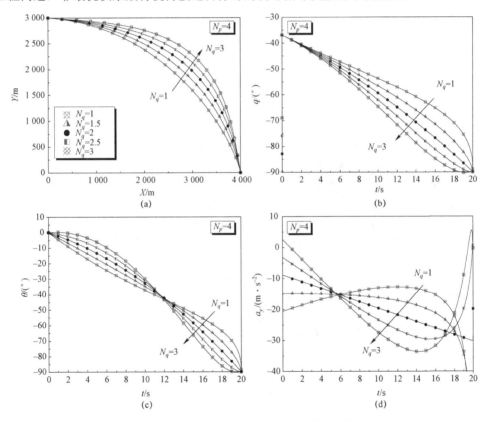

图 6.32 当 N_p=4、N_q=1~3 时典型弹道仿真结果

（a）弹道曲线；（b）弹目视线角曲线；（c）弹道倾角曲线；（d）法向加速度曲线

2. 权系数对两项制导指令比值的影响

对一般多约束最优制导律，比例导引项和落角约束项制导指令之比为

$$\frac{a_p(t)}{a_q(t)} = \frac{N_p V_r \dot{q}(t)}{N_q V_r/t_{\text{go}}\left(q(t)-q_{\text{F}}\right)} = \frac{N_p}{N_q}\frac{z(t)+\dot{z}(t)t_{\text{go}}}{z(t)+V_r q_{\text{F}}t_{\text{go}}} \tag{6.64}$$

制导起始时刻，$t_{go} = t_F$，则有

$$\frac{a_p(t_F)}{a_q(t_F)} = \frac{N_p}{N_q} \frac{z(0) + V\varepsilon t_F}{z(0) + V q_F t_F} = \frac{N_p}{N_q} \frac{\varepsilon}{q_F} = k \frac{N_p}{N_q} \tag{6.65}$$

制导终止时刻，当 $t_{go} = 0$ 时，则有

$$\frac{a_p(0)}{a_q(0)} = \frac{N_p}{N_q} \tag{6.66}$$

因而可知，多约束最优制导律的比例导引项和落角约束项对制导指令的贡献除了与初始相对角度关系 k 相关，还与两项权系数 N_p、N_q 以及制导时间 t 相关。但是起始时刻和终端时刻两项制导指令的比值却由初始相对角度关系和两项权系数之比决定。

3. 权系数对制导能耗的影响

制导指令对应的攻角在导弹飞行过程中产生的诱导阻力是消耗导弹运动速度的最重要组成部分[59]，为了评价制导过程中消耗能量的大小，参考式（6.66），定义制导指令平方的积分为制导能耗。图 6.33 和图 6.34 分别为制导能耗随两项权系数变化关系和其等值线。

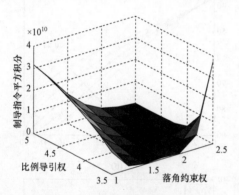

图 6.33 制导能耗随权系数变化关系

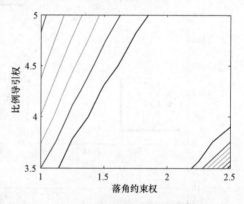

图 6.34 制导能耗随权系数等值线

图 6.35 为将比例导引项权系数固定在最优值 $N_p = 4$，落角约束项权系数 $N_q = 1 \sim 3$ 时制导能耗随两项权系数变化关系仿真结果。

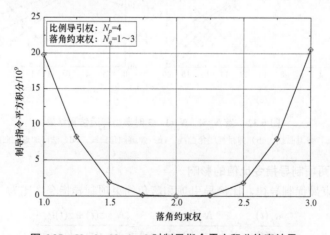

图 6.35 $N_p = 4$、$N_q = 1 \sim 3$ 时制导指令平方积分仿真结果

仿真结果表明：比例导引项和落角约束项权系数在最优值为 $N_p = 4$、$N_q = 2$ 时对应的制导能耗最小，且两项权系数越偏离最优值，制导能耗越大，故单从无动力学系统的制导能耗问题而言，工程上的最优权系数应选 $N_p = 4, N_q = 2$。

6.4.3　权系数对包含动力学环节的脱靶量影响

为了分析包含一阶动力学系统的多约束最优制导律位置和角度脱靶量随比例导引项和落角约束项权系数的变化关系，取以下制导模型。如图 6.36 所示。

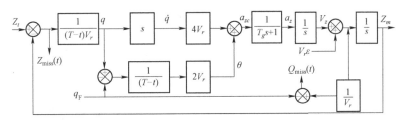

图 6.36　包含一阶动力学滞后的变权系数弹道成型结构框图

取空面侵彻导弹典型投弹条件 H_0=3 km、V=250 m/s 水平投弹，垂直侵彻 X_t=4 km 处静止目标，控制系统一阶动力学时间常数 $T_g = 1$ s，仿真时间 $T = R / V_r = 20$ s。则位置脱靶量随权系数变化曲面和角度脱靶量随权系数变化曲面如图 6.37 和图 6.38 所示。

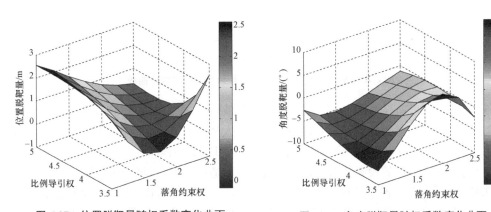

图 6.37　位置脱靶量随权系数变化曲面　　　图 6.38　角度脱靶量随权系数变化曲面

上述仿真曲线是比例导引项与落角约束项权系数在二维平面内变化时导致的位置和角度脱靶量变化曲面，为了便于观察，将其中一个固定而另一个做拉偏变化，图 6.39 和图 6.40 分别为 $N_p = 4$、N_q=0～4 时和 $N_q = 2$、N_q=2～6 时对应的位置和角度脱靶量变化曲线。

仿真结果表明以下几点。

（1）对同一动力学系统，位置和角度脱靶量在两项权系数取 4 和 2 时同时达到最小，当两项权系数偏离最优值时，位置和角度脱靶量将逐渐偏离共同的最小值。

（2）当比例导引权系数取最优值 $N_p = 4$，落角约束项权系数 N_q 从 0 到 4 变化时，位置脱靶量对落角约束项权系数变化不太敏感，而角度脱靶量则非常敏感，尤其在落角约束项权系数 $N_q < 1$ 或 $N_q > 3$ 时，落角误差已严重到不可接受的程度。

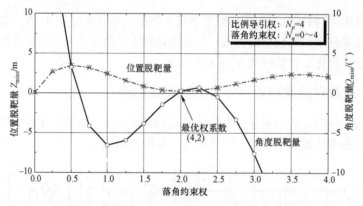

图 6.39　N_p=4、N_q=0～4 时位置和角度脱靶量变化曲线

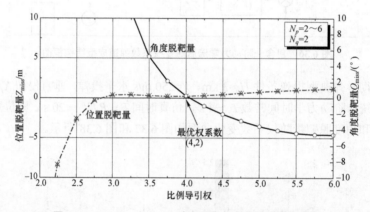

图 6.40　N_q=2、N_p=2～6 时位置和角度脱靶量变化曲线

（3）当落角约束项权系数 N_q=2，比例导引项权系数 N_p 从 2 到 6 变化时，除了在 N_p=2～3 范围之外，位置脱靶量对比例导引项权系数变化不太敏感，而角度脱靶量则很敏感，尤其在比例导引项权系数 N_p<3.5 时，落角误差已严重到不可接受的程度。

综上分析可知，位置脱靶量对最优权系数的选取适应性强，而角度脱靶量对最优权系数的选取相当敏感，即位置项容易控制而角度项相对不易控制，这样的结论在非线性仿真中同样如此。因而多约束最优制导律最优权系数 N_p=4、N_q=2 具有很强的鲁棒性，工程实际制导问题中权系数应该设计 4 和 2 可同时兼顾位置和角度脱靶量的目的。

6.5　小结

终端多约束最优制导律作为具有终端位置和角度约束的最优制导律，可以最小制导能耗解决对目标具有角度约束的精确命中制导问题，在理论推导上具有目标函数性能最优，同时在工程实现上物理意义明确、制导信息可方便获取、制导精度可满足工程需求，具有广泛的工程应用价值和良好的工程适应性。本章内容可得到以下结论。

（1）终端多约束最优制导律是在线性化小角假设下推导得到的具有位置和角度约束的最优制导律，但该制导律同样能完成大角度非线性情况下具有终端角度约束的制导问题。这说明该制导律的鲁棒性相当强，不会随制导条件的变化而发生本质改变，因而奠定了该制导律可广泛工程化应用的基础。

（2）终端多约束最优制导律受飞行速度 V_r、制导时间 t_F、期望落角 q_F 以及初始速度指向误差 ε 四个基本参数影响，对于给定的飞行速度和制导时间，可将其制导指令表述为无量纲时间 $\bar{t}$ 和初始速度指向误差 ε 与期望落角 q_F 之比 k 的无量纲形式，从本质上揭示制导指令与相对角度比 k 的关系，合适的相对角度比 k 可大大减小命中点的制导指令，当 $k=-2$ 时命中点的制导指令为 0。

（3）终端多约束最优制导律中比例导引项与落角约束项在制导指令中所占的比重同样取决于无量纲时间 $\bar{t}$ 和相对角度比 k，但是相对角度比 k 只影响其初值和变化过程，在接近命中时 $\bar{t}=1$，二者之比为两项权系数之比，且方向永远相反，即 -2。

（4）在考虑弹体动力学环节时，终端多约束最优制导律是以速度指向误差角 ε 和终端约束角 q_F 为输入，以位置和角度脱靶量为输出的双输出制导系统，因而引入相对角度关系 k 将其转换为单输入系统后，采用伴随法即可一次仿真得到不同制导时间下的位置和角度脱靶量。位置和角度脱靶量分别在约 12 倍和 14 倍的动力学时间常数处收敛到零，且位置脱靶量比角度脱靶量收敛得快。

（5）理论最优制导权系数 4 和 2 在实际非线性大角度工程制导问题中具有较强的鲁棒性，可将制导系统的位置和角度脱靶量同时控制到最小，且整个控制过程消耗的制导能量相对较小，同时可抑制终端过载抖动，因而理论最优值 4 和 2 可作为工程化的最优权系数使用。

第 7 章
扩展型多约束最优制导律

在一些特殊功能的飞行器末制导问题中，除了要求确保终端位置精度和角度约束外，对终端飞行器纵轴方向和速度的一致性提出较高要求，即对末端攻角提出约束。本章首先在终端多约束最优制导律的基础上提出了两类具有终端加速度归零特性的最优制导推导思想。其次，剩余飞行时间的幂函数作为控制权函数，将其引入目标函数的动态积分项中，采用Schwartz 不等式方法推导了扩展型最优制导律，在小角假设基础上将其表述为便于工程实现扩展型多约束最优制导律，并给出了工程化实现途径。再次，分别利用对比分析法、Schwartz 不等式和伴随函数法对扩展型多约束最优制导律的有效导航比、无动力学系统的无量纲过载和包含动力学系统的无量纲位置和角度脱靶量等制导特性进行分析。最后，给出了包含可用过载限制的制导阶次的设计方法，并针对以空面导弹为代表的飞行器进行综合设计与仿真。结果表明，该最优制导律不但能满足终端位置和角度需求，而且通过设计合理的制导阶次可减小末端过载，从而间接控制终端攻角。

7.1 制导律扩展的问题提出

具有终端位置和角度约束的多约束最优制导律虽然能解决具有终端位置和角度约束的制导问题，但是对于侵彻型制导武器，要求导弹在命中目标时不但要以期望位置和落角精确命中目标，而且要使得命中点的攻角小于战斗部可接受的最大值［如某导弹要求的命中点 CEP（圆概率误差）不大于 3 m，落角不小于–60°，攻角不大于 5°］，才能配合战斗部实现对硬目标的有效毁伤。由于导弹的攻角与过载密切相关，因而只要在制导律设计中将命中点需用过载设计到零或者接近零，在理想情况下就能保证导弹命中目标时的攻角满足期望要求，故必须对多约束最优制导律进行推广，使其满足命中目标时不但位置和角度符合要求，而且需用过载尽量小。

在多约束最优制导律模型建立、状态选取、性能函数、制导特性等的基础上，可通过以下两种途径对该制导律进行推广，使其成为具有终端位置和角度约束，并能使得命中点制导指令在理想情况下趋近于零的终端多约束最优制导律。

第一类推广基于性能函数改进思想，即在多约束最优制导律模型基础上，通过对其性能函数中的控制权矩阵 R 进行改进，引入剩余飞行时间的幂函数 t_{go}^n $(n \geqslant 0)$，将性能函数中表示动态过程对控制约束的积分项性能改善[60]，使得越接近目标过载指令在制导性能函数中占的比重越大，进而使 $t_{go} \to 0$ 时，控制量 $u \to 0$，以实现终端加速度指令归零，称其为扩展型多约束最优制导律。

第二类推广基于状态量改进思想，即在考虑弹体动力学的前提下，通过增加加速度状态，使控制量与加速度直接相关，此时若仍采用多约束最优制导律的性能函数，则可得到具有终端位置、角度和加速度指令达到期望值的最优制导律，称其为包含弹体动力学的多约束最优制导律；若将多约束最优制导律的性能函数中罚函数项从两个状态相应扩展到三个状态，即可得到具有终端位置、角度和加速度响应约束的最优制导律，称其为广义终端多约束最优制导律。如图 7.1 所示。

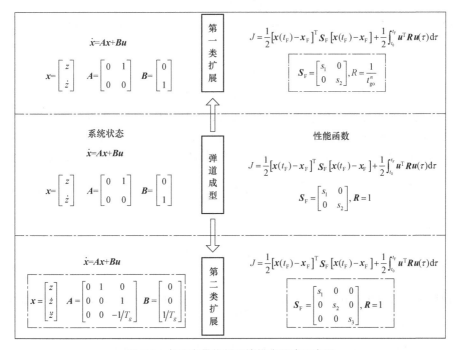

图 7.1　多约束最优制导律推广思路示意图

扩展型多约束最优制导律和多约束最优制导律都是在不引入弹体动力学前提下得到的，因而在实际的制导系统应用中会因制导控制系统滞后带来位置和角度脱靶量，但是包含弹体动力学的多约束最优制导律是在引入一阶弹体动力学前提下得到的，因而只要动力学时间常数选取与制导控制系统滞后特性接近，则在实际制导控制系统中基本可保证位置和角度脱靶量归零。

7.2　扩展型最优制导律建模与推导

7.2.1　制导律建模与推导

线性制导系统简化动力学模型如图 7.2 所示。

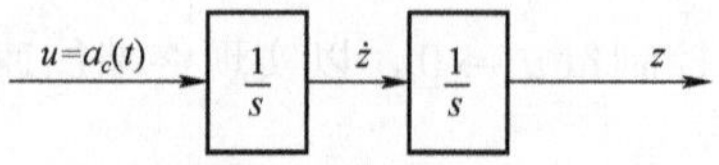

$$u=a_c(t) \rightarrow \boxed{\frac{1}{s}} \xrightarrow{\dot{z}} \boxed{\frac{1}{s}} \xrightarrow{z}$$

图 7.2 线性制导系统简化动力学模型

其状态空间微分方程可表示为

$$\dot{x} = Ax + Bu \qquad (7.1)$$

式中，x 为状态变量；A 为 2×2 系统矩阵；B 为 2×1 的控制矩阵。且

$$x = \begin{bmatrix} z \\ \dot{z} \end{bmatrix}, \quad A = \begin{bmatrix} 0 & 1 \\ 0 & 0 \end{bmatrix}, \quad B = \begin{bmatrix} 0 \\ 1 \end{bmatrix}, \quad u = a_c$$

为保证终端位置和角度均达到期望约束，可将终端角度约束转化为法向速度约束，即终端约束为

$$\begin{cases} z(t_F) = 0 \\ \dot{z}(t_F) = \dot{z}_F \end{cases} \qquad (7.2)$$

在设计制导律时人们希望初始段利用较大过载实现机动，而在接近终端位置时需用过载尽量小甚至接近零[61-64]。因而，在前人以加速度平方积分为目标函数的基础上，引入以剩余飞行时间的幂函数为控制权函数 $R(t)$，其中 n 为制导阶次，其取值为非负实数，即 $n \geqslant 0$。

$$R(t) = \frac{1}{(t_F - t)^n} \qquad (7.3)$$

则目标函数为

$$\int_0^{t_F} R(t) a_c^2 \, dt = \int_0^{t_F} \frac{a_c^2}{(t_F - t)^n} \, dt \qquad (7.4)$$

为使目标函数最小存在，则 $\lim\limits_{\lambda \to t_F, n>0} \dfrac{a_c^2}{(t_F - t)^n} = 0$，即 $\lim\limits_{t \to t_F, n>0} a = 0$，故所构建的目标函数可在 $n > 0$ 时将终端需用过载减小到零。

状态空间微分方程（7.1）在终端时刻 t_F 的通解与任意时刻 t 的关系为[65]

$$x(t_F) = \Phi(t_F - t)x(t) + \int_t^{t_F} \Phi(t_F - t)B(\lambda)u(\lambda) \, d\lambda \qquad (7.5)$$

其中，Φ 为状态转移矩阵，其与 A 的关系为

$$\Phi(t) = L^{-1}[(sI - A)^{-1}] = \begin{bmatrix} 1 & t_F \\ 0 & 1 \end{bmatrix} \qquad (7.6)$$

若以起始时刻为起点则终端时刻 t_F 的通解为[66]

$$\begin{bmatrix} z(t_F) \\ \dot{z}(t_F) \end{bmatrix} = \begin{bmatrix} 1 & t_F \\ 0 & 1 \end{bmatrix} \begin{bmatrix} z(0) \\ \dot{z}(0) \end{bmatrix} + \int_0^{t_F} \begin{bmatrix} 1 & t_F - \lambda \\ 0 & 1 \end{bmatrix} \begin{bmatrix} 0 \\ 1 \end{bmatrix} a_c(\lambda) \, d\lambda \qquad (7.7)$$

将上述矢量方程（7.7）表述为标量方程即

$$\begin{cases} z(t_F) = z(0) + t_F \dot{z}(0) + \int_0^{t_F} (t_F - \lambda) a_c(\lambda) \, d\lambda \\ \dot{z}(t_F) = \dot{z}(0) + \int_0^{t_F} a_c(\lambda) \, d\lambda \end{cases} \qquad (7.8)$$

令

$$
\begin{cases}
f_1 = z(0) + t_F \dot{z}(0) \\
f_2^* = \dot{z}(0) \\
h_1(\lambda) = (t_F - \lambda)(t_F - \lambda)^{0.5n} = (t_F - \lambda)^{0.5n+1} \\
h_2(\lambda) = (t_F - \lambda)^{0.5n}
\end{cases}
\tag{7.9}
$$

则

$$
\begin{cases}
z(t_F) = f_1 + \displaystyle\int_t^{t_F} h_1(\lambda) \frac{a_c}{(t_F - \lambda)^{0.5n}} \mathrm{d}\lambda \\
\dot{z}(t_F) = f_2^* + \displaystyle\int_t^{t_F} h_2(\lambda) \frac{a_c}{(t_F - \lambda)^{0.5n}} \mathrm{d}\lambda
\end{cases}
\tag{7.10}
$$

由于要保证终端脱靶量为零 $z(t_F) = 0$，且终端法向速度达到期望值，所以由式（7.10）可得到

$$
\begin{cases}
f_1 = -\displaystyle\int_t^{t_F} h_1(\lambda) \frac{a_c}{(t_F - \lambda)^{0.5n}} \mathrm{d}\lambda \\
f_2^* - \dot{z}(t_F) = -\displaystyle\int_t^{t_F} h_2(\lambda) \frac{a_c}{(t_F - \lambda)^{0.5n}} \mathrm{d}\lambda = -f_2
\end{cases}
\tag{7.11}
$$

引入变量 δ，将式（7.11）中两式线性组合得

$$
f_1 - \delta f_2 = -\int_t^{t_F} \left[h_1(\lambda) + \delta h_2(\lambda) \right] \frac{a_c}{(t_F - \lambda)^{0.5n}} \mathrm{d}\lambda
\tag{7.12}
$$

采用 Schwartz 不等式不难得到[67]

$$
(f_1 - \delta f_2)^2 \leqslant \int_t^{t_F} \left[h_1(\lambda) - \delta h_2(\lambda) \right]^2 \mathrm{d}\lambda \int_t^{t_F} \frac{a_c^2}{(t_F - \lambda)^n} \mathrm{d}\lambda
\tag{7.13}
$$

故

$$
\int_t^{t_F} \frac{a_c^2}{(t_F - \lambda)^n} \mathrm{d}\lambda \, \Phi \, \frac{(f_1 - \delta f_2)^2}{\displaystyle\int_t^{t_F} \left[h_1(\lambda) - \delta h_2(\lambda) \right]^2 \mathrm{d}\lambda}
\tag{7.14}
$$

当以上不等式中的等号成立时，目标函数最小，根据 Schwartz 不等式当等号成立时有

$$
\frac{a_c}{(t_F - \lambda)^{0.5n}} = K \left[h_1(\lambda) - \delta h_2(\lambda) \right]
\tag{7.15}
$$

其中 K 为一个常值。为了运算方便，定义

$$
\begin{cases}
\left\| h_1^2 \right\| = \displaystyle\int_t^{t_F} h_1(\lambda)^2 \mathrm{d}\lambda \\
\left\| h_1 h_2 \right\| = \displaystyle\int_t^{t_F} h_1(\lambda) h_2(\lambda) \, \mathrm{d}\lambda \\
\left\| h_2^2 \right\| = \displaystyle\int_t^{t_F} h_2(\lambda)^2 \mathrm{d}\lambda
\end{cases}
\tag{7.16}
$$

对式（7.14）两边积分，则有

$$
\Delta = \int_t^{t_F} \frac{a_c^2}{(t_F - \lambda)^n} \mathrm{d}\lambda = \frac{(f_1 - \delta f_2)^2}{\left\| h_1^2 \right\| - 2\delta \left\| h_1 h_2 \right\| + \delta^2 \left\| h_2^2 \right\|}
\tag{7.17}
$$

最佳 δ 使得 Δ 最小，此时 $\mathrm{d}\Delta/\mathrm{d}\delta = 0$，故 δ 的最佳解为

$$\delta = \left(f_1\|h_1 h_2\| - f_2\|h_1^2\|\right) \big/ \left(f_1\|h_2^2\| - f_2\|h_1 h_2\|\right) \tag{7.18}$$

将式（7.15）代入式（7.11）中 f_1 的表达式，得

$$K = f_1 \big/ \left(\|h_1^2\| - \delta\|h_1 h_2\|\right) \tag{7.19}$$

因此，在时域最优控制量可描述为

$$\frac{a_c}{(t_F - t)^{0.5n}} = \frac{f_1 h_1(t)\|h_2^2\| - \|h_1 h_2\|[f_2 h_1(t) + f_1 h_2(t)] + f_2 h_2(t)\|h_1^2\|}{\|h_1^2\|\|h_2^2\| - \|h_1 h_2\|^2} \tag{7.20}$$

对任意时刻 t，式（7.9）即为

$$\begin{cases} f_1 = z + (t_F - t)\dot{z} \\ f_2 = \dot{z} - \dot{z}(t_F) \\ h_1(t) = (t_F - t)^{0.5n+1} \\ h_2(t) = (t_F - t)^{0.5n} \end{cases} \tag{7.21}$$

因此，任意时刻式（7.16）即为

$$\begin{cases} \|h_1^2\| = \int_t^{t_F} (t_F - t)^{n+2}\mathrm{d}\lambda = \frac{(t_F - t)^{n+3}}{n+3} \\ \|h_1 h_2\| = \int_t^{t_F} (t_F - t)^{n+1}\mathrm{d}\lambda = \frac{(t_F - t)^{n+2}}{n+2} \\ \|h_2^2\| = \int_t^{t_F} (t_F - t)^{n}\mathrm{d}\lambda = \frac{(t_F - t)^{n+1}}{n+1} \end{cases} \tag{7.22}$$

将式（7.21）和式（7.22）代入式（7.20），并令 $t_{go} = t_F - t$，即可得到最优制导律表达式为

$$a(t) = -\frac{1}{t_{go}^2}(N_{pq}z - N_{pq}z_F + N_p t_{go}\dot{z} + N_q t_{go}\dot{z}_F) \tag{7.23}$$

其中：

$$\begin{cases} N_{pq} = (n+2)(n+3) \\ N_p = 2(n+2) \\ N_q = (n+1)(n+2) \end{cases}$$

同 6.1.2 小节，将式（6.21）、式（6.23）代入式（7.23）得便于工程实现的扩展型多约束最优制导律为

$$a(t) = N_p V_r \dot{q}(t) + N_q V_r (q(t) - q_F)/t_{go} \tag{7.24}$$

由式（7.24）可知，扩展型多约束最优制导律由两部分组成，即确保命中位置的比例导引项 $N_p V_r \dot{q}(t)$ 和确保命中落角的角度约束项 $N_q V_r (q(t) - q_F)/t_{go}$。

该最优制导律的结构形式和所需的制导信息与 6.1.2 小节中所给出的多约束最优制导律完全相同，因而工程实现途径可行，在此就不再赘述。

7.2.2 制导律线性仿真验证

式（7.24）给出的最优制导律是在线性化小角假设下得到的，为了分析该制导律对大角

度的适应性，假设目标静止不动，不考虑弹体动力学模型，且在线性化系统模型下进行垂直侵彻大落角弹道仿真，图 7.3 给出了仿真模型。

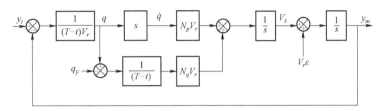

图 7.3 包含一阶动力学滞后的扩展型多约束最优制导律结构框图

1. 同一制导条件下不同制导阶次 n 的制导特性及弹道

以空地导弹为例，考虑到末制导段受导引头左右距离和框架角等指标限制和中制导飞行弹道特性影响，取初始投弹高度 $H_0 = 1\,000$ m，射程 $R = 5\,000$ m，导弹飞行速度为 $V = 250$ m/s，末制导时间 $t_F = 20$ s，惯性系下的期望落角 $q_F = -90°$，图 7.4 为该制导条件下制导阶次 $n = 0$、1、2 时对应的弹道仿真曲线。

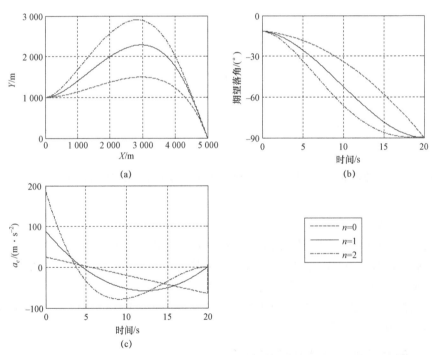

图 7.4 同一制导初始条件和期望落角时不同制导阶次 n 对应的弹道仿真曲线
（a）弹道曲线；（b）弹目视线角；（c）法向加速度

由仿真结果可知：

（1）该最优制导律可用于大落角制导问题，能同时满足位置和角度期望。

（2）对同一制导初始条件和终端期望，制导阶次 n 越大，初始段过载越大，弹道机动越显著，相应的弹目视线角向期望值调整的趋势越明显。

（3）对同一制导初始条件和终端期望，制导阶次 n 越大，接近命中点的末端过载趋向于零的斜率越小，弹道越平滑，相应的弹目视线角越接近期望值。

2. 同一制导阶次 n 在不同制导条件下的制导特性及弹道

以航空导弹为例，考虑到末制导段受导引头左右距离和框架角等指标限制，取初始投弹高度 $H_0 = 1\,000 \sim 5\,000\,\text{m}$，射程 $R = 5\,000\,\text{m}$，末制导时间 $t_F = 20\,\text{s}$，飞行速度为 $V = \sqrt{H_0^2 + R^2}\big/t_F = 255 \sim 353\,\text{m/s}$，惯性系下的期望落角 $q_F = -90°$，图 7.5 为同一制导阶次 $n = 1$ 时不同初始高度 H 下弹道仿真曲线。

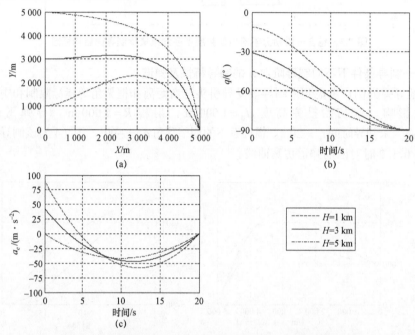

图 7.5　同一制导阶次 $n = 1$ 时不同初始高度 H 下弹道仿真曲线
（a）弹道曲线；（b）弹目视线角；（c）法向加速度

由仿真结果可知，对同一制导阶次 n：

（1）同一制导阶次 n 可实现不同制导条件下大落角制导问题。

（2）制导阶次 $n > 0$ 时，命中目标时刻的过载均为零，且导弹与目标的初始相对位置关系越接近，期望弹目视线命中点过载趋向于零的趋势越平缓。

（3）导弹初始位置与目标构成的初始弹目线与期望弹目线方向越接近，制导过程需要的过载越小，相应的飞行弹道越平滑。

7.2.3　制导律非线性大角度仿真验证

为验证该制导律在非线性大落角制导问题中的适应性，取纵向平面内质点模型，故有

$$\begin{cases} \dot{V} = (-X - mg\sin\theta)/m \\ \dot{\theta} = (Y - mg\cos\theta)/(mv) \\ \dot{x} = V\cos\theta \\ \dot{y} = V\sin\theta \\ \dot{n}_y = (n_{yc} - n_y)\big/T_d \end{cases} \qquad (7.25)$$

其中，阻力 $X = c_x qS = 0.5qS$，法向力 $Y = n_y mg$。取阻力系数 $c_x = 0.5$，参考面积 $S = 0.107\ 5\ \text{m}^2$，质量 $m = 500\ \text{kg}$，弹体动力学时间常数 $T_g = 1\ \text{s}$。取初始投弹高度 $H_0 = 3\ 000\ \text{m}$，投弹速度为 $V_0 = 250\ \text{m/s}$，投弹角度水平 $\theta_0 = 0°$，射程 $R = 4\ 000\ \text{m}$，期望落角 $q_F = -90°$，图 7.6 为典型制导阶次时的弹道仿真曲线。

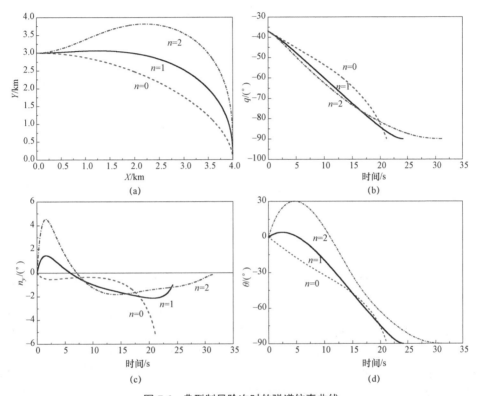

图 7.6　典型制导阶次时的弹道仿真曲线

（a）弹道曲线；（b）弹目视线角曲线；（c）过载曲线；（d）弹目倾角曲线

　　由仿真结果可知：扩展型多约束最优制导律虽是在线性化模型和小角假设下推导的具有位置和角度约束的最优制导律，但是也适用于非线性大落角制导问题，可同时确保命中点位置和角度。

7.3　扩展型最优制导律制导特性

7.3.1　制导律权系数

　　制导权系数是表征制导律中过载指令的重要参数。扩展型多约束最优制导律具有两个权系数，即比例导引项权系数 N_p 和落角约束项权系数 N_q，且它们与制导阶次 n 的关系为

$$\begin{cases} N_p = 2(n+2) \\ N_q = (n+1)(n+2) \end{cases} \qquad (7.26)$$

表 7.1 为典型制导阶次 n 对应的两项权系数以及二者之比。

表 7.1 典型制导阶次 n 对应的两项权系数以及二者之比

制导阶次 n	比例导引权 N_p	落角约束权 N_q	权系数比 N_p / N_q
0.0	4	2	2
0.5	5	3.75	1.33
1.0	6	6	1
1.5	7	8.75	0.8
2.0	8	12	2/3

图 7.7 和图 7.8 分别为制导权系数及二者之比随制导阶次 n 的变化关系曲线。

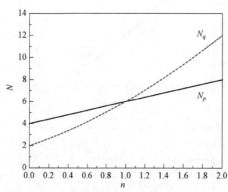

图 7.7 制导权系数随制导阶次变化曲线

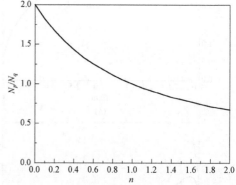

图 7.8 有效导航比之比随制导阶次变化曲线

由于比例导引项权系数 N_p 与制导阶次呈一次关系而落角约束项权系数 N_q 与制导阶次呈二次关系，所以落角约束项权所占的比重随制导阶次的增大而迅速增大，从而使得比例导引项权与落角约束项权之比随制导阶次增大而降低，相应的物理意义为增大制导阶次 n 可迅速增大落角项相对过载，使得弹道快速机动，在初始段就以较大过载完成导弹相对于期望落角方向的位置调整，进而减小接近目标时的需用过载。

同时，要清晰地看到，制导阶次不是越大越好，因为较大的制导阶次将使得制导权系数过大，最终导致制导系统对制导信息噪声的抵抗能力大幅降低，从而引起较大的位置和角度脱靶量。

因而，该制导律使用的关键是如何根据导弹可用过载和导引头的信噪特性设计合理的制导阶次，使得全弹道以最佳过载飞行，在以较小位置和角度脱靶量命中目标的同时将终端过载收敛到零附近。

7.3.2 无动力学系统的无量纲过载

1. 无量纲位过载的解析解

评价制导律特性的一项关键指标是需用加速度特性，而人们尤其注重接近命中点时的需用加速度。

对初始时刻 $t = 0$，式（7.21）即为

$$\begin{cases} f_1 = z(0) + t_F \dot{z}(0) \\ f_2 = \dot{z}(0) - \dot{z}(t_F) \\ h_1(t) = t_F^{0.5n+1} \\ h_2(t) = t_F^{0.5n} \end{cases} \quad （7.27）$$

因此，对初始时刻 $t=0$ ，式（7.16）即为

$$\begin{cases} \|h_1^2\| = \int_0^{t_F} t_F^{\,n+2}\mathrm{d}\lambda = \dfrac{t_F^{\,n+3}}{n+3} \\[2mm] \|h_1 h_2\| = \int_0^{t_F} t_F^{\,n+1}\mathrm{d}\lambda = \dfrac{t_F^{\,n+2}}{n+2} \\[2mm] \|h_2^2\| = \int_0^{t_F} t_F^{\,n}\mathrm{d}\lambda = \dfrac{t_F^{\,n+1}}{n+1} \end{cases} \tag{7.28}$$

将式（7.27）和式（7.28）代入式（7.20），考虑到通常情况下，导弹的初始位置即在初始弹目视线上，即 $z(0)=0$ ，且 $\dot{z}(0)=V_r\varepsilon$ ， $\dot{z}(t_F)=V_r q_F$ ，故式（7.20）也可表述为

$$a_c(t) = a_c(t)\big|_\varepsilon + a_c(t)\big|_{q_F} \tag{7.29}$$

其中

$$a_c(t)\big|_\varepsilon = -\frac{(n+2)V_r}{t_F}\left(1-\frac{t}{t_F}\right)^n\left[2-(n+3)\frac{t}{t_F}\right]\varepsilon$$

$$a_c(t)\big|_{q_F} = -\frac{(n+1)(n+2)V_r}{t_F}\left(1-\frac{t}{t_F}\right)^n\left[1-(n+3)\frac{t}{t_F}\right]q_F$$

式（7.29）由初始速度指向误差角引起的需用加速度和终端角度约束引起的需用加速度两部分组成，将其无量纲化：

由初始速度指向误差角 ε 引起的无量纲过载为

$$\frac{a_c(\bar{t})\big|_\varepsilon\, t_F}{V_r\varepsilon} = -(n+2)(1-\bar{t})^n\left[2-(n+3)\bar{t}\right] \tag{7.30}$$

由终端期望落角 q_F 引起的无量纲过载为

$$\frac{a_c(\bar{t})\big|_{q_F}\, t_F}{V_r q_F} = -(n+1)(n+2)(1-\bar{t})^n\left[1-(n+3)\bar{t}\right] \tag{7.31}$$

图 7.9 和图 7.10 分别为 n 取不同值时由初始速度误差角 ε 和由终端期望落角 q_F 引起的无量纲加速度曲线。

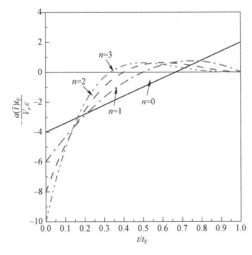

图 7.9　由初始速度误差角 ε 引起的无量纲加速度曲线

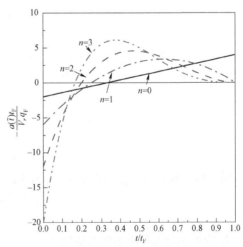

图 7.10　由终端期望落角 q_F 引起的无量纲加速度曲线

对空地制导武器，由式（6.36）定义 $k = \dfrac{\varepsilon}{q_F}$，则有

$$
\begin{aligned}
a_c(t) &= a_c(t)\big|_{q_F} + a_c(t)\big|_{\varepsilon} \\
&= -\frac{(n+2)V_r}{t_F}\left(1-\frac{t}{t_F}\right)^n\left[2-(n+3)\frac{t}{t_F}\right]kq_F \\
&\quad -\frac{(n+1)(n+2)V_r}{t_F}\left(1-\frac{t}{t_F}\right)^n\left[1-(n+3)\frac{t}{t_F}\right]q_F \\
&= -q_F V_r\frac{(n+2)}{t_F}\left(1-\frac{t}{t_F}\right)^n\left\{(n+1)\left[1-(n+3)\frac{t}{t_F}\right]+\left[2-(n+3)\frac{t}{t_F}\right]k\right\}
\end{aligned}
\tag{7.32}
$$

故

$$
-\frac{a_c(t)t_F}{q_F V_r} = (n+2)(1-\overline{t})^n\{(n+1)[1-(n+3)\overline{t}]+[2-(n+3)\overline{t}]k\}
\tag{7.33}
$$

表 7.2 为典型制导阶次 n 对应的无量纲加速度。

表 7.2 典型制导阶次 n 对应的无量纲加速度

制导阶次	无量纲加速度表达式
$n=0$	$-\dfrac{a_c(t)t_F}{q_F V_r} = 2[(1-3\overline{t})+(2-3\overline{t})k]$
$n=1$	$-\dfrac{a_c(t)t_F}{q_F V_r} = 3(1-\overline{t})[2(1-4\overline{t})+(2-4\overline{t})k]$
$n=2$	$-\dfrac{a_c(t)t_F}{q_F V_r} = 4(1-\overline{t})^2[3(1-5\overline{t})+(2-5\overline{t})k]$
⋮	⋮

空地制导武器对地精确打击时，由式（7.33）可知：

（1）初始速度指向误差角 ε 决定了 $t=t_F/(n+3)$ 时刻的制导指令，且此时其值为

$$
a_c\left(\frac{t_F}{n+3}\right) = -\frac{(n+2)V_r}{t_F}\left(\frac{n+2}{n+3}\right)^n\varepsilon
\tag{7.34}
$$

（2）终端角度约束 q_F 决定了 $t=2t_F/(n+3)$ 时刻的制导指令，且此时其值为

$$
a_c\left(\frac{2t_F}{n+3}\right) = \frac{(n+1)(n+2)V_r}{t_F}\left(\frac{n+1}{n+3}\right)^n q_F
\tag{7.35}
$$

（3）起始时刻制导指令由初始速度指向误差角 ε 和终端角度约束 q_F 共同决定，即

$$
a_c(0) = -\frac{(n+2)V_r}{t_F}[(n+1)q_F+2\varepsilon]
\tag{7.36}
$$

（4）终端时刻制导指令在 $n>0$ 时为零，即

$$
a_c(t_F) = \begin{cases} 2V(2q_F+\varepsilon)_r/t_F, & n=0 \\ 0, & n>0 \end{cases}
\tag{7.37}
$$

2. 空地制导武器无量纲过载特性

以空地导弹为典型的空地制导武器末制导段采用大落角攻击弹道方案实现对地侵彻打击

时，其末制导启控条件受导引头作用距离和框架角等因素制约。如图 7.11 所示。

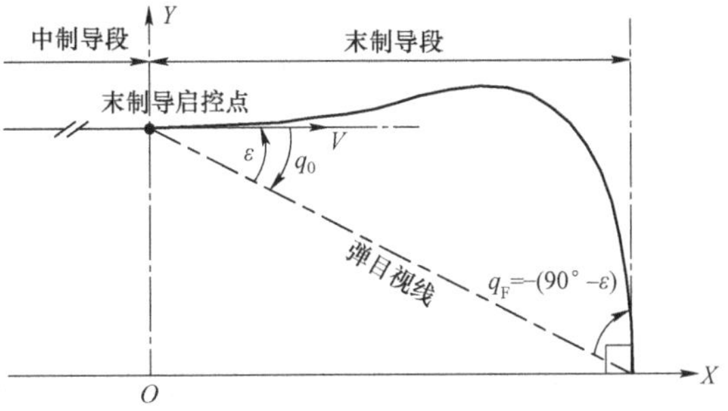

图 7.11　一般空地导弹末制导段相对位置与角度关系示意图

空地导弹在导引头捕获目标前的中制导段一般采用定高巡航飞行弹道，所以其速度矢量基本在水平方向，导引头捕获目标时的速度指向误差角基本为其框架角，即 $\varepsilon = \Phi_{kj} - \alpha \approx \Phi_{kj}$，故最大初始速度指向误差角受导引头最大可用框架角制约，最小初始速度指向误差角受飞行高度和导引头作用距离的制约。

对于采用电视末制导体制的空地导弹，其框架角目前最大约能达到 $-55° \sim -35°$ [68-69]，考虑到弹道设计时预留框架角保护，通常设计的捕获点最大框架角 $\Phi_{kj\max} = 30°$，所以 $\varepsilon_{\max} \approx \Phi_{kj\max} = 45°$，对应的初始弹目坐标系下的期望落角 $q_{F\min} = -(90° - \varepsilon_{\max}) = -45°$，因而 $k_{\max} = \varepsilon_{\max}/q_{F\min} = -1$。

一般空地导弹中制导段巡航导弹为 $1\,000\,\text{m}$，而导引头的最大作用距离为 $5\,000\,\text{m}$，所以末制导启控点的初始弹目视线角 $q_0 = -\arcsin(H_0/R_0) = -\arcsin(1/5) = -11.5°$，此时对应的最小初始速度指向误差角 $\varepsilon_{\min} = -q_0 = 11.5°$，初始弹目坐标系下的期望落角 $q_{F\min} = -(90° - \varepsilon_{\max}) = -78.5°$，因而 $k_{\min} = \varepsilon_{\min}/q_{F\max} = -0.15$。

因而，空地导弹末制导段初始速度指向误差角和终端期望落角之比：

$$-1 \leqslant k \leqslant -0.15 \tag{7.38}$$

空地导弹目前大多采用激光半主动末制导或电视/红外图像制导体制，采用激光半主动体制或者图像+数据链体制时一般在发射后锁定目标，中制导段一般采用最佳升阻比滑翔弹道，根据投弹角度不同，最佳下滑姿态角 $\vartheta = -45° \sim -5°$。导引头捕获目标时的速度指向误差角为其夹角与攻角之差，即 $\varepsilon = \Phi_{kj} - \alpha \approx \Phi_{kj}$，故最大初始速度指向误差角受导引头最大可用框架角制约，最小初始速度指向误差角受飞行高度和导引头作用距离的制约。

对于采用激光末制导体制的导弹，其框架角目前最大约能达到 $\Phi_{kj\max} = \pm 30°$，考虑到弹道设计时预留框架角保护和锁定目标过程中采用人在回路带来的操作偏差与滞后，通常设计的捕获点最大框架角 $\Phi_{kj\max} = 30°$。所以 $\varepsilon_{\max} \approx \Phi_{kj\max} = 30°$，对应的初始弹目坐标系下的期望落角 $q_{F\min} = -(90° - q_{0\max}) = -(90° - \varepsilon_{\max} - \vartheta_{\max}) = -15°$，因而 $k_{\max} = \varepsilon_{\max}/q_{F\min} = -2$；当 $\varepsilon_{\min} = 0°$ 时，初始弹目坐标系下的期望落角 $q_{F\max} = -(90° - q_{0\min}) = -(90° - \theta_{\min})$，因而 $k_{\min} = \varepsilon_{\min}/q_{F\max} = 0$。如图 7.12 所示。

因而，导弹末制导段的初始速度指向误差角和终端期望落角之比：

$$-2 \leqslant k \leqslant 0 \tag{7.39}$$

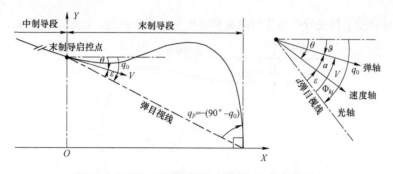

图 7.12 一般导弹末制导段相对位置与角度关系示意图

图 7.13 为以空地导弹为典型空地制导武器垂直侵彻地面目标时，不同初始相对位置关系下（$-2 \leqslant k \leqslant 0$）的无量纲过载曲线。

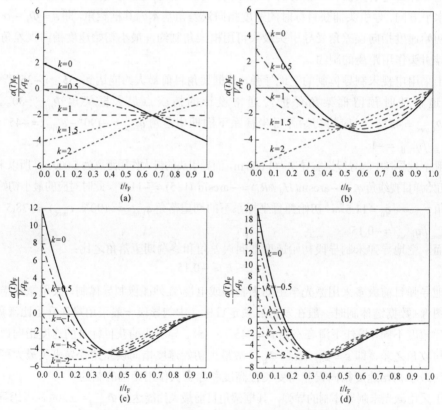

图 7.13 $n=0$、1、2、3 时不同相对位置关系无量纲加速度
(a) $n=0$；(b) $n=1$；(c) $n=2$；(d) $n=3$

上述曲线表明，对空地制导武器大落角攻击弹道有以下结论。

（1）当 $-2 \leqslant k \leqslant 0$ 时，对同一制导阶次 n，初始速度指向误差角 ε 与期望落角 q_F 的比值 k 绝对值越大，初始加速度指令越大而终端加速度指令越小。

（2）当制导阶次 $n=0$ 时，只有当 $k=-2$ 时才能保证终端加速度指令为 0，而当制导阶次 $n>0$ 时，对所有 $-2 \leqslant k \leqslant 0$ 均能确保终端加速度指令为 0，且制导阶次 n 越大，加速度指令趋向于 0 的过程越平滑。

为了分析同一相对角度关系下，不同制导阶次 n 对无量纲加速度的影响，图 7.14 为以空地导弹为典型的空地制导武器垂直侵彻地面目标时，不同初始相对位置关系下典型制导阶次 n 的无量纲过载曲线。

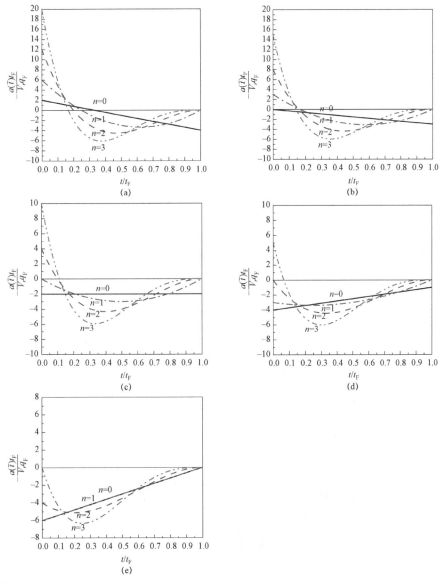

注释：

$$-\frac{a_c(t)t_F}{q_F V_r}\bigg|_{\substack{n=0\\k=-2}}=-6\left(1-\frac{t}{t_F}\right)$$

$$-\frac{a_c(t)t_F}{q_F V_r}\bigg|_{\substack{n=1\\k=-2}}=-6\left(1-\frac{t}{t_F}\right)$$

图 7.14　当 $k=0$、-0.5、-1、-1.5、-2 时典型制导阶次 n 的无量纲过载曲线
（a）$k=0$；（b）$k=-0.5$；（c）$k=-1$；（d）$k=-1.5$；（e）$k=-2$

上述曲线表明，对空地制导武器大落角攻击弹道有以下结论。

（1）对同一相对角度比 k，制导阶次 n 越大，落角约束项占的权重越大，从而导致正向合过载随 n 增大而增大，快速减小初始速度矢量方向与期望落角的偏差，进而快速减小末段落角项加速度，使得终端加速度指令为 0，且 n 越大趋向于 0 的过程越平滑。

（2）当相对角度比 $-2 \leqslant k \leqslant -1$ 时，虽然随着 n 增大起始段的过载减小，但是相对于 $n=0$ 的多约束最优制导律，还是具有随 n 增大而增大的相对正向过载余量来帮助快速改变初始速度矢量方向偏差，其性质与 $-1 \leqslant k \leqslant 0$ 时是相同的。

7.3.3 一阶动力学系统的无量纲脱靶量

同 6.3 节，采用伴随函数法和时间尺度变换法分析，以初始航向误差和终端落角约束为误差源，介绍扩展型多约束最优制导律的无量纲位置脱靶量和无量纲角度脱靶量特性。

1. 无量纲位置脱靶量

扩展型多约束最优制导律的位置脱靶量系统、伴随系统和无量纲系统相对于多约束最优制导律只是对其比例导引项权系数和落角约束项权系数进行了系列化更新，在制导律的表述形式和系统结构上完全一致，故借鉴 6.3.1 小节中无量纲位置脱靶量系统获取方法，可得扩展型多约束最优制导律的无量纲位置脱靶量。图 7.15 为包含一阶动力学滞后的扩展型多约束最优制导律结构框图。

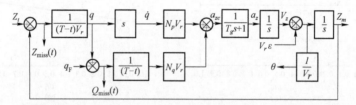

图 7.15　包含一阶动力学滞后的扩展型多约束最优制导律结构框图

通过时间尺度变换法进行无量纲化，令 $\overline{T}=T/T_g$，$\overline{s}=sT_g$，则图 7.16 为无量纲化的位置脱靶量伴随系统。

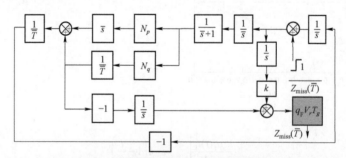

图 7.16　无量纲化的位置脱靶量伴随系统

图 7.17 和图 7.18 分别为由初始速度指向误差角 ε 和由终端约束角 q_F 引起的无量纲位置脱靶量。

图 7.19 和图 7.20 分别为当相对角度比 $k=-1$ 和 $k=1$ 时由初始速度指向误差角 ε 和终端约束角 q_F 共同引起的无量纲位置脱靶量。

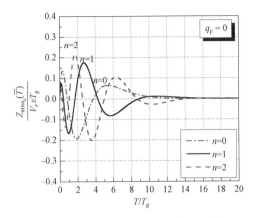

图 7.17　由初始速度指向误差角 ε 引起的
无量纲位置脱靶量

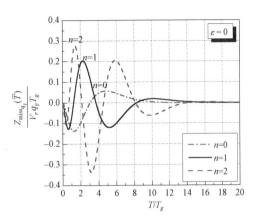

图 7.18　由终端约束角 q_F 引起的
无量纲位置脱靶量

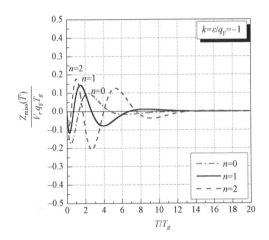

图 7.19　当 $k=-1$ 时的无量纲位置脱靶量

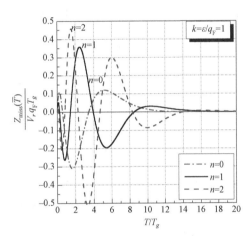

图 7.20　当 $k=1$ 时的无量纲位置脱靶量

通过对扩展型多约束最优制导律的无量纲位置脱靶量分析可知：

（1）扩展型弹道成型无量纲位置脱靶量随无量纲时间增大而收敛，由速度指向误差角和终端角度约束引起的无量纲脱靶量在 14 倍的末制导时间处基本收敛到零。

（2）制导阶次 n 越大，由速度指向误差角和终端角度约束引起的无量纲脱靶量收敛越慢，且收敛过程中位置脱靶量越大。制导阶次提高后增加了角约束项的相对需用过载，对位置控制项附加了过程干扰，从而使得位置脱靶量变大，且收敛变慢。

（3）由于具有终端位置和角度约束的制导问题是包含速度指向误差角和终端角度约束的双输入问题，所以其无量纲位置脱靶量与二者的相对角度比 k 密切相关，当 k 为负时，二者方向相反，此时位置脱靶量明显小于二者同号时的情况。

2. 无量纲角度脱靶量

同理，借鉴 6.3.2 小节中无量纲角度脱靶量系统获取方法，可得到改进控制权函数的扩展型多约束最优制导律的无量纲角度脱靶量。图 7.15 即可转化为图 7.21 所示的以弹道倾角与期望弹目视线角误差为落角偏差的制导系统。

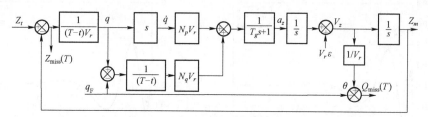

图 7.21　包含一阶动力学滞后的变权系数弹道成型结构等效变换框图

图 7.22 为扩展型多约束最优制导律制导系统角度脱靶量的伴随系统。

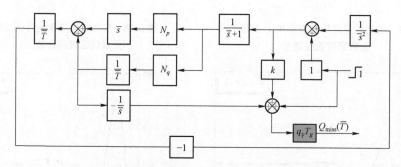

图 7.22　无量纲化的角度脱靶量伴随系统等效变换

图 7.23 和图 7.24 分别为由速度指向误差角和由终端角度引起的无量纲角脱靶量。

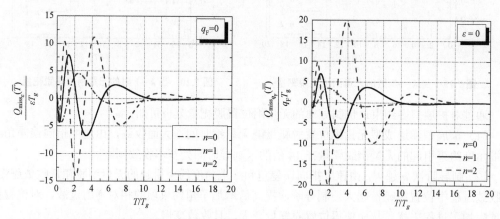

图 7.23　由速度指向误差角引起的无量纲角脱靶量　　图 7.24　由终端角度引起的无量纲角脱靶量

图 7.25 和图 7.26 分别为当 $k = -1$ 和 1 时的无量纲角度脱靶量。

由上述仿真结果可知：

（1）扩展型多约束最优制导律无量纲角度脱靶量随无量纲末制导时间增大而收敛，由速度指向误差角和终端角度约束引起的无量纲角度脱靶量在 16 倍的末制导时间处基本收敛到零。

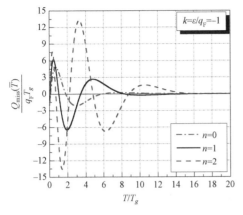
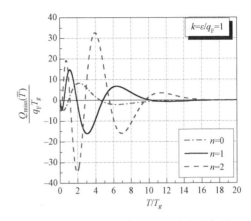

图 7.25　当 $k=-1$ 时的无量纲角度脱靶量　　**图 7.26　当 $k=1$ 时的无量纲角度脱靶量**

（2）制导阶次 n 越大，由速度指向误差角和终端角度引起的无量纲角度脱靶量相对收敛越慢，且收敛过程中位置脱靶量越大。制导阶次提高后增加了位置控制项的需用过载，对角度控制项附加了过程干扰，从而使得角度脱靶量变大，且收敛变慢。

（3）由于具有终端位置和角度约束的制导问题是包含速度指向误差角和终端角度约束的双输入问题，所以其无量纲角度脱靶量与二者之间的相对角度关系 k 密切相关，当 k 为负时，二者方向相反，此时角度脱靶量明显小于二者同号时的情况。

7.4　包含可用过载限制的制导律使用策略

7.4.1　包含过载约束的制导阶次设计方法

对侵彻型空地导弹，末制导段发动机已经关机或者没有动力装置，所以导致末端可用过载受飞行状态和气动特性制约，因而在制导律设计时应该以导弹的可用过载作为设计约束来获取最优制导律，以确保设计得到的过载指令满足导弹的可用过载限制，使得导弹在飞行过程中不触发可用过载限制[70-71]，以合适的制导阶次实现具有终端位置和角度约束且可确保命中点过载指令归零的最优制导。因而研究具有最大需用过载限制的制导阶次设计方法对制导律的工程应用具有实际的指导意义。

对式（7.33）求导并令其为零可得加速度极值点时刻以及相应的极值为

$$t_{\dot{a}_c=0} = \frac{(2n+3)q_F + 3\varepsilon}{(n+1)(n+3)q_F + (n+3)\varepsilon}t_F = \frac{2n+3+3k}{(n+3)(n+1+k)}t_F \tag{7.40}$$

将式（7.40）代入式（7.32）可得到相应的过载极大值为

$$a_c(t_{\dot{a}_c=0}) = \frac{V_r q_F}{t_F}(n+2)(k+n+2)\left(\frac{n(n+k+2)}{(n+3)(n+1+k)}\right)^n \tag{7.41}$$

由式（7.36）可知，初始时刻需用加速度为

$$a_c(0) = -\frac{V_r q_F}{t_F}(n+2)(n+1+2k) \tag{7.42}$$

由式（7.37）可知，当 $n>0$ 时 $a_c(t_F)=0$，所以制导过程中最大需用加速度为

$$a_{c\max} = \max\{a_c(0), a_c(t_{\dot{a}_c=0})\} \tag{7.43}$$

故在给定气动特性和飞行状态下，可按图 7.27 所给方法确定扩展型多约束最优制导律制导阶次 n，其中 η 为安全系数，通常取 $\eta \leqslant 1$。

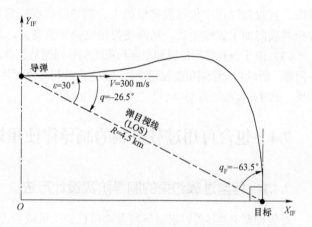

图 7.27 制导阶次 n 设计原理图

假设空地导弹最大可用过载为 $10\,g$，其具有最大需用过载限制的制导阶次设计步骤如下，图 7.28～图 7.30 分别为相应的设计示意图与设计结果仿真曲线。

Step1：惯性系下末制导条件

末制导距离：$R = 4\,500$ m

末端速度：$V = 300$ m/s

弹道倾角：$\theta = 0°$

弹目视线角：$q = -26.5°$

期望落角：$q_F = -90°$

Step2：初始弹目系下末制导条件

末制导时间：$t_F = R / V = 15$ s

初始速度指向误差角：

$$\varepsilon = -q = 30°$$

期望落角：$q_F = -(90° - \varepsilon) = -60°$

相对角度比：$k = \varepsilon / q_F = -0.5$

Step3：最大加速度计算

最大可用加速度：

$$a_{yp} = c_y^\alpha \alpha q S = 98.1 \text{ m/s}^2$$

最大需用加速度：

$$a_{c\max} = \max\{a_c(0), a_c(t_{\dot{a}_c=0})\}$$

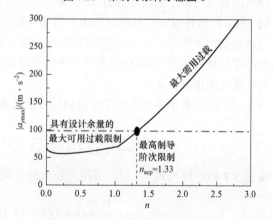

图 7.28 末制导条件示意图 1

图 7.29 制导阶次确定方法示意图 1

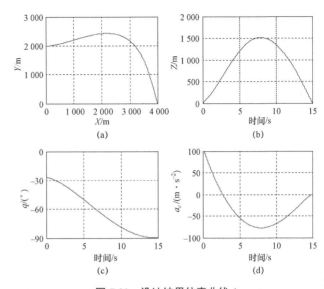

Step4：确定最大制导阶次
绘制最大需用/可用过载曲线
确定最大制导阶次

$$n_{\max} = n_{acp} = 1.33$$

Step5：最优制导律

$$a(t) = N_p V_r \dot{q}(t) + N_q V_r (q(t) - q_F)/t_{go}$$

图 7.30　设计结果仿真曲线 1
（a）弹道曲线 IF；（b）弹道曲线 LOS；
（c）弹目视线角；（d）法向加速度

7.4.2　允许初始过载饱和的制导阶次设计方法

空地制导武器的最大过载一般都出现在初始时刻，因而，即使初始时刻的最大需用过载超出了导弹可用过载，但是由于该制导律的过载指令将随着飞行时间的增大而逐渐减小，人们进行制导律设计时为了尽量减小末端过载，因此，在制导初始段即使出现短时间的过载饱和也是可以勉强接受的[72]，所以，在面对可用过载限制问题时，可舍弃初始段最大需用过载限制，而以加速度导数为零时刻的加速度极值为最大加速度指令，结合最大可用过载求解制导阶次 n_{acp}。

由于该方法没考虑初始段可能出现的大于加速度极值时刻的过载，因而在得到最大可用过载求解制导阶次 n_{acp} 后，为了消除因初始过载限制带来的加速度极值增大现象，可将最大可用过载求解制导阶次 n_{acp} 的 80%，即 $0.8n_{acp}$ 作为最佳制导阶次。图 7.31 为具有初始过载饱和的制导阶次设计原理示意图。

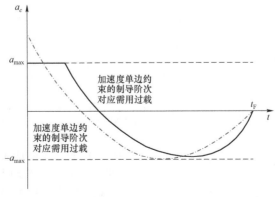

图 7.31　具有初始过载饱和的制导阶次设计原理示意图

例如，对导弹末制导问题，其最大可用过载为 5 g，则其具有最大需用过载限制的制导阶次设计步骤如下，图 7.32～图 7.34 分别为其相应的设计示意图与设计结果仿真曲线。

Step1：惯性系下末制导条件

末制导距离：$R = 4\ 500$ m

末端速度：$V = 225$ m/s

弹道倾角：$\theta = -26.5°$

弹目视线角：$q = -26.5°$

期望落角：$q_F = -90°$

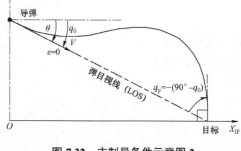

图 7.32　末制导条件示意图 2

Step2：初始弹目系下末制导条件

末制导时间：$t_F = R / V = 20$ s

初始速度指向误差角：$\varepsilon = 0°$

期望落角：$q_F = -(90° - q) = -63.5°$

相对角度比：$k = \varepsilon / q_F = 0$

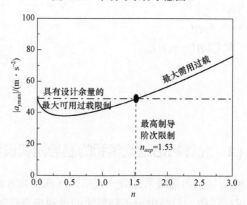

图 7.33　制导阶次确定方法示意图 2

Step3：最大加速度计算

最大可用加速度：

$$a_{yp} = c_y^\alpha \alpha q S = 49 \text{ m/s}^2$$

最大需用加速度：

$$a_{c\max} = \max\{a_c(t = 1/3 t_F),$$
$$a_c(t_{\dot{a}_c = 0})\}$$

Step4：确定最大制导阶次

绘制最大需用/可用过载曲线

确定最大制导阶次

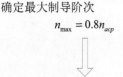

$$n_{\max} = 0.8 n_{acp}$$

Step5：最优制导律

$$a(t) = N_p V_r \dot{q}(t) +$$
$$N_q V_r (q(t) - q_F) / t_{go}$$

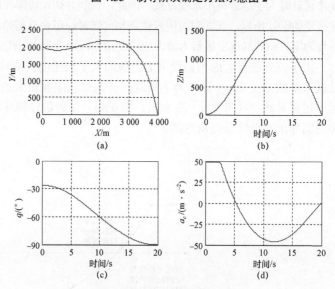

图 7.34　设计结果仿真曲线 2

（a）弹道曲线 IF；（b）弹道曲线 LOS；

（c）弹目视线角；（d）法向加速度

7.5　小结

本章在多约束最优制导律的基础上，将目标函数的控制权项从 $R(t)=1$ 扩展到包含剩余飞行时间幂函数形式 $R(t)=(t_F-t)^{-n}$，采用 Schwartz 不等式方法得到了扩展型多约束最优制导律。通过对空地导弹扩展型多约束最优制导律在无动力学滞后系统的无量纲过载、无量纲弹道介绍以及一阶动力学滞后系统的无量纲位置和角度脱靶量特性分析，给出了扩展型多约束最优制导律的过载产生机理、弹道变化特性以及位置和角度脱靶量随无量纲末制导时间及制导阶次变化特性，并给出了两种包含可用过载限制的制导律使用策略及制导阶次的工程设计方法，解决了扩展型多约束最优制导律的理论探索与工程应用问题，结果表明如下。

（1）扩展型多约束最优制导律是小角线性化假设下得到的具有终端位置和角度约束的最优制导律，但是其强大的鲁棒性确保了可用于解决大角度非线性条件下的位置和角度约束制导问题。

（2）若末制导时间充分，扩展型多约束最优制导律能同时满足命中点的位置和角度精度要求，且在相同的初始速度指向误差角 ε 和终端角约束 q_F 下，位置脱靶量比角度脱靶量收敛得快，位置脱靶量约在 12～14 倍动力学时间处收敛，角度脱靶量约在 14～17 倍动力学时间处收敛。

（3）由于扩展型多约束最优制导律是包含初始速度指向误差角 ε 和终端角度约束 q_F 的双输入制导问题，所以其无量纲位置脱靶量与二者相对角度关系 k 密切相关，当 k 为负时，二者方向相反，此时位置和角度脱靶量明显小于二者同号时的情况。

（4）对同一制导系统，制导阶次 n 越大，无量纲位置和角度脱靶量越大且收敛时间越长，这主要是由于 n 越大末端需用过载越小而付出的代价，不过只要制导时间满足要求，位置和角度精度就能达到约束期望。

（5）通过设计合理的制导阶次，利用最大可用过载快速将弹道导向有利于实现落角的方向，可将末端需用过载减小到零，从而间接实现终端攻角控制。

第8章
广义终端多约束最优制导律

对终端多约束最优制导律及其扩展型的研究表明，即使通过弹道设计将初始速度指向误差角和终端期望落角的关系调整到最佳状态或者将制导阶次设计为最佳也只能确保无弹体动力时终端过载指令归零，一旦进入包含弹体响应特性的实际制导系统模型仿真，将出现由于过载响应不归零引起的位置脱靶量和角度偏差。因此，在考虑弹体动力学模型条件下，以终端位置、角度和过载为约束的广义终端多约束最优制导律成为新的解决途径。

8.1 广义终端多约束最优制导律建模与推导

8.1.1 制导系统动力学建模

对于包含控制系统弹体动力学滞后的制导问题，在线性系统范围内，可将系统动力学模型等效描述如图8.1所示[73-74]。

其中，a_t 为目标运动加速度；a_c 为控制指令，即 u；a_m 为经过弹体动力学后的实际加速度；z、$\dot{z}$、$\ddot{z}$ 分别为导弹位置、速度和加速度；T_g 为控制系统时间常数。

弹体动力学模型为典型的一阶系统[75]：

$$\frac{a_m}{a_c} = \frac{1}{T_g s + 1} \quad (8.1)$$

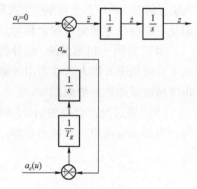

图 8.1　包含弹体动力学的制导系统模型

取导弹的位置、速度和加速度三项作为系统状态：

$$\boldsymbol{x} = \begin{bmatrix} x_1 \\ x_2 \\ x_3 \end{bmatrix} = \begin{bmatrix} z \\ \dot{z} \\ \ddot{z} \end{bmatrix} \quad (8.2)$$

则，包含弹体动力学的制导系统线性微分方程可表示为

$$\dot{\boldsymbol{x}} = \boldsymbol{A}\boldsymbol{x} + \boldsymbol{B}\boldsymbol{u} \quad (8.3)$$

其中，

$$\boldsymbol{A} = \begin{bmatrix} 0 & 1 & 0 \\ 0 & 0 & 1 \\ 0 & 0 & -1/T_g \end{bmatrix}, \quad \boldsymbol{B} = \begin{bmatrix} 0 \\ 0 \\ 1/T_g \end{bmatrix} \quad (8.4)$$

8.1.2 一般形式广义最优制导律推导

为了分析具有终端多约束的最优制导问题，可建立以下目标函数：

$$J = \frac{1}{2}[\boldsymbol{x}(t_F) - \boldsymbol{x}_F]^T \boldsymbol{S}_F [\boldsymbol{x}(t_F) - \boldsymbol{x}_F] + \frac{1}{2}\int_{t_0}^{t_f} \boldsymbol{u}^T(\tau) \boldsymbol{R} \boldsymbol{u}(\tau) \, \mathrm{d}\tau \qquad (8.5)$$

其中，$\boldsymbol{S}_F$ 和 $\boldsymbol{R}$ 为半正定矩阵，分别为终端加权矩阵和控制加权矩阵；t_F 为导弹总制导时间；$\boldsymbol{x}_F$ 为终端特定约束；$\boldsymbol{u}$ 为控制量。

该制导问题的初值为

$$\boldsymbol{x}_0 = [z_0 \quad \dot{z}_0 \quad \ddot{z}_0]^T \qquad (8.6)$$

终端约束条件为

$$\boldsymbol{x}_F = [z_F \quad \dot{z}_F \quad \ddot{z}_F]^T \qquad (8.7)$$

终端加权矩阵 $\boldsymbol{S}_F$ 和控制加权矩阵 $\boldsymbol{R}$ 可分别取为

$$\boldsymbol{S}_F = \begin{bmatrix} s_1 & 0 & 0 \\ 0 & s_2 & 0 \\ 0 & 0 & s_3 \end{bmatrix}, \quad \boldsymbol{R} = 1 \qquad (8.8)$$

对该类最优控制问题，采用状态反馈方法可获得该问题的最优控制解为[76]

$$\boldsymbol{u}^*(t) = -\boldsymbol{R}^{-1}\boldsymbol{B}\boldsymbol{\Phi}^T(t_F, \tau)\boldsymbol{S}_F[\boldsymbol{x}(t_F) - \boldsymbol{x}_F] \qquad (8.9)$$

其中，终端状态的解为

$$\boldsymbol{x}(t_F) = \left[\boldsymbol{I} + \int_t^{t_F} \boldsymbol{\Phi}(t_F, \tau)\boldsymbol{B}\boldsymbol{R}^{-1}\boldsymbol{B}^T\boldsymbol{\Phi}^T(t_F, \tau)\boldsymbol{S}_F \mathrm{d}\tau\right]^{-1} \times [\boldsymbol{\Phi}(t_F, \tau)\boldsymbol{x}(t) - \boldsymbol{x}_F] + \boldsymbol{x}_F \qquad (8.10)$$

至此，得到包含弹体动力学的终端多约束最优制导律的数学模型，下面展开对该最优控制问题的具体求解。

首先，根据系统状态矩阵获得其状态转移矩阵为

$$\boldsymbol{\Phi}(t_F, t) = L^{-1}[s\boldsymbol{I} - \boldsymbol{A}]^{-1}\big|_{t_F - t} \begin{bmatrix} 1 & t_F - t & T_g(t_F - t) - T_g^2(1 - \mathrm{e}^{-(t_F - t)/T_g}) \\ 0 & 1 & T_g(1 - \mathrm{e}^{-(t_F - t)/T_g}) \\ 0 & 0 & \mathrm{e}^{-(t_F - t)/T_g} \end{bmatrix} \qquad (8.11)$$

则有

$$\boldsymbol{\Phi}(t_F, t)\boldsymbol{B} = L^{-1}[s\boldsymbol{I} - \boldsymbol{A}]^{-1}\big|_{t_F - t}\boldsymbol{B} = L^{-1}\left\{\frac{\boldsymbol{x}(s)}{u(s)}\right\}_{t_F - t} \qquad (8.12)$$

由式（8.2）可知：

$$\frac{x_2(s)}{x_3(s)} = \frac{1}{s}, \quad \frac{x_1(s)}{x_3(s)} = \frac{1}{s^2} \qquad (8.13)$$

将式（8.7）、式（8.8）、式（8.12）和式（8.13）代入式（8.9）可得到最优控制量为

$$u(t) = -\left\{\begin{array}{l} s_1(t_{go} - T_g + T_g\mathrm{e}^{-t_{go}/T_g})(x_1(t_F) - x_{1F}) \\ + s_2(1 - \mathrm{e}^{-t_{go}/T_g})(x_2(t_F) - x_{2F}) \\ + s_3(1/T_g\mathrm{e}^{-t_{go}/T_g})(x_3(t_F) - x_{3F}) \end{array}\right\} \qquad (8.14)$$

将式（8.7）、式（8.8）、式（8.11）和式（8.12）代入式（8.10）可得到终端状态 $x_1(t_F)$、$x_2(t_F)$、$x_3(t_F)$ 的表达式为

$$\boldsymbol{x}(t_F) = \begin{bmatrix} 1+p_{11}s_1 & p_{12}s_2 & p_{13}s_3 \\ p_{21}s_1 & 1+p_{22}s_2 & p_{23}s_3 \\ p_{31}s_1 & p_{32}s_2 & 1+p_{33}s_3 \end{bmatrix}^{-1}$$
$$\begin{bmatrix} x_1(t)+t_{go}x_2(t)+(\tau t_{go}-\tau^2(1-e^{-t_{go}/T_g}))x_3(t)-x_{1F} \\ x_2(t)+\tau(1-e^{-t_{go}/T_g})x_3(t)-x_{2F} \\ e^{-t_{go}/T_g}x_3(t)-x_{3F} \end{bmatrix} + \begin{bmatrix} x_{1F} \\ x_{2F} \\ x_{3F} \end{bmatrix} \tag{8.15}$$

其中，

$$\begin{cases} p_{11} = \int_t^{t_F}\left(L^{-1}\left\{\dfrac{1}{s^2}\dfrac{1}{T_gs+1}\right\}_{t_F-t}\right)^2 \mathrm{d}\tau = T_g^2t_{go}-T_gt_{go}^2+\dfrac{1}{3}t_{go}^3-2T_g^2t_{go}e^{-t_{go}/T_g}+\dfrac{1}{2}T_g^3(1-e^{-2t_{go}/T_g}) \\[4mm] p_{22} = \int_t^{t_F}\left(L^{-1}\left\{\dfrac{1}{s}\dfrac{1}{T_gs+1}\right\}_{t_F-t}\right)^2 \mathrm{d}\tau = t_{go}-2T_g(1-e^{-t_{go}/T_g})+\dfrac{1}{2}T_g(1-e^{-2t_{go}/T_g}) \\[4mm] p_{33} = \int_t^{t_F}\left(L^{-1}\left\{\dfrac{1}{T_gs+1}\right\}_{t_F-t}\right)^2 \mathrm{d}\tau = \dfrac{1}{2T_g}(1-e^{-2t_{go}/T_g}) \\[4mm] p_{12}=p_{21}=\int_t^{t_F}L^{-1}\left\{\dfrac{1}{s^2}\dfrac{1}{T_gs+1}\right\}_{t_F-t}L^{-1}\left\{\dfrac{1}{s}\dfrac{1}{T_gs+1}\right\}_{t_F-t}\mathrm{d}\tau \\[4mm] \qquad = -T_gt_{go}(1-e^{-t_{go}/T_g})+\dfrac{1}{2}t_{go}^2+T_g^2(1-e^{-t_{go}/T_g})-\dfrac{1}{2}T_g^2(1-e^{-2t_{go}/T_g}) \\[4mm] p_{13}=p_{31}=\int_t^{t_F}L^{-1}\left\{\dfrac{1}{s^2}\dfrac{1}{T_gs+1}\right\}_{t_F-t}L^{-1}\left\{\dfrac{1}{T_gs+1}\right\}_{t_F-t}\mathrm{d}\tau \\[4mm] \qquad = -T_g(1-e^{-t_{go}/T_g})+\dfrac{1}{2}T_g(1-e^{-2t_{go}/T_g})-T_gt_{go}e^{-t_{go}/T_g}+(1-e^{-t_{go}/T_g}) \\[4mm] p_{23}=p_{32}=\int_t^{t_F}L^{-1}\left\{\dfrac{1}{s}\dfrac{1}{T_gs+1}\right\}_{t_F-t}L^{-1}\left\{\dfrac{1}{T_gs+1}\right\}_{t_F-t}\mathrm{d}\tau = (1-e^{-t_{go}/T_g})-\dfrac{1}{2}(1-e^{-2t_{go}/T_g}) \end{cases}$$
$$\tag{8.16}$$

为推导方便，令

$$\boldsymbol{P} = \begin{bmatrix} p_{11} & p_{12} & p_{13} \\ p_{21} & p_{22} & p_{23} \\ p_{31} & p_{32} & p_{33} \end{bmatrix}, \boldsymbol{Q} = \begin{bmatrix} 1+p_{11}s_1 & p_{12}s_2 & p_{13}s_3 \\ p_{21}s_1 & 1+p_{22}s_2 & p_{23}s_3 \\ p_{31}s_1 & p_{32}s_2 & 1+p_{33}s_3 \end{bmatrix} \tag{8.17}$$

则 $\boldsymbol{P}$ 的伴随矩阵 $\boldsymbol{C}$ 为

$$C = \begin{bmatrix} C_{11} & C_{12} & C_{13} \\ C_{21} & C_{22} & C_{23} \\ C_{31} & C_{32} & C_{33} \end{bmatrix} = \begin{bmatrix} p_{22}p_{33}-p_{23}^2 & p_{13}p_{23}-p_{12}p_{33} & p_{12}p_{23}-p_{13}p_{22} \\ p_{13}p_{23}-p_{12}p_{33} & p_{11}p_{33}-p_{13}^2 & p_{12}p_{13}-p_{11}p_{23} \\ p_{12}p_{23}-p_{13}p_{22} & p_{12}p_{13}-p_{11}p_{23} & p_{11}p_{22}-p_{12}^2 \end{bmatrix} \tag{8.18}$$

则 Q 的逆阵为

$$Q^{-1} = \frac{1}{\Delta}\begin{bmatrix} q_{11} & q_{12} & q_{13} \\ q_{21} & q_{22} & q_{23} \\ q_{31} & q_{32} & q_{33} \end{bmatrix} \tag{8.19}$$

其中,

$$\begin{aligned} \Delta = 1 &+ s_1 p_{11} + s_2 p_{22} + s_3 p_{33} + s_2 s_3 C_{11} + s_1 s_3 C_{22} + s_1 s_2 C_{33} + \\ & s_1 s_2 s_3 (p_{11}C_{11} + p_{12}C_{12} + p_{13}C_{13}) \end{aligned} \tag{8.20}$$

$$\begin{cases} q_{11} = 1 + p_{22}s_2 + p_{33}s_3 + C_{11}s_2 s_3 & q_{12} = -p_{12}s_2 + C_{12}s_2 s_3 & q_{13} = -p_{13}s_3 + C_{13}s_2 s_3 \\ q_{21} = -p_{21}s_1 + C_{21}s_1 s_3 & q_{22} = 1 + p_{11}s_1 + p_{33}s_3 + C_{22}s_1 s_3 & q_{23} = -p_{23}s_3 + C_{23}s_1 s_3 \\ q_{31} = -p_{31}s_1 + C_{31}s_1 s_2 & q_{32} = -p_{32}s_2 + C_{32}s_1 s_2 & q_{33} = 1 + p_{11}s_1 + p_{22}s_2 + C_{33}s_1 s_2 \end{cases} \tag{8.21}$$

将式（8.19）～式（8.21）代入式（8.15），并展开后即为

$$x_1(t_F) = \frac{1}{\Delta}\begin{bmatrix} (1 + p_{22}s_2 + p_{33}s_3 + C_{11}s_2 s_3)x_1(t) \\ +((1 + p_{22}s_2 + p_{33}s_3 + C_{11}s_2 s_3)t_{go} + (C_{12}s_2 s_3 - p_{12}s_2))x_2(t) \\ +\begin{pmatrix} (1 + p_{22}s_2 + p_{33}s_3 + C_{11}s_2 s_3)(T_g t_{go} - T_g^2(1 - e^{-t_{go}/T_g})) \\ +(C_{12}s_2 s_3 - p_{12}s_2)T_g(1 - e^{-t_{go}/T_g}) + (C_{13}s_2 s_3 - p_{13}s_3)e^{-t_{go}/T_g} \end{pmatrix}x_3(t) \\ -(p_{22}s_2 + p_{33}s_3 + C_{11}s_2 s_3)x_{1F} - (C_{12}s_2 s_3 - p_{12}s_2)x_{2F} - (C_{13}s_2 s_3 - p_{13}s_3)x_{3F} \end{bmatrix}$$

$$\tag{8.22}$$

$$x_2(t_F) = \frac{1}{\Delta}\begin{bmatrix} (C_{21}s_1 s_3 - p_{21}s_1)x_1(t) \\ +((C_{21}s_1 s_3 - p_{21}s_1)t_{go} + (1 + p_{11}s_1 + p_{33}s_3 + C_{22}s_1 s_3))x_2(t) \\ +\begin{pmatrix} (C_{21}s_1 s_3 - p_{21}s_1)(T_g t_{go} - T_g^2(1 - e^{-t_{go}/T_g})) \\ +(1 + p_{11}s_1 + p_{33}s_3 + C_{22}s_1 s_3)T_g(1 - e^{-t_{go}/T_g}) \\ +(C_{23}s_1 s_3 - p_{23}s_3)e^{-t_{go}/T_g} \end{pmatrix}x_3(t) \\ -(C_{21}s_1 s_3 - p_{21}s_1)x_{1F} - (p_{11}s_1 + p_{33}s_3 + C_{22}s_1 s_3)x_{2F} - (C_{23}s_1 s_3 - p_{23}s_3)_{23}x_{3F} \end{bmatrix}$$

$$x_3(t_F) = \frac{1}{\Delta}\begin{bmatrix} (C_{31}s_1 s_2 - p_{31}s_1)x_1(t) \\ +((C_{31}s_1 s_2 - p_{31}s_1)t_{go} + (C_{32}s_1 s_2 - p_{32}s_2))x_2(t) \\ +\begin{pmatrix} (C_{31}s_1 s_2 - p_{31}s_1)(T_g t_{go} - T_g^2(1 - e^{-t_{go}/T_g})) \\ +(C_{32}s_1 s_2 - p_{32}s_2)T_g(1 - e^{-t_{go}/T_g}) \\ +(1 + p_{11}s_1 + p_{22}s_2 + C_{33}s_1 s_2)e^{-t_{go}/T_g} \end{pmatrix}x_3(t) \\ -(C_{31}s_1 s_2 - p_{31}s_1)x_{1F} - (C_{32}s_1 s_2 - p_{32}s_2)x_{2F} - (p_{11}s_1 + p_{22}s_2 + C_{33}s_1 s_2)x_{3F} \end{bmatrix}$$

将式（8.22）代入式（8.14）可得终端多约束制导问题的全状态反馈最优解[77]为

$$u(t) = -\frac{1}{\Delta}\left\{ \begin{array}{l} +s_1 \begin{bmatrix} (1+p_{22}s_2+p_{33}s_3+C_{11}s_2s_3)x_1(t) \\ +((1+p_{22}s_2+p_{33}s_3+C_{11}s_2s_3)t_{go}+(C_{12}s_2s_3-p_{12}s_2))x_2(t) \\ +((1+p_{22}s_2+p_{33}s_3+C_{11}s_2s_3)(T_gt_{go}-T_g^2(1-e^{-t_{go}/T_g}))+ \\ \quad (C_{12}s_2s_3-p_{12}s_2)T_g(1-e^{-t_{go}/T_g})+(C_{13}s_2s_3-p_{13}s_3)e^{-t_{go}/T_g})x_3(t) \\ -(p_{22}s_2+p_{33}s_3+C_{11}s_2s_3)x_{1F}-(C_{12}s_2s_3-p_{12}s_2)x_{2F}-(C_{13}s_2s_3-p_{13}s_3)x_{3F} \end{bmatrix} \times \\ \quad (t_{go}-T_g+T_ge^{-t_{go}/T_g}) \\[2mm] +s_2 \begin{bmatrix} (C_{21}s_1s_3-p_{21}s_1)x_1(t) \\ +((C_{21}s_1s_3-p_{21}s_1)t_{go}+(1+p_{11}s_1+p_{33}s_3+C_{22}s_1s_3))x_2(t) \\ +((C_{21}s_1s_3-p_{21}s_1)(T_gt_{go}-T_g^2(1-e^{-t_{go}/T_g}))+ \\ \quad (1+p_{11}s_1+p_{33}s_3+C_{22}s_1s_3)T_g(1-e^{-t_{go}/T_g})+ \\ \quad (C_{23}s_1s_3-p_{23}s_3)e^{-t_{go}/T_g})x_3(t) \\ -(C_{21}s_1s_3-p_{21}s_1)x_{1F}-(p_{11}s_1+p_{33}s_3+C_{22}s_1s_3)x_{2F}-(C_{23}s_1s_3-p_{23}s_3)_{23}x_{3F} \end{bmatrix} \times \\ \quad (1-e^{-t_{go}/T_g}) \\[2mm] +s_3 \begin{bmatrix} (C_{31}s_1s_2-p_{31}s_1)x_1(t) \\ +((C_{31}s_1s_2-p_{31}s_1)t_{go}+(C_{32}s_1s_2-p_{32}s_2))x_2(t) \\ +((C_{31}s_1s_2-p_{31}s_1)(T_gt_{go}-T_g^2(1-e^{-t_{go}/T_g}))+(C_{32}s_1s_2-p_{32}s_2)T_g(1-e^{-t_{go}/T_g})+ \\ \quad (1+p_{11}s_1+p_{22}s_2+C_{33}s_1s_2)e^{-t_{go}/T_g})x_3(t) \\ -(C_{31}s_1s_2-p_{31}s_1)x_{1F}-(C_{32}s_1s_2-p_{32}s_2)x_{2F}-(p_{11}s_1+p_{22}s_2+C_{33}s_1s_2)x_{3F} \end{bmatrix} \times \\ \quad (e^{-t_{go}/T_g}/T_g) \end{array} \right\}$$

$$(8.23)$$

至此，得到一般形式的广义终端多约束制导问题的最优解。下面，按照工程上所关心的终端约束不同，分别介绍几种典型最优制导律，即具有位置约束的包含弹体动力学的比例导引制导律，具有位置和角度约束的包含弹体动力学的多约束最优制导律和具有位置、角度与加速度约束的包含弹体动力学的终端多约束最优制导律。

8.1.3 包含弹体动力学的比例导引制导律

首先给出只保证终端位置约束的最优制导律，根据罚函数与终端约束满足程度的关系[78]，对式（8.23）求在终端约束 $s_1 \to \infty$、$s_2 \to 0$ 且 $s_3 \to 0$ 即可，即

$$u^*(t) = \lim_{\substack{s_1 \to \infty \\ s_2 \to 0 \\ s_3 \to 0}} u(t) = -\frac{1}{t_{go}^2}N'[z+t_{go}\dot{z}-T_g^2(e^{-x}-1+x)a_z] \qquad (8.24)$$

其中：$N' = \dfrac{6x^2(e^{-t_{go}/T_g}-1+x)}{2x^3-6x^2+6x-12xe^{-x}+3-3e^{-2x}}, x = \dfrac{t_{go}}{T_g}$

该最优制导律与文献[79]中给出的先进制导律完全相同，该最优制导律的状态反馈增益矩阵为

$$K = \left[\begin{array}{ccc} \dfrac{N'}{t_{\text{go}}^2} & \dfrac{N'}{t_{\text{go}}} & -\dfrac{N'}{x^2}(\mathrm{e}^{-x}-1+x) \end{array}\right] \tag{8.25}$$

则以状态反馈形式给出的包含弹体动力学的比例导引制导律为

$$u^*(t) = -Kx \tag{8.26}$$

以状态反馈形式表述的包含弹体动力学的比例导引制导律结构如图 8.2 所示，该结构是标准的归零全状态反馈最优控制问题[80]，通过最优状态反馈增益矩阵 K 可将制导系统从初始状态以最小控制能耗转移到期望的终端状态。

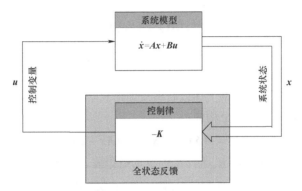

图 8.2　以状态反馈形式表述的包含弹体动力学的比例导引制导律结构

在线性化小角假设下，将式（6.21）和式（6.23）代入式（8.24）得便于工程实现的考虑弹体动力学滞后的具有终端位置约束的最优制导律，即包含弹体动力学的比例导引制导律为

$$u^*(t) = -N'\left[\dot{q}(t)V_r + \frac{1}{x^2}(\mathrm{e}^{-x}-1+x)a_z\right] \tag{8.27}$$

从式（8.27）不难看出，不考虑目标机动加速度时，包含弹体动力学的比例导引制导律由变权系数比例导引项 $-N'\dot{q}(t)V_r$ 和加速度反馈项 $-N'(\mathrm{e}^{-x}-1+x)a_z/x^2$ 组成，即在考虑实时加速度反馈后将导弹位置按最优控制策略导向目标点。

包含弹体动力学的比例导引制导律的性质 Zarchan 等人已经进行了相关研究，本书将不再赘述，以下将更关心具有位置和角度的多约束最优制导律以及具有位置、角度和加速度约束的终端多约束最优制导律。

8.1.4　包含弹体动力学的多约束最优制导律

根据罚函数与终端约束满足程度的关系，考虑系统动力学滞后时，若只关心命中点的位置和角度，则须对式（8.23）求在终端约束 $s_1 \to \infty$、$s_2 \to \infty$ 且 $s_3 \to 0$ 即可，即

$$u^*(t) = \lim_{\substack{s_1 \to \infty \\ s_2 \to \infty \\ s_3 \to 0}} u(t) = -\frac{1}{\Lambda(t)}\{k_1(t)z(t) + k_2(t)V_r\theta(t) + k_3(t)a(t) + k_4(t)V_r\theta_{\mathrm{F}}\} \tag{8.28}$$

其中：

$$\Lambda(t) = \frac{1}{12}t_{go}^4 - \frac{1}{6}(3 + 2e^{-t_{go}/T_g} + e^{-2t_{go}/T_g})T_g t_{go}^3 + (1 - e^{-t_{go}/T_g} - e^{-2t_{go}/T_g})T_g^2 t_{go}^2 +$$
$$2e^{-t_{go}/T_g}(1 - e^{-t_{go}/T_g})T_g^3 t_{go} - (1 - e^{-t_{go}/T_g})^2 T_g^4$$

$$k_1(t) = \frac{1}{2}(1 + e^{-t_{go}/T_g})t_{go}^2 - \frac{1}{2}T_g(3 - 2e^{-t_{go}/T_g} - e^{-2t_{go}/T_g})t_{go} + (1 - e^{-t_{go}/T_g})^2 T_g^2$$

$$k_2(t) = \frac{1}{6}(2 + e^{-t_{go}/T_g})t_{go}^3 - \frac{1}{2}T_g(2 - e^{-t_{go}/T_g} - e^{-2t_{go}/T_g})t_{go}^2 +$$
$$\frac{1}{2}(1 - 4e^{-t_{go}/T_g} + 3e^{-2t_{go}/T_g})T_g^2 t_{go} + (1 - e^{-t_{go}/T_g})^2 T_g^3$$

$$k_3(t) = \frac{1}{3}(1 + e^{-t_{go}/T_g} + e^{-2t_{go}/T_g})T_g t_{go}^3 - \frac{3}{2}(1 + e^{-t_{go}/T_g})(1 - e^{-t_{go}/T_g})T_g^2 t_{go}^2 + 2(1 - e^{-t_{go}/T_g})^2 T_g^3 t_{go}$$

$$k_4(t) = \frac{1}{6}(1 + 2e^{-t_{go}/T_g})t_{go}^3 - \frac{1}{2}(1 - e^{-t_{go}/T_g})T_g t_{go}^2 + \frac{1}{2}(1 - e^{-2t_{go}/T_g})T_g^2 t_{go} - (1 - e^{-t_{go}/T_g})^2 T_g^3$$

终端角度约束一般不为零，故上述以状态反馈形式给出的最优制导律是一个跟踪系统，即由状态反馈部分和终端约束部分构成：

$$u^*(t) = -(\boldsymbol{K}\boldsymbol{x} + \boldsymbol{K}_F \boldsymbol{x}_F) = -(\boldsymbol{K}\boldsymbol{x} + k_4(t)\dot{z}_F) \tag{8.29}$$

其中，$\boldsymbol{K}$ 为状态反馈增益矩阵；$\boldsymbol{K}_F$ 为终端约束增益矩阵。且有

$$\boldsymbol{K} = \begin{bmatrix} k_1(t) \\ k_2(t) \\ k_3(t) \end{bmatrix}^{\mathrm{T}}, \quad \boldsymbol{K}_F = \begin{bmatrix} \Theta \\ k_4(t) \\ 0 \end{bmatrix}^{\mathrm{T}} \tag{8.30}$$

此处需要说明的是，由于现在只关心终端位置和角度，而不对终端加速度进行约束，所以终端约束增益矩阵中第三项为 0。由于将制导问题建立在初始弹目视线上进行研究，所以终端位置约束为 0，故终端约束增益矩阵中第一项的具体值 Θ 是何值已经不是关心的问题了。

以状态反馈形式表述的包含弹体动力学的多约束最优制导律结构如图 8.3 所示，该结构主要由状态反馈回路和终端约束构成，再经过系统动力学回路驱动系统状态更新，最终以最小控制能耗将系统状态从初始值转移到终端期望值[81]。

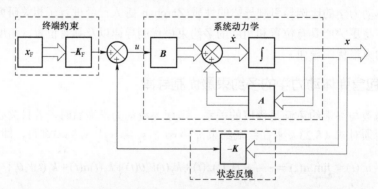

图 8.3 以状态反馈形式表述的包含弹体动力学的多约束最优制导律结构

经分析，不难发现：

$$k_1(t)t_{go} = k_2(t) + k_4(t) \tag{8.31}$$

在线性化小角假设下，将式（6.21）、式（6.23）和式（8.31）代入式（8.28）得便于工程实现的包含弹体动力学的多约束最优制导律为

$$u^*(t) = \frac{1}{\Delta(t)}[K_p(t)V_r(t)\dot{q}(t) + K_q(t)V_r(t)(q(t)-q_F)/t_{go} + K_a(t)a(t)] \tag{8.32}$$

其中，

$$\Delta(t) = t_{go}^4 - 2(3+2\Gamma+\Gamma^2)T_g t_{go}^3 + 12(1-\Gamma-\Gamma^2)T_g^2 t_{go}^2 + 24\Gamma(1-\Gamma)T_g^3 t_{go} - 12(1-\Gamma)^2 T_g^4$$

$$K_p(t) = k_2(t)t_{go} = 2(2+\Gamma)t_{go}^4 - 6(2-\Gamma-\Gamma^2)T_g t_{go}^3 + 6(1-4\Gamma+3\Gamma^2)T_g^2 t_{go}^2 + 12(1-\Gamma)^2 T_g^3 t_{go}$$

$$K_q(t) = k_4(t)t_{go} = 2(1+2\Gamma)t_{go}^4 - 6(1-\Gamma)T_g t_{go}^3 + 6(1-\Gamma^2)T_g^2 t_{go}^2 - 12(1-\Gamma)^2 T_g^3 t_{go}^3$$

$$K_a(t) = -k_3(t) = -4(1+\Gamma+\Gamma^2)T_g t_{go}^3 + 18(1+\Gamma)(1-\Gamma)T_g^2 t_{go}^2 - 24(1-\Gamma)^2 T_g^3 t_{go}$$

$$\Gamma = e^{-t_{go}/T_g}$$

式（8.32）以位置约束（比例导引）+落角约束+加速度反馈形式给出的包含弹体动力学的多约束最优制导律，其结构形式与图 8.3 相同，且与式（6.24）给出的不包含弹体动力学的多约束最优制导律相比具有以下区别。

（1）从制导律的组成结构上看，由于考虑了弹体动力学，该制导律多出了一项加速度反馈项。加速度作为一个状态量，在制导过程中起着调节状态反馈增益矩阵 $\boldsymbol{K}$ 的作用，且在实际工程问题中弹载加速度计可提供该状态量。

（2）引进弹体动力学后，比例导引项和落角约束项权系数不再是常值 4 和 2，而是随剩余飞行时间 t_{go} 时变，且其变化规律与弹体动力学时间常数 T_g 密切相关。

（3）当弹体动力学无限快，即 $T_g \to 0$ 时，比例导引项和落角约束项权系数与不包含弹体动力学的多约束最优制导律相同，即为 4 和 2，且加速度反馈项退化为 0，此时即为不包含弹体动力学的标准多约束最优制导律。

8.1.5　包含弹体动力学的终端多约束最优制导律

若不仅关心命中点的位置和角度，同时还需要将命中点的加速度约束到期望值（如为防止终端加速度饱和或者为了限制终端攻角等将其约束到零），则须对式（8.23）求在终端约束 $s_1 \to \infty$、$s_2 \to \infty$ 且 $s_3 \to \infty$ 即可，即

$$u^*(t) = \lim_{\substack{s_1 \to \infty \\ s_2 \to \infty \\ s_3 \to \infty}} u(t) = -\frac{1}{\Omega(t)}[k_1(t)z(t) + k_2(t)V_r q(t) + k_3(t)a(t) + k_4(t)V_r q_F + k_5(t)a_F] \tag{8.33}$$

其中，

$$\Omega(t) = 2(t_{go} - 2\kappa T_g)(\kappa t_{go}^2 - 6T_g t_{go} + 12T_g^2 \kappa)t_{go}$$

$$k_1(t) = 12(-t_{go} + 2\kappa T_g)^2$$

$$k_2(t) = 2t_{go}[(\kappa^2+3)t_{go}^2 - 18\kappa T_g t_{go} + 24\kappa^2 T_g^2]$$

$$k_3(t) = (\kappa-1)^2 t_{go}^4 + 4(\kappa^2-2\kappa+3)T_g t_{go}^3 + 12(\kappa^2-4\kappa-1)T_g^2 t_{go}^2 + 48\kappa(\kappa+1)T_g^3 t_{go} - 48\kappa^2 T_g^4$$

$$k_4(t) = -2[(\kappa^2-3)t_{go} + 6\kappa T_g]t_{go}^2$$

$$k_5(t) = -[(1-\kappa^2)t_{go}^4 + 4\kappa T_g t_{go}^3 - 12(\kappa^2+1)T_g^2 t_{go}^2 + 48\kappa T_g^3 t_{go} - 48\kappa^2 T_g^4]$$

$$\kappa = \tanh(t_{go}/2T_g)$$

同理，以状态反馈形式表述的最优制导律结构如图 7.4 所示，其区别在于状态反馈增益矩阵 $\boldsymbol{K}$ 和终端约束增益矩阵 $\boldsymbol{K}_{\mathrm{F}}$ 的取值上，在该问题中，

$$\boldsymbol{K} = \begin{bmatrix} k_1(t) \\ k_2(t) \\ k_3(t) \end{bmatrix}^{\mathrm{T}}, \quad \boldsymbol{K}_{\mathrm{F}} = \begin{bmatrix} \boldsymbol{\Theta} \\ k_4(t) \\ k_5(t) \end{bmatrix}^{\mathrm{T}} \tag{8.34}$$

同理，不难看出：

$$t_{\mathrm{go}} k_1(t) = k_2(t) + k_4(t) \tag{8.35}$$

令： $k_a = k_3 + k_5 = 2\kappa(\kappa-1)t_{\mathrm{go}}^4 + 4(\kappa^2-3\kappa+3)T_g t_{\mathrm{go}}^3 + 24\kappa(\kappa-2)T_g^2 t_{\mathrm{go}}^2 + 48\kappa^2 T_g^3 t_{\mathrm{go}}$ \tag{8.36}

在线性化小角假设下，将式（6.21）、式（6.23）、式（8.35）、式（8.36）代入式（8.28）得便于工程实现的考虑弹体动力学滞后的具有终端位置、角度和加速度约束的最优制导律为

$$u(t) = \frac{1}{\Omega(t)} \begin{bmatrix} K_p(t)V_r(t)\dot{q}(t) + K_q(t)V_r(t)(q(t)-q_F)/t_{\mathrm{go}} \\ + K_a(t)(a(t)-a_F) + K_{a_F}(t)a_F \end{bmatrix} \tag{8.37}$$

其中，

$$\Omega(t) = 2(t_{\mathrm{go}} - 2\kappa T_g)(\kappa t_{\mathrm{go}}^2 - 6T_g t_{\mathrm{go}} + 12T_g^2 \kappa)t_{\mathrm{go}}$$

$$K_p = k_2(t)t_{\mathrm{go}} = 2(\kappa^2+3)t_{\mathrm{go}}^4 - 36\kappa T_g t_{\mathrm{go}}^3 + 48\kappa^2 T_g^2 t_{\mathrm{go}}^2$$

$$K_q = k_4(t)t_{\mathrm{go}} = -2(\kappa^2-3)t_{\mathrm{go}}^4 - 12\kappa T_g t_{\mathrm{go}}^3$$

$$K_a = -k_3(t) = -(\kappa-1)^2 t_{\mathrm{go}}^4 - 4(\kappa^2-2\kappa+3)T_g t_{\mathrm{go}}^3 - 12(\kappa^2-4\kappa-1)T_g^2 t_{\mathrm{go}}^2 -$$
$$48\kappa(\kappa+1)T_g^3 t_{\mathrm{go}} + 48\kappa^2 T_g^4$$

$$K_{a_F} = -k_a(t) = 2\kappa(\kappa-1)t_{\mathrm{go}}^4 + 4(\kappa^2-3\kappa+3)T_g t_{\mathrm{go}}^3 + 24\kappa(\kappa-2)T_g^2 t_{\mathrm{go}}^2 + 48\kappa^2 T_g^3 t_{\mathrm{go}}$$

$$\kappa = \tanh(t_{\mathrm{go}}/2T_g)$$

对侵彻型空地导弹，为了控制终端过载和攻角，一般期望终端加速度尽量小，即 $a_F = 0$，此时式（8.37）将简化为

$$u(t) = \frac{1}{\Omega(t)}[K_p(t)V_r(t)\dot{q}(t) + K_q(t)V_r(t)(q(t)-q_F)/t_{\mathrm{go}} + K_a(t)a(t)] \tag{8.38}$$

由式（8.38）以位置约束（比例导引）+落角约束+加速度约束形式给出的最优制导表达式可知，包含弹体动力学的终端多约束最优制导律由三部分组成，第一项为保证终端位置精度的位置约束项，确保导弹精确命中目标；第二项为保证终端角度的落角约束项，确保导弹命中目标时角度达到期望值；第三项为保证终端加速度收敛的加速度约束项，确保导弹接近目标过程中加速度收敛到期望值。对于侵彻型导弹加速度约束项主要用于减小终端加速度以控制命中点攻角，从而增大战斗部侵彻效能。该最优制导律的三个项权系数 $N_p = K_p(t)/\Omega(t)$、$N_q = K_q(t)/\Omega(t)$ 和 $N_a = K_a(t)/\Omega(t)$ 随剩余飞行时间时变，确保位置、角度和加速度按照最优关系变化，实现对具有终端多约束的精确制导。图 8.4 为该制导律系统框图。

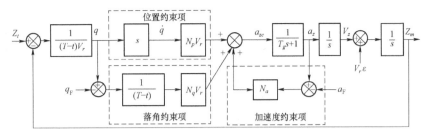

图 8.4　包含弹体动力学的终端多约束最优制导律系统框图

8.2　制导律实现方式与仿真验证

8.2.1　实现方式与仿真验证

从结构上看，式（8.32）包含弹体动力学的弹道成型和式（8.38）包含弹体动力学的终端多约束最优制导律与式（6.24）无动力学多约束最优制导律工程实现途径相似。

比例导引项中的弹目视线角速度 $\dot{q}(t)$，落角约束项中的弹目视线角 $q(t)$、弹目相对运动速度 V_r、剩余飞行时间 t_{go} 与 6.1.3 小节中弹道成型获取方式相同，而加速度项中的加速度反馈 $a(t)$ 可由弹载加速度计获取，所以两种新型制导律的工程实现方式在现有制导体制下是可以实现的。

为了分析包含弹体动力学的弹道成型和包含弹体动力学的终端多约束弹道成型在大角度制导问题中的适应性，取初始仿真条件 $H_0 = 3\ \text{km}$，$V_0 = 250\ \text{m/s}$，以不同落角打击 $X_t = 4\ \text{km}$ 处静止目标，取动力学时间常数为 $T_g = 1\ \text{s}$。

图 8.5 和图 8.6 分别为两种制导律在上述制导弹典型投弹条件下的弹道仿真结果，图 8.7 为垂直侵彻攻击时两种制导律弹道仿真曲线对比。

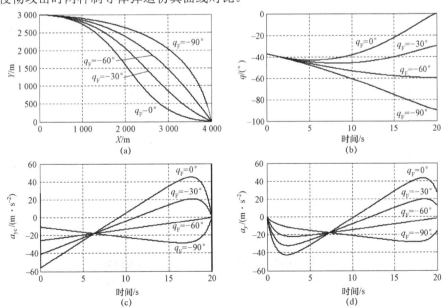

图 8.5　典型投弹条件下包含弹体动力学的弹道成型仿真曲线

（a）弹道曲线；（b）弹目视线角；（c）法向加速度指令；（d）法向加速度响应

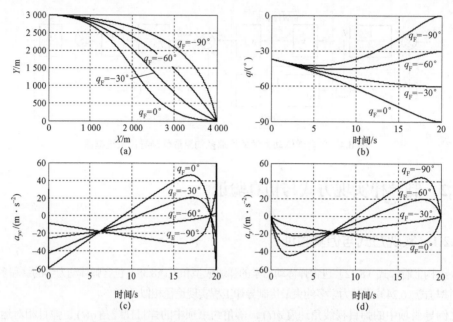

图8.6 典型投弹条件下包含弹体动力学的终端多约束弹道成型仿真曲线

（a）弹道曲线；（b）弹目视线角；（c）法向加速度指令；（d）法向加速度响应

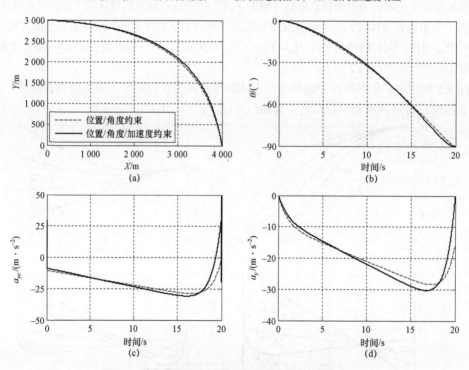

图8.7 垂直侵彻攻击时两种制导律弹道仿真曲线对比

（a）弹道曲线；（b）弹道倾角；（c）法向加速度指令；（d）法向加速度响应

由仿真结果可知：

（1）包含弹体动力学的弹道成型可确保导弹按照期望落角精确命中目标，且命中时刻加速度指令为 0。

（2）包含弹体动力学的终端多约束弹道成型可确保导弹按照期望落角和加速度精确命中目标，且命中时刻加速度响应为 0。

（3）当终端期望加速度为 0 时，上述两种制导律的区别在于前者可确保终端法向加速度指令为 0，而后者却能确保终端法向加速度响应为 0，因而需要控制命中点攻角时应采用后者。

8.2.2　制导律对动力学时间常数的敏感性

包含弹体动力学环节的多约束最优制导律和终端多约束最优制导律在建模与推导中包含弹体动力学环节，所以制导律性能在一定程度上取决于弹体动力学时间常数精度，而工程制导问题中希望制导律受系统参数影响尽量小，故有必要分析制导律对动力学时间常数的敏感性。

假设制导律设计采用的动力学时间常数与实际值有如下关系：

$$T_g = (1 + k_c)T_{gc} \tag{8.39}$$

取 8.2.1 小节中典型仿真条件，制导律设计使用的动力学时间常数为 T_g=1 s，kc=0、±50%、±25%。图 8.8 和图 8.9 分别为采用包含弹体动力学的多约束最优制导律和包含弹体动力学的终端多约束最优制导律进行垂直攻击时弹道仿真曲线。

理论分析与数学仿真结果表明：

（1）两类最优制导律在无动力学时间偏差时在理论上最优，当存在动力学时间偏差时不再最优，但动力学时间偏差在可接受范围内时也能保证对目标的精确命中，并达到期望落角甚至期望加速度。

（2）两类最优制导律对弹体动力学时间常数不是太敏感，在±25%动力学时间常数偏差范围内可确保制导指令光滑收敛、弹道及弹道倾角光滑连续。

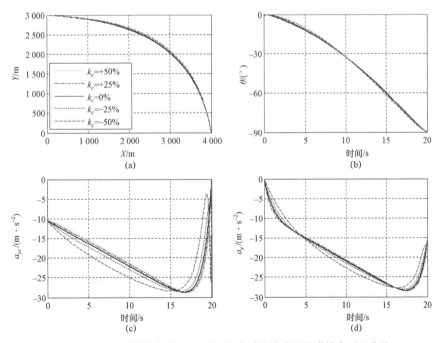

图 8.8　多约束最优制导律在不同动力学时间偏差下弹道仿真对比曲线
（a）弹道曲线；（b）弹道倾角；（c）法向加速度指令；（d）法向加速度响应

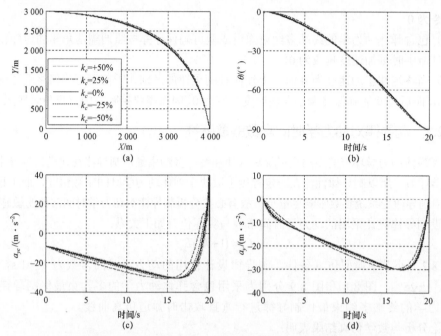

图 8.9 终端多约束最优制导律在不同动力学时间偏差下弹道仿真对比曲线
(a) 弹道曲线；(b) 弹道倾角；(c) 法向加速度指令；(d) 法向加速度响应

（3）过大的动力学时间偏差（如±50%）会导致接近命中点时制导指令跳跃或发散，此时制导系统性能较差，因而在制导控制系统设计时应尽量准确地获得动力学时间常数，避免此类情况发生。

（4）当制导律所用时间常数大于弹体时间常数时（使用动力学慢于弹体动力学），弹道、过载、弹目视线角好于动力学快于弹体动力学的情况。

8.3 制导律权系数特性分析与简化

参考多约束最优制导律，包含弹体动力学的多约束最优制导律比例导引项、落角约束项和加速度反馈项权系数为

$$N_p = \frac{K_p(t)}{\Delta(t)}, N_q' = \frac{K_q(t)}{\Delta(t)} t_{\text{go}}, N_a = \frac{K_a(t)}{\Delta(t)} \qquad （8.40）$$

同理，包含弹体动力学的终端多约束最优制导律比例导引项、落角约束项和加速度反馈项权系数为

$$N_p = \frac{K_p(t)}{\Omega(t)}, N_q' = \frac{K_q(t)}{\Omega(t)} t_{\text{go}}, N_a = \frac{K_a(t)}{\Omega(t)} \qquad （8.41）$$

由各项权系数的定义可知，各项权系数是制导时间 t_F、动力学时间常数 T_g 和飞行时间 t 的函数。

8.2 节中投弹条件下，图 8.10 和图 8.11 分别为典型制导时间和动力学时间常数下，两种包含弹体动力学滞后的最优制导律的制导权系数随无量纲时间变化曲线。

理论分析与仿真说明：

（1）当制导时间相对于动力学时间常数足够大时，在大部分制导时间内，比例导引项、落角约束项和加速度反馈项权系数基本维持在 4:2:0 范围附近。

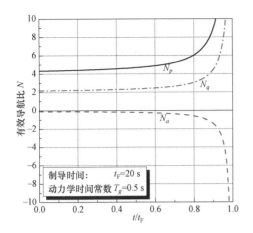 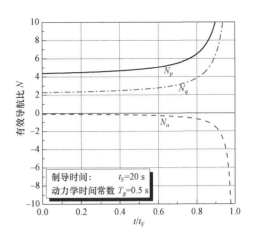

图 8.10　包含动力学的弹道成型有效导航比　　图 8.11　包含动力学的终端多约束弹道成型有效导航比

（2）当制导时间相对于动力学时间常数逐渐减小时，各项制导权系数会在接近命中点前逐渐增大，且 t_F / T_g 越小，各项权系数增大的趋势越明显。

（3）加速度反馈项在制导时间初期发挥的作用相对较小，随着剩余飞行时间的减小，其作用迅速增大，且其显著增大的时段为 $t_{go}=（1\sim 6）T_g$。

（4）对相同的制导条件，包含弹体动力学的多约束最优制导律与包含弹体动力学的终端多约束最优制导律的各项权系数变化趋势基本相同，其区别在于前者确保加速度指令在终端归零，而后者确保加速度响应在终端归零。

8.4　包含动力学系统的无量纲过载

6.2.1 小节中多约束最优制导律基于初始状态的加速度指令推导方法提示，对于包含弹体动力学的多约束最优制导律，只要将其推导过程中基于任意时刻 t 的系统状态 $\bm{x}(t)$ 到终端状态 $\bm{x}(t_F)$ 的状态转移矩阵表述为从零时刻 $t=0$ 的系统状态 $\bm{x}(t_0)$ 到终端状态 $\bm{x}(t_F)$ 的状态转移矩阵，便获取了基于初始状态的制导指令表述形式。

状态从 $t=0$ 到 $t=t_F$ 转移时，对式（8.16）从 $t=0$ 到 $t=t_F$ 积分即为

$$
\begin{cases}
p_{11} = T_g^2 t_F - T_g t_F^2 + \dfrac{1}{3} t_F^3 - 2T_g^2 t_F e^{-t_F/T_g} + \dfrac{1}{2} T_g^3 (1 - e^{-2t_F/T_g}) \\[2mm]
p_{22} = t_F - 2T_g(1 - e^{-t_F/T_g}) + \dfrac{1}{2} T_g (1 - e^{-2t_F/T_g}) \\[2mm]
p_{33} = \dfrac{1}{2T_g}(1 - e^{-2t_F/T_g}) \\[2mm]
p_{12} = p_{21} = -T_g t_F(1 - e^{-t_F/T_g}) + \dfrac{1}{2} t_F^2 + T_g^2(1 - e^{-t_F/T_g}) - \dfrac{1}{2} T_g^2(1 - e^{-2t_F/T_g}) \\[2mm]
p_{13} = p_{31} = -T_g(1 - e^{-t_F/T_g}) + \dfrac{1}{2} T_g(1 - e^{-2t_F/T_g}) - T_g t_F e^{-t_F/T_g} + (1 - e^{-t_F/T_g}) \\[2mm]
p_{23} = p_{32} = (1 - e^{-t_F/T_g}) - \dfrac{1}{2}(1 - e^{-2t_F/T_g})
\end{cases}
\tag{8.42}
$$

对式（8.28）中参数从 $t=0$ 到 $t=t_F$，其 $\Lambda(t)$ 即为

$$\Lambda(t)=\frac{1}{12}t_F^4-\frac{1}{6}(3+2e^{-t_F/T_g}+e^{-2t_F/T_g})T_gt_F^3+(1-e^{-t_F/T_g}-e^{-2t_F/T_g})T_g^2t_F^2+$$
$$2e^{-t_F/T_g}(1-e^{-t_F/T_g})T_g^3t_F-(1-e^{-t_F/T_g})^2T_g^4$$

$$k_1'(t)=\left(\frac{1}{2}T_g(e^{-2t_F/T_g}-1)-2T_g(e^{-t_F/T_g}-1)-t_F\right)t+$$
$$\frac{1}{2}(1+e^{-t_{go}/T_g})t_F^2+\frac{1}{2}(2e^{-t_F/T_g}-e^{-2t_F/T_g}+2e^{-t_{go}/T_g}e^{-t_F/T_g}-3)T_gt_F-$$
$$(e^{-t_F/T_g}-1-e^{-t_F/T_g}e^{-t_{go}/T_g}+e^{-t_{go}/T_g})T_g^2$$

$$k_2'(t)=\frac{1}{2}(-t_F^2+T_gt_F(e^{-t_F/T_g}-1)^2+T_g^2(e^{-t_F/T_g}-1)^2)t+$$
$$\frac{1}{6}(2+e^{-t_{go}/T_g})t_F^3-\frac{1}{2}(e^{-2t_F/T_g}-e^{-t_{go}/T_g}-2e^{-t_{go}/T_g}e^{-t_F/T_g}+2)T_gt_F^2-$$
$$\frac{1}{2}(e^{-2t_F/T_g}-4e^{-t_{go}/T_g}e^{-t_F/T_g}+2e^{-t_{go}/T_g}+2e^{-t_F/T_g}-1)T_g^2t_F+(1-e^{-t_{go}/T_g})^2T_g^3$$

$$k_4'(t)=-\frac{1}{2}(T_g(e^{-t_F/T_g}-1)+t_F)^2t+$$
$$\frac{1}{6}(1+2e^{-t_{go}/T_g})t_F^3+\frac{1}{2}(2e^{-t_F/T_g}-e^{-t_{go}/T_g}-1)T_gt_F^2+$$
$$\frac{1}{2}(e^{-2t_F/T_g}-2e^{-t_{go}/T_g}e^{-t_F/T_g}+1)T_g^2t_F+T_g^3(e^{-t_{go}/T_g}+e^{-t_F/T_g}-e^{-t_{go}/T_g}e^{-t_F/T_g}-1)^2$$

$$（8.43）$$

令：$x=t_F/T_g,\bar{t}=t/t_F$，则

$$\frac{a_c(\bar{t})|_{z_0}}{z_0}=-\frac{k_1'(\bar{t})}{\Lambda(\bar{t})}=-\frac{1}{\Delta}\left(\frac{x}{t_F}\right)^2\left(\begin{array}{l}(6(e^{-2x}-1)-24(e^{-x}-1)-12x)x\bar{t}\\+6(1+e^{x\bar{t}}e^{-x})x^2+6(2e^{-x}-e^{-2x}+2e^{x\bar{t}}e^{-2x}-3)x\\+12(-e^{-x}+e^{-2x}e^{x\bar{t}}-e^{-x}e^{x\bar{t}}+1)\end{array}\right)$$

$$\frac{a_c(\bar{t})|_{\varepsilon}}{V\varepsilon}=-\frac{k_2'(\bar{t})}{\Lambda(\bar{t})}=-\frac{1}{\Delta}\left(\frac{x}{t_F}\right)\left(\begin{array}{l}6(-x^3+x^2(e^{-x}-1)^2+x(e^{-x}-1)^2)\bar{t}\\+2(2+e^{x\bar{t}}e^{-x})x^3-6(e^{-2x}-e^{x\bar{t}}e^{-x}-2e^{x\bar{t}}e^{-2x}+2)x^2\\-6(e^{-2x}-4e^{x\bar{t}}e^{-2x}+2e^{x\bar{t}}e^{-x}+2e^{-x}-1)x+12(1-e^{x\bar{t}}e^{-x})^2\end{array}\right)$$

$$\frac{a_c(\bar{t})|_{q_F}}{Vq_F}=-\frac{k_4'(\bar{t})}{\Lambda(\bar{t})}=-\frac{1}{\Delta}\left(\frac{x}{t_F}\right)\left(\begin{array}{l}-6(e^{-t_f/T_g}-1+x)^2x\bar{t}\\+2(1+2e^{x\bar{t}}e^{-x})x^3+6(2e^{-x}-e^{x\bar{t}}e^{-x}-1)x^2\\+6(e^{-2x}-2e^{x\bar{t}}e^{-2x}+1)x+12(e^{x\bar{t}}e^{-x}+e^{-x}-e^{x\bar{t}}e^{-2x}-1)\end{array}\right)$$

$$（8.44）$$

其中，

$$\Delta=x^4-2x^3(3+2e^{-x}+e^{-2x})+12x^2(1-e^{-x}-e^{-2x})+24xe^{-x}(1-e^{-x})-12(1-e^{-x})^2$$

则基于初始状态和终端状态的制导指令表达形式为

$$a_c(t)=a_c(t)|_{\varepsilon}+a_c(t)|_{q_F}+a_c(t)|_{z_0}=-\frac{1}{\Delta}\left(C_{\varepsilon}\frac{V\varepsilon}{t_F}x+C_{q_F}\frac{Vq_F}{t_F}x+C_{z_0}\frac{x^2}{t_F^2}z_0\right)\quad（8.45）$$

其中，

$$C_\varepsilon = 6(-x^3 + x^2(e^{-x}-1)^2 + x(e^{-x}-1)^2)\overline{t} + 2(2+e^{x\overline{t}}e^{-x})x^3 - 6(e^{-2x}-e^{x\overline{t}}e^{-x}-2e^{x\overline{t}}e^{-2x}+2)x^2 -$$
$$6(e^{-2x}-4e^{x\overline{t}}e^{-2x}+2e^{x\overline{t}}e^{-x}+2e^{-x}-1)x + 12(1-e^{x\overline{t}}e^{-x})^2$$

$$C_{q_F} = -6(e^{-t_f/T_g}-1+x)^2 x\overline{t} + 2(1+2e^{x\overline{t}}e^{-x})x^3 + 6(2e^{-x}-e^{x\overline{t}}e^{-x}-1)x^2 +$$
$$6(e^{-2x}-2e^{x\overline{t}}e^{-2x}+1)x + 12(e^{x\overline{t}}e^{-x}+e^{-x}-e^{x\overline{t}}e^{-2x}-1)$$

$$C_{z_0} = (6(e^{-2x}-1)-24(e^{-x}-1)-12x)x\overline{t} + 6(1+e^{x\overline{t}}e^{-x})x^2 + 6(2e^{-x}-e^{-2x}+2e^{x\overline{t}}e^{-2x}-3)x +$$
$$12(-e^{-x}+e^{-2x}e^{x\overline{t}}-e^{-x}e^{x\overline{t}}+1)$$

式（8.45）是由初始速度指向误差角引起的需用加速度、终端角度约束引起的需用加速度和初始位置引起的需用加速度三部分组成，当制导问题中同时存在 ε、q_F 和 z_0 时，总的需用过载为各分量与其无量纲值乘积之和。该表述方式是只有初始状态和终端状态表述的加速度指令，而与制导过程无关，即加速度反馈项对应的系数 $k_3' = 0$。引入无量纲时间 $\overline{t} = t/t_F$ 将其无量纲化即

$$\begin{cases} \dfrac{a_c(\overline{t})\big|_{z_0} t_F^2}{z_0} = -\dfrac{1}{\Delta}C_{z_0}x^2 \\[3mm] \dfrac{a_c(\overline{t})\big|_\varepsilon t_F}{V\varepsilon} = -\dfrac{1}{\Delta}C_\varepsilon x \\[3mm] \dfrac{a_c(\overline{t})\big|_{q_F} t_F}{Vq_F} = -\dfrac{1}{\Delta}C_{q_F}x \end{cases} \qquad (8.46)$$

图 8.12 为当 $t_F/T_g = 10$ 时上述三项无量纲过载曲线。

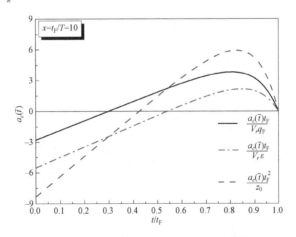

图 8.12　由 ε、z_0 和 q_F 引起的无量纲加速度

无量纲制导指令解析式与典型条件下的仿真曲线说明：该制导律由初始位置偏差、速度指向误差角和终端角度约束所引起的制导指令均收敛于 0，因而总制导指令在命中点为 0，除了能实现命中点位置和角度控制以外，还大大减小了终端需用过载，进而降低了过载饱和的可能。

同终端多约束最优制导律研究方法，在获得过载特性后，不难得到其对应的无量纲弹道，本书不再进行重复。同理，也可获得包含弹体动力学的终端多约束最优制导律无量纲加速度，由于篇幅原因不再赘述。

8.5　包含动力学系统的无量纲制导偏差

包含弹体动力学的多约束最优制导律和包含弹体动力学的终端多约束最优制导律是包含终端位置和角度约束的最优制导律，所以其制导偏差应包含位置脱靶量和角度脱靶量两部分。又因为两者制导律结构形式完全相同，其区别仅在于制导权系数，因此，为了便于分析，将两者合为一体，统称为终端多约束最优制导律来构造无量纲伴随系统，并进行仿真分析。

8.5.1　无量纲位置脱靶量特性

对于静止或匀速直线运动目标，为了分析方便，将控制系统等价为一阶动力学滞后环节基本能够反应其主要特性，图 8.13 为包含一阶动力学滞后的扩展多约束最优制导律结构框图。其中，Z_t 为目标位置，T_g 为一阶延迟时间常数，Z_{miss} 表示位置脱靶量，Q_{miss} 表示角度脱靶量，A_{miss} 表示加速度偏差。

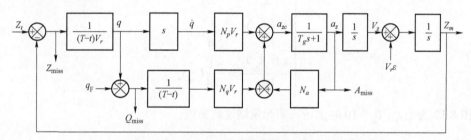

图 8.13　包含一阶动力学滞后的扩展多约束最优制导律结构框图

图 8.14 为根据伴随法得到的包含一阶动力学环节的终端多约束最优制导律制导系统的无量纲位置伴随系统。

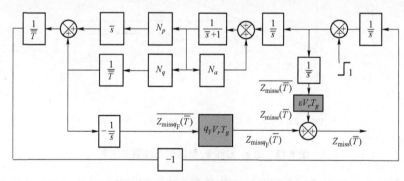

图 8.14　位置脱靶量无量纲伴随系统

根据式（6.36）定义，有 $\varepsilon = kq_F$，则图 8.14 可等效变换为图 8.15。

为了对比包含动力学终端多约束最优制导律与多约束最优制导律的位置脱靶量特性，图 8.16 和图 8.17 给出了两种制导律由初始速度指向误差角 ε 和终端约束角 q_F 引起的无量纲位置脱靶量。

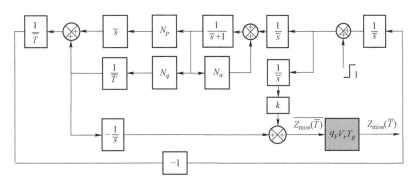

图 8.15　位置脱靶量的无量纲伴随系统等效变换

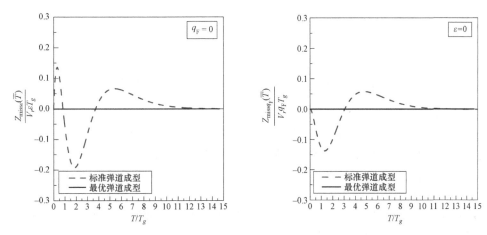

图 8.16　速度指向误差引起的无量纲位置脱靶量　　图 8.17　落角约束引起的无量纲位置脱靶量

　　理论分析与数学仿真结果表明：终端多约束弹道成型由于建模推导中就包含动力学滞后环节，故由速度指向误差角和终端角度约束引起的位置脱靶量始终为零，相对于标准弹道成型大大减小了位置脱靶量，降低了脱靶量对相对末制导时间的限制。

　　为了分析弹道成型对动力学时间常数 T_g 的敏感性，将式（8.39）代入图 8.15，即可变化为包含控制系统时间常数偏差的位置脱靶量无量纲伴随系统（图 8.18）。图 8.19 为动力学时间偏差对位置脱靶量影响的仿真曲线。

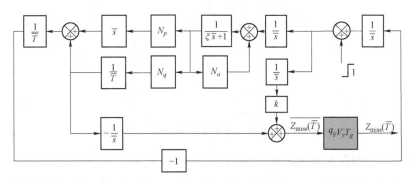

图 8.18　包含控制系统时间常数偏差的位置脱靶量的无量纲伴随系统

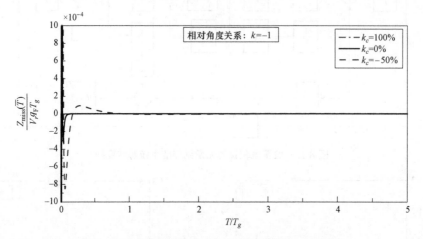

图 8.19 动力学时间偏差对位置脱靶量影响的仿真曲线

仿真结果与理论分析表明：

（1）当制导律设计使用的动力学滞后时间常数小于控制系统实际动力学时间常数时，制导律设计偏快，所以终端位置脱靶量相对于准确值时稍稍偏大一点；反之，则制导设计偏慢，终端位置脱靶量相对于准确值时稍稍偏小一点，但是其数量级保持不变。

（2）从控制系统角度看，系统的稳态输出取决于其开环增益，增加动力学时间偏差并没有改变原系统的开环增益，只是改变了系统响应时间，所以只要制导时间足够，系统输出将与原系统相同，这与仿真结果相符。

8.5.2 无量纲角度脱靶量特性

同理，图 8.20 为根据伴随法得到的包含一阶动力学环节的终端多约束最优制导律制导系统的无量纲角度伴随系统。

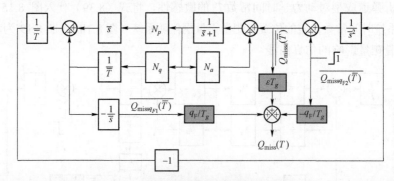

图 8.20 无量纲角度脱靶量对应的伴随系统

因为 $\varepsilon = k q_{\mathrm{F}}$，则图 8.20 可等效变换为图 8.21。

为了对比包含动力学弹道成型与弹道成型的角度脱靶量特性，图 8.22 和图 8.23 分别为由 ε 和 q_{F} 引起的无量纲角度脱靶量。

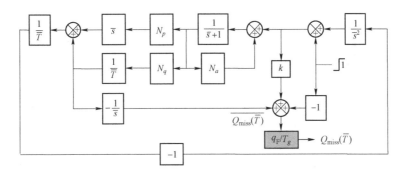

图 8.21　无量纲化的角度脱靶量伴随系统等效变换

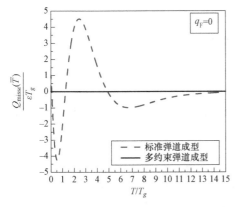

图 8.22　速度指向误差引起的无量纲角度脱靶量

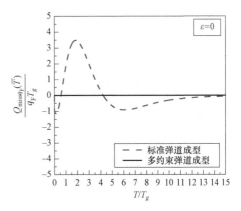

图 8.23　落角约束引起的无量纲角度脱靶量

同理，图 8.24 为对弹体动力学时间常数拉偏时的无量纲角度脱靶量伴随系统的等效变换系统，图 8.25 为动力学时间偏差对角度脱靶量影响的仿真曲线。

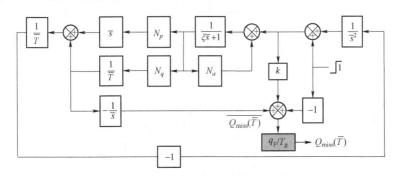

图 8.24　对弹体动力学时间常数拉偏时的无量纲角度脱靶量伴随系统的等效变换系统

仿真结果与理论分析表明：终端多约束弹道成型的角度脱靶量与位置脱靶量具有相同的特性，即：

（1）在建模推导中就包含对动力学滞后环节，故由速度指向误差角和终端角度约束引起的角度脱靶量始终为零，相对于标准弹道成型大大减小了位置脱靶量，降低了脱靶量对相对末制导时间的限制。

（2）动力学时间偏差对角度脱靶量影响不大，只要制导时间足够，基本无角度脱靶量。

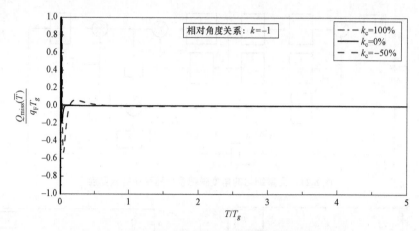

图 8.25　动力学时间偏差对角度脱靶量影响的仿真曲线

8.5.3　无量纲过载偏差特性

图 8.26 为根据伴随法得到的包含一阶动力学环节的终端多约束最优制导律制导系统的无量纲加速度伴随系统。

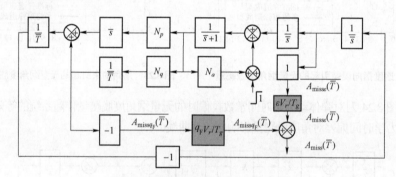

图 8.26　加速度偏差无量纲伴随系统

根据式（6.36）定义，有 $\varepsilon = kq_{\mathrm{F}}$，则图 8.26 可等效变换为图 8.27。

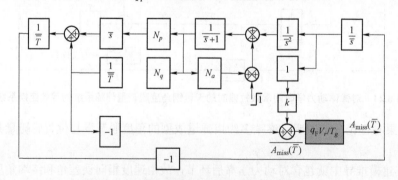

图 8.27　加速度偏差的无量纲伴随系统等效变换

图 8.28 和图 8.29 为弹道成型与标准弹道成型两种制导律由初始速度指向误差角 ε 和终端约束角 q_{F} 引起的终端无量纲加速度偏差。

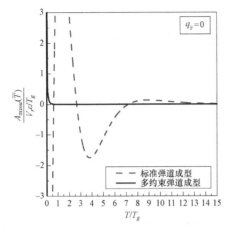 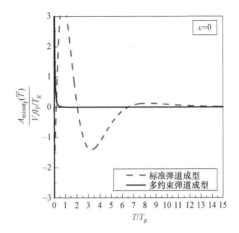

图 8.28　速度指向误差引起的无量纲加速度偏差　　图 8.29　落角约束引起的无量纲加速度偏差

同理，图 8.30 为动力学时间偏差对终端加速度偏差的影响仿真曲线。

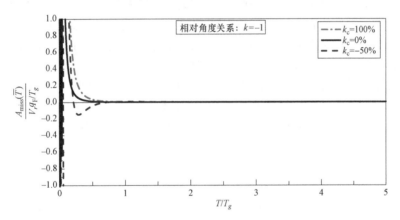

图 8.30　动力学时间偏差对终端加速度偏差的影响仿真曲线

类似于位置和角度脱靶量，加速度偏差仿真结果表明：

（1）采用具有终端加速度约束制导律，在很小的相对制导时间内可将终端加速度收敛到 0，故该制导律除了保证命中点位置和角度外，还可大大减小命中点的实际加速度响应，为终端攻角控制提供了有利的制导策略。

（2）动力学时间偏差对角度脱靶量影响不大，只要制导时间足够，对加速度偏差基本没有影响。

8.6　小结

本章建立考虑弹体动力学简化环节的终端多约束最优制导数学模型，采用最优控制方法推导了具有终端多约束最优制导问题的通解，并根据罚函数与终端约束的满足关系获得了三种终端不同约束对应的最优制导律，即包含弹体动力学的比例导引制导律、包含弹体动力学的多约束最优制导律和包含弹体动力学的终端多约束最优制导律，通过对后两种最优制导律介绍可得到以下结论。

（1）包含弹体动力学的多约束最优制导律和包含弹体动力学的终端多约束最优制导律所需的制导信息除了增加了加速度反馈信息外，其他制导信息与标准多约束最优制导律相同，现有制导体制基本都有弹载加速度计，故这两种最优制导律在现有体制下工程上均可实现。

（2）与不包含动力学的标准多约束最优制导律不同，包含弹体动力学的多约束最优制导律的权系数是剩余飞行时间和动力学时间常数的时变函数，但是当动力学时间常数足够小，即弹体足够快的理想情况下，包含弹体动力学的多约束最优制导律即退化为不包含动力学的标准多约束最优制导律。

（3）两种终端多约束最优制导律均能保证命中目标时的位置和角度达到期望值，且在理论上前者可使命中点的过载指令归零，后者可使命中点的过载响应归零，在工程上只要弹体动力学时间常数不是太大，即弹体不要太慢，二者基本都能实现终端加速度控制，从而通过过载控制将攻角控制到零，为战斗部侵彻目标提供有力条件。

（4）从控制系统角度看，终端多约束最优制导律是以最小控制能耗将初始状态转移到期望状态，所以对给定的制导问题，其制导指令中的位置约束项、角度约束项和加速度反馈/约束项的过载分配比例直接取决于初始速度指向误差角与终端期望角度之间的关系，因而在弹道设计时选择合理的相对角度关系比作为末制导启控条件可大大减小需用过载，这也是多约束最优制导律将弹道与制导结合在一起的理论体现。

（5）由于制导律建模考虑了弹体动力学，故在包含动力学后制导系统的位置、角度和加速度脱靶量都基本为零，即使制导律设计使用的弹体动力学时间常数与其真值相差$\pm 50\%$，制导系统的位置、角度和加速度偏差也非常小，在工程上完全可以接受。

参 考 文 献

[1] GILBERT T T, LOBBIA R N. Multimode guidance in advanced air-to-air missile applications[C]//AIAA–86–2040, 1986: 244–252.

[2] BABU K R, SARMA I G, SWAMY K N. Two variable-structure homing guidance schemes with and without target maneuver estimation[C]// AIAA–94–3566, 1994: 216–225.

[3] BOBERG B, LUNDBERG J, WIBERG J, et al. Estimation of target lateral acceleration for augmented proportional navigation[C]// AIAA–97–3565, 1997: 594–632.

[4] VINCENT T L, COTTRELL R G, MORGAN R W. Minimizing maneuver advantage requirements for a hit-to-kill interceptor[C]//AIAA Guidance, Navigation, and Control Conference and Exhibit, 2001: 1–11.

[5] PAUL Z, EDWIN G, JOEL A. Improving the high altitude performance of tail-controlled endoatmospheric missiles[C]//AIAA Guidance, Navigation, and Control Conference and Exhibit, 2002.

[6] GURFIL P. Zero-miss-distance guidance law based on line-of-sight rate measurement only[C]//AIAA Guidance, Navigation, and Control Conference and Exhibit, 2001: 1–11.

[7] RUSNAK I. Optimal guidance laws with uncertain time-of-flight against maneuvering target and noisy measurements[C]//AIAA Guidance, Navigation, and Control Conference and Exhibit, 2003: 1–8.

[8] BABA Y, HOME R M. Suboptimal guidance with line-of-sight rate only measurements [C]//AIAA, 1988.

[9] GURFIL P, GUELMAN M M, JODORKOVSKY M. Neoclassical guidance for homing missiles[J]. AIAA journal of guidance, control and dynamics, 2001, 3(24): 452–458.

[10] HEXNER G, PILA A. A practical stochastic optimal guidance law for bounded acceleration missile[C]//AIAA Guidance, Navigation, and Control Conference, 2010.

[11] HEXNER G, WEISS H, Temporal multiple model estimator for a maneuvering target[C]//AIAA Guidance, Navigation, and Control Conference, 2008.

[12] MEHRA R K. A comparison of several nonlinear filters for reentry vehicle tracking[J]. IEEE transaction on automatic control, 1971, 4(16): 307–319.

[13] KIM E, CHO H, LEE Y. Terminal guidance algorithms of missiles maneuvering in the vertical plane[C]//AIAA–96–3883, 1996.

[14] SONG T L, SHIN S J, CHO H. Impact angle control for planar engagements[J]. IEEE transactions on aerospace and electronic systems, 1999, 35(4): 1439–1444.

[15] SONG T L, SHIN S J. Time optimal impact angle control for vertical plane engagements[J]. IEEE transactions on aerospace and electronic systems, 1999, 35(2): 738–742.

[16] LEE Y, RYOO C, KIM E. Optimal guidance with constraints on impact angle and terminal acceleration[C]//AIAA Guidance, Navigation, and Control Conference and Exhibit, Austin, 2003.

[17] RYOO C K, CHO, H, TAHK M. Closed-form solutions of optimal guidance with terminal impact angle constraint[C]//Proceedings of IEEE Conference on Control Application, Istanbul, 2003.

[18] Kim Y, KIM J, PARK M. Guidance and control system design for impact angle control of guided bombs[C]//International Conference on Control, Automation and Systems, Gyeonggi-do, 2010.

[19] JUNG B, KIM Y. Guidance laws for anti-ship missiles using impact angle and impact time[C]//AIAA–2006–6432, 2006.

[20] JUNG B, KIM Y, KIM, K. Guidance laws using impact angle and impact time for an anti-ship missile[C]//KIMST 2004 Conference, KAIST, Daejun, 2004.

[21] JEON I, LEE J, TAHK M. Guidance law to control impact time and angle[C]//5th International Conference on Control and Automation, Budapest, Hungary, 2005.

[22] SONG T L, SHIN S J, CHO H. Impact angle control for planar engagements[J]. IEEE transactions on aerospace and electronic systems, 1999, 35 (4): 1439–1444.

[23] OHLMEYER E J. Control of terminal engagement geometry using generalized vector explicit guidance[C]//Proceedings of the American Control Conference, Denver, 2003.

[24] RYOO C K, CHO H J, TAHK M J. Time-to-go weighted optimal guidance with impact angle constraints[J]. IEEE transactions on control systems technology, 2006, 14 (3): 483–492.

[25] RAHBAR N, BAHRAMI M, MENHAJ M. A new neuro-based solution for closed-loop optimal guidance with terminal constraints[C]//AIAA–99–4068, 1999.

[26] LU P, DOMAN D B, SCHIERMAN J D. Adaptive terminal guidance for hypervelocity impact in specified direction[R].ADA445166, 2006.

[27] KIM B S, JEE J G , HAN H S. Biased PNG law for impact with angular constraint[J]. IEEE transactions on aerospace and electraction systems, 1998, 34 (1): 227–287.

[28] ERER K S , MERTTOPÇUOĞLU O. Indirect control of impact angle against stationary targets using biased PPN[C]//AIAA–2010–8184, 2010.

[29] JEONG S K, CHO S J, KIM E G. Angle constraint biased PNG[C]//The 5th Asian Control Conference, Daejeon, 2004.

[30] KIM B S, LEE J G, HAN H S, et al. Homing guidance with terminal angular constraint against nonmaneuvering and maneuvering targets[C]//AIAA–97–3474, 1997.

[31] DAS P G, PADHI R. Nonlinear model predictive spread acceleration guidance with impact angle constraint for stationary targets[C]//The 17th World Congress Proceedings of the International Federation of Automatic Control, Seoul, 2008: 13016–13021.

[32] CAMERON J D M. Explicit guidance equations for maneuvering re-entry vehicles[C]//

Proceedings of the IEEE Conference on Decision and Control, New Orleans, 1977.

[33] PAGE J A, ROGERS R O. Guidance and control of maneuvering reentry vehicles[C]// Proceedings of the IEEE Conference on Decision and Control, New Orleans, 1977.

[34] MANCHESTER I R, SAVKIN A V. Circular-navigation-guidance law for precision missile/ target engagements[C]//Proceedings of the 41st IEEE Conference on Decision and Control, Las Vegas, 2002.

[35] MANCHESTER I R, SAVKIN A V. Circular navigation missile guidance with incomplete information and uncertain autopilot model[C]//AIAA–2003–5448, 2003.

[36] 魏先利. 空地弹自动驾驶仪回路典型结构研究[R]. 中国兵器科学技术报告:BIT–2003– 02124.

[37] WISE K A. Robust stability analysis of adaptive missile autopilots[C]//AIAA Guidance, Navigation, and Control Conference and Exhibit, AIAA–2008–6999, 2008.

[38] ZARCHAN P. Tactical and strategic missile guidance[M]. 3th ed. Reston, VA: AIAA, 1998: 231–256.

[39] 刘永坦. 无线电制导技术［M］. 长沙：国防科技大学出版社，1989.

[40] 邓仁亮. 光学制导技术［M］. 北京：国防工业出版社，1994.

[41] 张友安，杨旭，崔平远，等. 倾斜转弯飞航导弹的制导与控制问题研究［J］. 宇航学报， 2000，21（4）：71–75.

[42] 钱杏芳，林瑞雄，赵亚男. 导弹飞行力学［M］. 北京：北京理工大学出版社，2000.

[43] 程国采. 战术导弹导引方法［M］. 北京：国防工业出版社，1996.

[44] 刘兴堂. 导弹制导控制系统分析设计与仿真［M］. 西安：西北工业大学出版社，2006.

[45] 刘豹，唐万生. 现代控制理论［M］. 北京：机械工业出版社，2010.

[46] RYOO C, SHIN H, TAHK M. Energy optimal waypoint guidance synthesis for antiship missiles［J］. IEEE transactions on aerospace and electronic systems, 2010, 46 (1): 80–95.

[47] BRYSON A E, Ho Y-C, SIOURIS G M. Applied optimal control［M］. New York: Wiley, 1975.

[48] 黄忠霖，黄京. Matlab 符号运算及其应用［M］. 北京：国防工业出版社，2004.

[49] RICHARD C D. Modern control systems［M］. Beijing: Publishing House of Electronics Industry, 2009.

[50] 陈佳实. 导弹制导和控制系统的分析与设计［M］. 北京：中国宇航出版社，1984.

[51] 斯维特洛夫，戈卢别夫. 防空导弹设计［M］. 北京：中国宇航出版社，2004.

[52] 刘铁英. 精确制导侵彻弹关键技术研究［D］. 北京：北京理工大学，2008.

[53] RYOO C. Optimal guidance laws with terminal impact angle constraint［J］. Journal of guidance, control and dynamics, 2005, 28 (4): 724–732.

[54] RYOO C, TAHK M, CHO H. Practical time-to-go estimation methods for optimal guidance ［C］//AIAA–99–4143，1999: 1039–1046.

[55] 孟秀云. 导弹制导与控制系统原理［M］. 北京：北京理工大学出版社，2003.

[56] 刘叔军，樊京，盖晓华，等. Matlab 7.0 控制系统应用与实例［M］. 北京：机械工业出版 社，2006.

[57] 张嗣瀛，高立群. 现代控制理论［M］. 北京：清华大学出版社，2006.

[58] 张宏. 增强型比例导引的理论与工程应用研究［D］. 北京：北京理工大学，2008.

[59] ZARCHAN P. Complete statistical analysis of nonlinear missile guidance systems—SLAM ［J］. Journal of guidance and control, 1979, 2 (1): 71–79.

[60] 夏群力. 制导弹药制导与控制技术的理论及工程应用研究［D］. 北京：北京理工大学，2001.

[61] 绪方胜彦. 现代控制工程［M］. 卢伯英，等译. 北京：科学出版社，1976.

[62] GARNELL P. Guided weapon control system［M］. Beijing: Beijing Institute of Technology, 2004.

[63] 周荻. 寻的导弹新型导引规律［M］. 北京：国防工业出版社，2002.

[64] 杨军. 导弹控制原理［M］. 北京：国防工业出版社，2010.

[65] 雷虎民. 战术导弹最优复合制导规律研究及其应用［D］. 西安：西北工业大学，1999.

[66] WILLIAM L B. Moder control theory［M］. Las Vegas: Prentice Hall, 2000.

[67] Matlab R2007 基础教程［M］. 北京：清华大学出版社，2008.

[68] PAUL Z. 战术和战略导弹制导［M］. 袁起，李信东，等译. 北京：中国宇航出版社，2000.

[69] 路史光. 飞航导弹总体设计［M］. 北京：中国宇航出版社，2005.

[70] 张万清. 飞航导弹电视导引头［M］. 北京：中国宇航出版社，2007.

[71] 张有济. 战术导弹飞行力学设计：上［M］. 北京：中国宇航出版社，1998.

[72] 张有济. 战术导弹飞行力学设计：下［M］. 北京：中国宇航出版社，1998.

[73] 于本水. 防空导弹总体设计［M］. 北京：中国宇航出版社，1995.

[74] NESLINE F W, ZARCHAN P A. New look at classical vs modern homing missile guidance ［C］//AIAA–79–1727，1979: 230–242.

[75] NESLINE F W, ZARCHAN P A. A classical look at modern control for missile autopilot design［C］//AIAA–85–1512，1985: 90–104.

[76] 李忠应. 最优过程理论及其在飞行力学中的应用［M］. 北京：北京航空航天大学出版社，1990.

[77] 吴受章. 应用最优控制［M］. 西安：西安交通大学出版社，1988.

[78] 刘宏友，彭锋. Matlab 6.x 符号运算及其应用［M］. 北京：机械工业出版社，2003.

[79] 蔡宣三. 最优化与最优控制［M］. 北京：清华大学出版社，1982

[80] ZARCHAN P. Tactical and strategic missile guidance［M］. 5th ed. Reston, VA: AIAA, 2007.

[81] OGATA K. Matlab for control engineers［M］. Englewood: Prentice Hall, 2007.